AF890093

WTB Wissenschaftliche Taschenbücher

Reihe BIOLOGIE

HANS BERGNER
Tierernährung

HELMUT FRIEMEL / JOSEF BROCK
Grundlagen der Immunologie

HELLMUTH GÄBLER
Forstschutz

HEINZ GEILER
Ökologie der Land- und Süßwassertiere

PAUL HOFFMANN
Photosynthese

EBERHARD HOFMANN
Eiweiße und Nucleinsäuren als biologische Makromoleküle
Dynamische Biochemie, Teil I

EBERHARD HOFMANN
Enzyme und energiebereitstellende Reaktionen des Stoffwechsels
Dynamische Biochemie, Teil II

EBERHARD HOFMANN
Der Stoffwechsel lebendiger Systeme und seine Regulation
Dynamische Biochemie, Teil III

EBERHARD HOFMANN
Grundlagen der Molekularbiologie und Regulation des Zellstoffwechsels
Dynamische Biochemie, Teil IV

FRIEDRICH JACOB
Bewegungsphysiologie der Pflanzen

GERHARD LERCH
Pflanzenökologie

JOACHIM NITSCHMANN
Entwicklung bei Mensch und Tier

HANS-WERNER NOLTE
Pflanzenschutz in der Landwirtschaft

KLAUS ODENING
Parasitismus

ALFRED PALISSA
Bodenzoologie in Wissenschaft, Naturhaushalt und Wirtschaft

MARTIN SCHMIDT
Pflanzenschutz im Gartenbau

ULRICH SEDLAG
Biologische Schädlingsbekämpfung

LUDWIG SPANNHOF
Zellen und Gewebe der Tiere

GÜNTER TEMBROCK
Grundlagen des Tierverhaltens

GÜNTER TEMBROCK
Biokommunikation
Informationsübertragung im biologischen Bereich
Teil I und II

EBERHARD TEUSCHER
Pharmakognosie
Teil I und II

GERALD WOLF
Neurobiologie

Reihe CHEMIE

HANS-MARTIN BARCHET
Chemie photogaphischer Prozesse

ULRICH BEHRENS
MANFRED RINGPFEIL
Mikrobielle Polysaccharide

ROLF BORSDORF
MANFRED SCHOLZ
Spektroskopische Methoden in der organischen Chemie

HANS DAWCZYNSKI
Temperaturbeständige Faserstoffe aus organischen Polymeren

HANS DAWCZYNSKI
Temperaturbeständige Faserstoffe aus anorganischen Polymeren

WERNER DÖPKE
Stereochemie organischer Verbindungen

MARTIN FINKE / WALTER LEIPNITZ
Moderne Methoden der Erdölanalyse

ERICH GUNDERMANN
Chemie und Technologie des Braunkohlenteers

WERNER HABERDITZL
Magnetochemie

SIEGFRIED HAUPTMANN
Über den Ablauf organisch-chemischer Reaktionen

HORST KEHLEN / FRANK KUSCHEL
HORST SACKMANN
Grundlagen der chemischen Kinetik

GERHARD KEMPTER
Struktur und Synthese von Vitaminen

PETER KRUMBIEGEL
Isotopieeffekte

KLAUS KÜHNE
Werkstoff Glas

DIETER MERKEL
Riechstoffe

DIETER ONKEN
Steroide

BURKART PHILIPP
GERHARD REINISCH
Grundlagen der makromolekularen Chemie

JOACHIM RIEMER
Quantitative organische Mikroanalyse

ROLF SCHÖLLNER
Die Oxydation organischer Verbindungen mit Sauerstoff

WOLFGANG WAGNER
Chemische Thermodynamik

GÜNTHER WAGNER
HANS KÜHMSTEDT
Pharmazeutische Chemie

Reihe MATHEMATIK/PHYSIK

HANS BANDEMER
ANDREAS BELLMANN
WOLFHART JUNG / KLAUS RICHTER
Optimale Versuchsplanung

FRANK BEICHELT
Prophylaktische Erneuerung von Systemen

DIETRICH BENDER
ERNST-EGON PIPPIG
Einheiten, Maßsysteme, SI

WOLFRAM BRAUER
HANS-WALDEMAR STREITWOLF
Theoretische Grundlagen der Halbleiterphysik

SIEGFRIED BREHMER
Einführung in die Maßtheorie

FERDINAND CAP
Einführung in die Plasmaphysik
I. Theoretische Grundlagen
II. Wellen und Instabilitäten
III. Magnetohydrodynamik

John Cunningham
Vektoren

Georg Dautcourt
Relativistische Astrophysik

K. Ch. Delokarov
Relativitätstheorie und Materialismus

Albert Einstein
Grundzüge der Relativitätstheorie

Albert Einstein
Über die spezielle und die allgemeine Relativitätstheorie

Hannelóre Fischer
Joachim Piehler
Modellsysteme der Operationsforschung

Alfred Frieser
Mikrowellenmeßtechnik

Herbert Goering
Elementare Methoden zur Lösung von Differentialgleichungsproblemen

Michael Gössel
Angewandte Automatentheorie
Band I und II

Michael Gössel
Wahrscheinlichkeitsautomaten und Zufallsfolgen

E. G. Golstein
Konvexe Optimierung

Helmut Hess
Der elektrische Durchschlag in Gasen

Ulrich Kausmann
Klaus Lommatzsch
František Nožička
Lineare parametrische Optimierung

Volker Kempe
Theorie stochastischer Systeme

Volker Kempe
Analyse stochastischer Systeme
Teil I

A. R. Kessel
Akustische Kernresonanz

Heinrich Kindler
Der Regelkreis

Dieter Klaua
Elementare Axiome der Mengenlehre
Einführung in die
Allgemeine Mengenlehre I

Dieter Klaua
Grundbegriffe der axiomatischen Mengenlehre
Teil 1 und 2
Einführung in die
Allgemeine Mengenlehre II

Dieter Klaua
Kardinal- und Ordinalzahlen
Teil 1 und 2
Einführung in die
Allgemeine Mengenlehre III

Dieter König / Dietrich Stoyan
Methoden der Bedienungstheorie

Konrad Kreher
Festkörperphysik

Jean Kuntzmann
Unendliche Reihen

Jean Kuntzmann
Systeme von Differentialgleichungen

Jean Kuntzmann
Komplexe Veränderliche

Wolfgang Meiling
Kernphysikalische Elektronik

Peter Paufler / Dieter Leuschner
Kristallographische Grundbegriffe der Festkörperphysik

HARRY PAUL
Lasertheorie
Teil I und II

HARRY PAUL
Nichtlineare Optik
Teil I und II

WOLFGANG PAULI
Vierpoltheorie und ihre Anwendung auf elektronische Schaltungen

HARRY PFEIFER
Theorie linearer Bauelemente
Elektronik für den Physiker I

HARRY PFEIFER
Die Elektronenröhre
Elektronik für den Physiker II

HARRY PFEIFER
Schaltungen mit Elektronenröhren
Elektronik für den Physiker III

HARRY PFEIFER
Leitungen und Antennen
Elektronik für den Physiker IV

HARRY PFEIFER
Mikrowellenelektronik
Elektronik für den Physiker V

HARRY PFEIFER
Halbleiterelektronik
Elektronik für den Physiker VI

HARRY PFEIFER / W. HEINK
Schaltungen mit Transistoren
Elektronik für den Physiker VII

ULRICH RÖSEBERG
Determinismus und Physik

J. A. ROSANOW
Wahrscheinlichkeitstheorie

WOLFGANG SCHÄFER
Theoretische Grundlagen der Stabilität technischer Systeme

ERNST SCHMUTZER
Symmetrien und Erhaltungssätze der Physik

I. S. SHELUDEW
Elektrische Kristalle

N. D. SHEWANDROW
Die Polarisation des Lichtes

L. A. SKORNJAKOW
Elemente der Verbandstheorie

A. A. SMIRNOW
Metallphysik

A. S. SONIN / B. A. STRUKOW
Einführung in die Ferroelektrizität

HANS-JÜRGEN TREDER
Elementare Kosmologie

J. F. VINSON
Optische Kohärenz in der klassischen Theorie und in der Quantentheorie

TEXTE UND STUDIEN

D. M. BRINK
Kernkräfte

STEPHEN G. BRUSH
Kinetische Theorie
Teil I und II

Festkörperphysik
Entwicklungstendenzen und Anwendungsmöglichkeiten

D. TER HAAR
Quantentheorie

W. R. HINDMARSH
Atomspektren

GUSTAV E. R. SCHULZE
Beiträge zur Entwicklung der Metallphysik

J. H. Sanders
Die Lichtgeschwindigkeit

R. A. R. Tricker
Die Beiträge von Faraday und Maxwell zur Elektrodynamik

R. A. R. Tricker
Frühe Elektrodynamik

Vorschau auf die nächsten Bände:

W. L. Ginsburg
Über Physik und Astrophysik

Herbert Goering
Asymptotische Methoden zur Lösung von Differentialgleichungen

Wilhelm Kämmerer
Kybernetik – eine Einführung auf naturwissenschaftlicher Grundlage

Dieter Kress
Theoretische Grundlagen der Signal- und Informationsübertragung

Dierck-Ekkehard Liebscher
Relativitätstheorie mit Zirkel und Lineal

Regine Witkowski
Falko H. Herrmann
Einführung in die klinische Genetik

WTB

BAND 215

Günter Tembrock

Grundlagen des Tierverhaltens

1. Auflage

Mit 95 Abbildungen

AKADEMIE-VERLAG · BERLIN

Reihe BIOLOGIE

Herausgeber:
Prof. Dr. H. Bochow, Berlin
Prof. Dr. H. Böhme, Gatersleben
Prof. Dr. H. Borriss, Greifswald
Prof. Dr. E. Hofmann, Leipzig
Prof. Dr. J. O. Hüsing, Halle/Saale
Prof. Dr. U. Taubeneck, Jena

Verantwortlicher Herausgeber dieses Bandes:
Prof. Dr. J. O. Hüsing

Verfasser:
Prof. Dr. Günter Tembrock
Berlin

1977
© Akademie-Verlag Berlin 1977
Lizenznummer: 202 · 100/512/77
Gesamtherstellung: VEB Druckhaus „Maxim Gorki", 74 Altenburg
Bestellnummer: 762 393 4 (7215) · LSV 1374
Printed in GDR
DDR 12,50 M

Vorwort

Fünf Jahre seit Überarbeitung der letzten Auflage des Bandes „Grundlage der Tierpsychologie“, das ist in der Entwicklung unserer Wissenschaft eine lange Zeit, und so war es nötig, den gesamten Text neu zu durchdenken und mit dem heutigen Wissensstand abzustimmen. Da der Umfang keinesfalls erweitert werden durfte, waren Abstriche unerläßlich. So wurde der geschichtliche Überblick fortgelassen, manches vom Entwicklungsweg in Kurzform in den Text eingearbeitet, aber dennoch auf die zusammenhängende Darstellung des Entwicklungsweges unserer Disziplin verzichtet, schweren Herzens, aber in der Einsicht, daß die vorliegende Darstellung einer gründlichen Überarbeitung bedurft hätte. Sie sollte aufgehoben sein, bis es sich rechtfertigt, ihr eine eigene kleine Monographie zu widmen. Zugleich wurde deutlich, daß der Titel entsprechend der heutigen Forschungskonzeption durch Auswechslung des Begriffes „Tierpsychologie“ zu korrigieren war. Damit wird verdeutlicht, daß diese Auflage eine Neugestaltung von Grund auf darstellt, in der Hoffnung, eine innere Geschlossenheit, die gerade eine solche Kurzfassung des reichhaltigen Stoffgebietes erfordert, zu gewährleisten.

Die Notwendigkeit des Weglassens wird zu einer Kunst, die nicht nach der Gunst eines bestimmten Lesers mit seinen Erwartungen fragen kann, sondern das Ganze im Auge behalten muß. Vereinfachungen sind dabei unvermeidlich, persönliche Entscheidungen unerläßlich. Nur der lebendige Geist der Wissenschaft darf dabei nicht untergehen, die Vielfalt muß sichtbar bleiben, auch dessen, was wir nicht wissen. Dieses fordert

Bescheidenheit, auch wenn sie nicht in jeder Zeile sichtbar werden kann.

Meiner Frau danke ich gern für die unermüdliche und kritische Reinschrift, die mühselige und undankbare Register-Arbeit, dem Akademie-Verlag gilt mein Dank für sein Verständnis und Entgegenkommen bei der Betreuung dieses Bandes, der hoffentlich auch im neuen Gewand seine kritischen Leser finden wird, nicht zuletzt auf Grund des Themas, das er behandelt. Wir fühlen, daß es uns alle angeht, aber wir sollten wissen, warum. Dies sei ein kleiner Beitrag dazu.

Berlin, im August 1975 G. Tembrock

Inhalt

1. Einleitung

Drei Wege haben den Menschen immer wieder dazu geführt, sich mit dem Verhalten von Tieren zu beschäftigen, sich von seiner Vielfalt beeindrucken zu lassen und auch über sein Wesen nachzudenken. Der wohl älteste wird gewiesen durch die lebendige Gemeinsamkeit, die unbewußt empfunden und mitvollzogen wird, Bindungen geschaffen hat zwischen Menschen und Tieren, einige Haustiere, besonders den Hund, aber auch Pferd und Katze zu echten Partnern werden ließ. Sie entspricht einer tief gefühlten, aber nicht benennbaren Übereinstimmung, die ihren ursächlichen Zusammenhang in den vielen Gemeinsamkeiten hat, die alle Lebewesen kennzeichnen. Sie bindet Tier-Individuen immer wieder an einzelne Menschen und den Menschen als Gattung, aber auch sie wissen nicht, warum dies so ist. Dieses „kreatürliche" Miteinander hat Dichtungen und andere Aussagen der Kunst und des nachdenklich-besinnlichen Geistes immer wieder erneut zu beglückenden, erlebnistiefen Schöpfungen angeregt, die den Weg des Menschen in seiner Welt mit unschätzbaren Ausblicken bereichert haben.

Den zweiten Weg haben die wachen Sinne des Menschen bestimmt, die sich von der Vielfalt der Lebenserscheinungen, von den Bewegungen, den Stimmen, den „Duftäußerungen" immer wieder einfangen lassen, ein biologisch tief verwurzeltes Verhalten, das in der natürlichen Umwelt eine Lebensnotwendigkeit ist. Unser Auge und unser Ohr erkennen Ordnungsgesetze in der Vielfalt des lebendigen Angebotes, sie unterscheiden, fügen zusammen und klassifizieren. Und immer werden die Menschen dort verweilen, wo Bewegung ist, wo etwas geschieht. Verhalten fängt unsere Aufmerksamkeit ein, das ist ein Naturgesetz, weil wir uns selbst verhalten. So tragen wir uns auch Tiere ins Haus, um vor einem Aquarium, einem Terrarium, einem Vogelkäfig oder kleinen vierbeinigen Hausgenossen dieses Sinnenerlebnis zu empfangen, dem uns die technisierte Umwelt so weit entrückt hat.

Der dritte Weg wird vom Wissen und Wissen-Wollen und damit letzendlich vom Verstehen-Wollen bestimmt. Die Anschauung der lebendigen Welt um uns strebt über das Kennen zur Erkenntnis. Die Wissenschaftsgeschichte legt davon Zeugnis ab, zugleich aber auch von der Vielfalt der Bedingungen unserer eigenen Umwelt, die diesen Vorgang mitbestimmen. Und nicht zuletzt wird dieser Weg umsäumt vom Wissen um uns selbst, besonders natürlich vom jeweiligen Stand der Humanpsychologie. Wissen ist lebenserhaltend für den Menschen, und so muß er unablässig trachten, immer mehr über das Verhalten der Tiere zu erfahren, nicht nur, weil seine Ernährung sie braucht, weil sie als Parasiten, Krankheitsüberträger oder Schädlinge in sein Leben eingreifen, sondern weil dieses Wissen Einsichten in allgemeine Gesetzmäßigkeiten lebender Systeme vermittelt, die zu kennen und anzuwenden Voraussetzung für eine lebenswerte und lebenswürdige Zukunft des Menschen ist, die aber auch ohne die lebendige Natur um uns unsäglich verarmen würde.

2. Informationswechsel und Verhalten

Alle Organismen unserer Erde sind durch Evolution entstanden. Zu ihren grundlegenden Eigenschaften gehören die Fähigkeiten zur Selbstorganisation und zur Selbstinstruktion, wobei der Stoffwechsel die erforderlichen energetischen Voraussetzungen liefert. Dabei ist Evolution selbst ein irreversibler Prozeß. Richtung und Geschwindigkeit werden durch ein nach Eigen (1972) physikalisch ableitbares Wertkonzept optimiert. Bereits

Darwin hatte dieses Optimalprinzip mit seiner Selektionstheorie erkannt; Eigen sieht die Möglichkeit, durch das Stabilitätskriterium von Glansdorff und Prigogine (1971) einen Anschluß an die thermodynamische Theorie stationärer Prozesse zu finden (vgl. Tembrock 1976). Die auf diesem Wege entstandenen Strukturen können nicht mit den Begriffen des Ordnungsprinzipes von Boltzmann beschrieben werden. Dabei muß jenen Statusformen der Materie wohl eine besondere Bedeutung beigemessen werden, die in nichtlinearen Systemen auftreten, und zwar solchen, die auch als „dissipative Strukturen" (Prigogine) bezeichnet werden und sich weit vom Gleichgewicht entfernt befinden. Petrusenko (1971) hat von einem „Weg nach oben" gesprochen, der durch das Anwachsen der Organisation in der Entwicklung gekennzeichnet ist mit der Selbstregulation als Systemeigenschaft, deren höchste Form das Rückkopplungsprinzip sei.

Die nichtlineare Thermodynamik kann nach Prigogine (1972) zu neuen Statusformen mit besonderen Verhaltensweisen führen:

1. Kohärentes Verhalten in der Zeit (biologische Uhren)
2. Kohärentes Verhalten im Raum (spontane räumliche Selbstorganisation).

Organismen sind offene Systeme, damit gelten für sie zwei Klassen von Entropieänderungen:

— Entropieströmung von der Außenwelt (d_eS)
— Entropieerzeugung durch irreversible Vorgänge innerhalb der Systeme (d_iS).

Innerhalb von Ökosystemen kann man mit Rashevsky (1960) den Energiestrom wie folgt unterteilen:

— Gesamtenergie der Wechselwirkung aller Organismen-Arten untereinander (I_0)
— Gesamtenergie der Wechselwirkung einer Organismenart mit der anorganischen Umwelt (I_1).

Dabei sind die Entropieerzeugung (vereinfacht: Zunahme wahrscheinlicher Zustände) und Energiezunahme negativ korreliert. Der Organismus gibt negative Entropie ab und entzieht der Umwelt positive Entropie, es entsteht ein Entropiewechsel, die Grundlage des Systemzustandes, den v. Bertalanffy (1942) als „Fließgleichgewicht" bezeichnet hat. Über den Zusammenhang zwischen Entropie bzw. Negentropie und „Information" finden sich unterschiedliche Auffassungen (vgl. Prigogine 1972, Glaser 1971). Der Begriff „Information" läßt sich in der organischen Evolution anwenden, sobald Verhalten im Spiel ist (vgl. Klix 1973). Vielleicht kann man den Zusammenhang in einer vorläufigen Näherung einigermaßen angemessen beschreiben, wenn man „Information" als eine (mögliche) „Eigenschaft" der Negentropie ansieht, die folgende Bedingungen erfüllen muß:

- Sie ist an bestimmte „Zeichen" gebunden (struktureller Aspekt)
- Die Zeichen werden nach bestimmten „Regeln" geordnet (syntaktischer Aspekt)
- Die Zeichen sind quantitativ meßbar (metrischer Aspekt)
- Die Zeichen werden mit einer bestimmten Bedeutung belegt (semantischer Aspekt)
- Die Zeichen haben Ursachen und Wirkungen im Verhaltensbereich (pragmatischer Aspekt)
- Die Zeichen haben eine Beziehung zum Bezeichneten (sigmatischer Aspekt).

Ein Informationsaustausch mit seiner Umwelt ist für einen Organismus ohne „Bewertung" sinnlos. Hierbei steht der Begriff „Bewertung" für Bedeutungsbelegung + Wirkungseinschätzung. Vermutlich fielen in der Evolution ursprünglich beide Vorgänge zusammen. Mit ihrer Auftrennung wurde eine erste Handlungsentscheidung erreicht. Jetzt hängt es von der Bedeutungsbelegung und inneren Zuständen ab, was ein empfangenes Zeichen bewirkt. Das Wertkonzept kann nach Eigen die Grundlage einer Informationstheorie liefern, die eine Beschreibung der Informationserzeugung mit einschließt. Dabei erfolgt die Bewertung zunächst durch die Fähigkeit zur quasiidentischen Autoreduplikation, energetisch entartete Zustände können von einander unterschieden und bewertet werden. Die Selbstinstruktion der Nukleinsäuren erlaubt bewertete Veränderungen sowie andere Informationszustände zu reproduzieren. Damit vollziehen die Organismen eine „Informations-Aggregation" oder „aktive Informationsbildung" (Klix 1971). Diese Prozesse liefern die Grundlage für einen Vorgang, den wir in Analogie zum Begriff „Stoffwechsel" als „Informationswechsel" bezeichnen, der den von v. Haller stammenden Begriff „Irritabilität" ersetzen soll. Der Informationswechsel ist die Voraussetzung für das organismische Verhalten gegenüber der Umwelt. Er steuert und regelt den Entropie-Austausch mit der Umwelt, ohne ihn keine Evolution, die auch Zuwachs an subjektiver Information bedeutet.

Abbildung 1 versucht diese Zusammenhänge darzustellen; sie weist zugleich aus, daß in einer späteren Evolutionsstufe erworbene Informationszustände quasiidentisch reproduziert und mit semantisch belegten Zeichen als Nachricht übermittelt werden können. Diese Zeichen

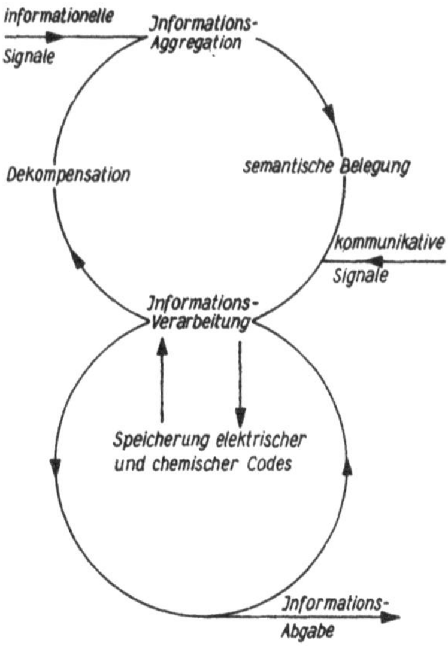

Abb. 1. Schema des Informationswechsels.

werden als kommunikative Signale an der entsprechenden Stelle in den Zyklus eingeschleust und können über Mitwirkung der Speicher bei gemeinsamem Alphabet dann auch im Sinne der Quellencodierung des Senders wieder decodiert werden.

3. Aufbau des Verhaltens

3.1. Begriffsbestimmungen

Eine Analyse tierischen Verhaltens geht von den Verhaltenserscheinungen der Organismen aus und stellt sich die Aufgabe, sie in ihren Ursachen und Wirkungen zu verstehen. Dabei kann man vielleicht in vorläufiger Näherung „Verhalten" so umschreiben:

Verhalten steuert und regelt über Afferenzen und Efferenzen in eigengesetzlicher Form eine raumzeitliche Abfolge von Vorgängen, die Organismen als Individuen oder Individuenkollektive in eine Wechselbeziehung zu ihrer Umwelt setzen mit dem Ziel der Optimierung des inneren und äußeren Gleichgewichts des Form- und Stoffwechsels bei gerichtetem Informationszuwachs. Dieser Informationszuwachs vollzieht sich auf der Grundlage des Informationswechsels und kann (vielleicht) als eine „Eigenschaft" der Negentropie (der Ordnung, der „Unwahrscheinlichkeit") aufgefaßt werden. Er schließt ein: Informationsaufnahme, -verarbeitung (einschließlich -speicherung) sowie -abgabe. Dabei wird die Eigengesetzlichkeit des Verhaltens als Systemeigenschaft durch die innere Struktur des jeweiligen Organismus bestimmt, die sich als ein Wirkungsgefüge (eine Verknüpfung von „Interkausalgrößen" im Sinne von MITTELSTAEDT) verwirklicht.

Zur Untersuchung der damit angesprochenen Zusammenhänge empfehlen sich folgende Aspekte:

— morphologisch-struktureller Aspekt: Beschreibung der am Verhaltensaufbau beteiligten Strukturen

- — funktioneller Aspekt: Beschreibung der Funktionen der am Verhalten beteiligten Strukturen (Verhaltensphysiologie im engeren Sinne)
- — informationeller Aspekt: Beschreibung der am Verhaltensprozeß beteiligten Informationsvorgänge (des Informationswechsels)
- — Entwicklungs-Aspekt: Beschreibung der Veränderungen des Wirkungsgefüges des Verhaltens in der Zeit.

Da Verhalten auch als Funktion der Organe (bzw. bei Einzellern: Organelle) des Informationswechsels beschrieben werden kann, nimmt der informationelle Aspekt eine zentrale Stellung ein, denn er begrenzt die übrigen Beschreibungsansätze: Zu beschreiben bzw. zu untersuchen sind demnach alle strukturellen, funktionellen und Entwicklungsvorgänge, die am Informationswechsel beteiligt sind, da er allen Verhaltensphänomenen (als Funktionen des Organismus) zugrunde liegt. Der informationelle Aspekt kann noch einmal unterteilt werden:

- strukturell-informationeller Aspekt: Strukturelle Beschreibung der Informationsträger (z. B. chemische Struktur eines Duftstoffes, phonetische Eigenschaften eines Lautes, raumzeitliche Eigenschaften einer Bewegung)
- syntaktischer Aspekt: Beschreibung der Regeln, nach denen Zeichen untereinander verbunden sind (Regeln, die Verhaltensabläufe ordnen)
- metrischer Aspekt: Messung von Informationsentropien mittels mathematisch formulierter Informationstheorien (gewöhnlich in bit)
- sigmatischer Aspekt: Untersuchung der Beziehung zwischen Zeichen und Bezeichnetem
- semantischer Aspekt: Untersuchung der Bedeutung von Zeichen oder Nachrichten für den Empfänger der Information
- pragmatischer Aspekt: Untersuchung der Wirkungen von Zeichen oder Nachrichten im Verhaltensbereich

sowie der Ursachen für die Sendung von Zeichen oder Nachrichten.

Ein mögliches Konzept für ein theoretisch gut begründbares Herangehen bei der Analyse tierischen Verhaltens bietet eine entsprechend gehandhabte Systemtheorie. Hier lassen sich drei Vektoren eines sich verhaltenden Systems unterscheiden (Abb. 2):

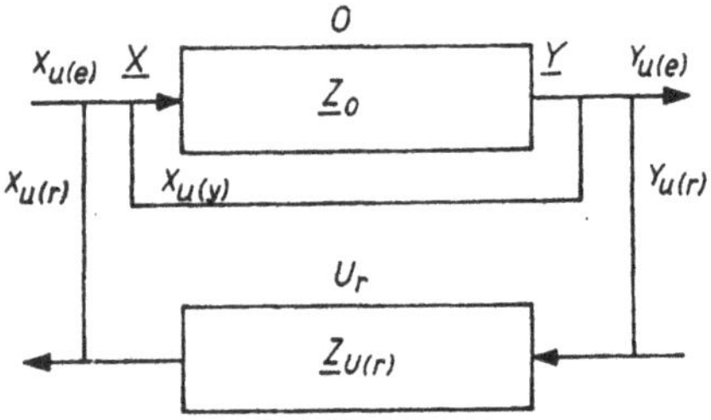

Abb. 2. Strukturbild der Organismus-Umwelt-Beziehungen. O = Organismus, U = Umwelt, U_r = relevante Umwelt, Z = Zustandsvektoren, X = Eingangsvektor, Y = Ausgangsvektor, $X_{u(e)}$ = prozeßirrelevanter Input, $X_{u(r)}$ = prozeßrelevanter Input, $X_{u(y)}$ = exterozeptive Ausgangskontrolle, $Y_{u(e)}$ = prozeßirrelevanter Output, $Y_{u(r)}$ = prozeßrelevanter Output.

1. Eingangsvektor; er umfaßt alle am Eingang liegenden Größen, das sind die „Reize" der klassischen Physiologie. Hier lassen sich unterscheiden:

1.1. Prozeßrelevante Informationen (Kennreize und andere Reize, die das aktuelle Verhalten auslösen, steuern oder regeln);

1.2. Prozeßirrelevante Informationen, das sind „Randbedingungen" und/oder Störgrößen, wobei hier ein „Umschlagpunkt" auftreten kann, wenn der Organismus sein Verhalten auf diese Störgrößen umorientiert, dann sind die von ihnen ausgehenden Informationen prozeßrelevant und die Faktoren, die zuvor sein Verhalten bestimmten, sind zu Randbedingungen geworden;

2. Zustandsvektor; er umfaßt alle internen Zustände, die am Verhaltensaufbau mitbeteiligt sind und der Transformation der Eingangsgrößen dienen (Leiten, Speichern, Wandeln). Wichtige Statusformen sind: Vigilanz (Wachheitsgrad), Schlaf, emotionaler Status, motivationaler Status, motorischer Status;
3. Ausgangsvektor; er umfaßt alle Ausgangsgrößen des Organismus, die phänomenologisch das Verhalten (im engeren Sinne) aufbauen (Somatomotorik, Visceromotorik, Sekretion, soweit in die Umwelt gerichtet), wobei ebenfalls unterschieden werden kann:
3.1. Prozeßrelevanter Output (Motorik oder Sekretion usw., orientiert am aktuellen Umweltbezug)
3.2. Prozeßirrelevanter Output (etwa beim Beutefangflug Kompensationen von Luftströmungen, die nicht durch die Beute verursacht werden).

(Es decken sich: 1.2. informationstheoretisch etwa mit dem Begriff der Dissipations- oder Irrelevanzentropie, 3.2. mit dem Begriff der Äquivokationsentropie.)

Der heute in der Beschreibung und Untersuchung des tierischen Verhaltens gebräuchliche Begriffsapparat ist nicht einheitlich, nicht selten werden in verschiedenen „Schulen“ auch unterschiedliche Auslegungen bestimmter Begriffe verwendet. Zahlreiche Fachausdrücke sind im Verlauf der Geschichte der Verhaltensforschung bzw. Tierpsychologie entstanden und haben ihre Wurzeln in den jeweiligen Auffassungen der betreffenden Zeit. Wurden sie beibehalten, dann änderte sich nicht selten der Sinngehalt und wurde der Wandlung im Verständnis der Zusammenhänge angepaßt. So gibt es eine „historisch gewachsene“ Terminologie in den Verhaltenswissenschaften, die überschaubar zu machen sich neuerdings einige Wörterbücher bemühen (IMMELMANN 1975, TEMBROCK et al., im Druck). Dabei besteht das beste Fundament in der Beschreibung der morphologisch-strukturellen Voraussetzungen des Verhaltens, da hier die allgemeine Terminologie der vergleichenden Morphologie der Tiere gilt, wie sie etwa bei der Kennzeichnung des Bewegungsapparates verwendet wird. Hier kann auf die einschlägigen Lehr- und Handbücher verwiesen werden. Das gilt mit einiger Einschränkung auch für die physiologischen Grundlagen des Verhaltens und den Entwicklungs-Aspekt. Die eigentlichen Schwierigkeiten liegen dort, wo das spezielle Feld der Verhaltensbeschreibung und -deutung beginnt. Das betrifft in dem hier vorgeschlagenen Herangehen vorrangig den informationellen Aspekt. Wir wollen daher versuchen, hier eine gewisse Ordnung vorzunehmen.

a) Strukturell-informationeller Aspekt: Hier wären alle Begriffe zu erfassen, die der „strukturellen" Beschreibung eines Verhaltensereignisses dienen, gleichviel ob es sich um eine Bewegung, einen Laut oder einen Duftstoff handelt, die dieses Ereignis repräsentieren. In diesem Zusammenhang ist gelegentlich auch von einer „Verhaltensmorphologie" gesprochen worden, also dem Bemühen, Verhalten exakt und objektiv zu beschreiben, wobei hier vor allem die Bewegungsmuster und Körperhaltungen oder -stellungen gemeint sind. Wir selbst hatten diese Kennzeichnung früher der „Syntax" zugerechnet, möchten aber doch den Begriff „Syntax" im Sinne seiner eigentlichen aus der Sprachlehre abgeleiteten Bedeutung abtrennen. Gerade in solchen Zusammenhängen wird deutlich, wie wichtig für das Verfahren des Erkenntnisgewinns (also die „Heuristik") eine auch theoretisch gut begründete Begriffsbestimmung ist: Es sind die Verhaltenseinheiten strukturell zu kennzeichnen, ehe sie dann in ihrer raum-zeitlichen Ordnung untersucht und damit die syntaktischen Regeln erfaßt werden können. Erst wenn Lautelemente auf Grund phonetischer Eigenschaften klassifiziert sind, kann man die Gesetze ihrer Ordnung als „grammatikalische Struktur" ergründen.

Bewegungsnormen, die durch Formkonstanz gekennzeichnet sind, und die Lorenz auch „Erbkoordinationen" genannt hat, können durch eine Strukturbeschreibung erfaßt werden. Dabei ist die Strukturbeschreibung das eigentliche Gebot, ihre Bezeichnung (im Fall „Erbkoordination“ eine experimentell erst zu beweisende Interpretation enthaltend) oder auch Klassifikation (TEMBROCK:

Abb. 3. Vergleichende Analyse einer Verhaltensfolge auf Grund von Filmbild-Auswertungen bei drei Entengattungen (von oben nach unten): Sichelente (*Anas falcata*), Stockente (*Anas platyrhynchos*), Schopfente (*Lophonetta specularioides*) und Schnatterente (*Chaulelasmus streperus*). Während bei *Anas* die zwei Komponenten Eintauchen (bzw. Spritzen) und Aufbäumen sich etwas überschneiden, sind bei *Lophonetta* und *Chaulelasmus* beide Phasen voneinander getrennt und lassen sich deutlicher erkennen. Die senkrechte Linie bezeichnet Bewegungsstellungen gleicher Phase, das Schnabeleintauchen. *Anas* beginnt noch während des Spritzens mit dem Aufbäumen. *Lophonetta* dagegen beendet erst das Eintauchen, holt dann zum Schüttelstrecken aus und beginnt danach erst mit dem Aufbäumen (3. Skizze nach dem Strich); *Chaulelasmus* zeigt den gleichen Verhaltensablauf (nach LORENZ und V. D. WALL 1960 und 1963, kombiniert).

Grundkoordination, Teilkoordination, Teilsyndrom, Verhaltenssyndrom, Rahmenhandlung) sind nur dann zu empfehlen, wenn damit tatsächlich der Erkenntnisgewinn oder auch das analytische Vorgehen gefördert werden. Dies könnte gelten, wenn etwa bestimmte elementare Grundkoordinationen (z. B. Horizontalstellung, Vertikalstellung, Vornniedergehen usw., vgl. TEMBROCK 1971) damit erfaßt werden, die bei verschiedensten Tierformen auftreten können. Die jeweilige Fragestellung muß

Abb. 4. Beispiel für Grundkoordinationen: Die typischen Formen des Sichstreckens bei Vögeln (junger *Catharus ustulatus*), Flügelstrecken, seitliches Strecken (Bein und Flügel), Beinstrecken. Alle Streckbewegungen können als „Rekelsyndrom" zusammengefaßt werden. Sie werden durch propriozeptive Reize ausgelöst und aktivieren den Muskelstoffwechsel (nach DILGER, 1956).

über den Grad der raum-zeitlichen Auflösung der zu untersuchenden Verhaltensstruktur entscheiden. Entsprechendes gilt bei der phonetischen Beschreibung von Lauten oder der Strukturbeschreibung von verhaltenswirksamen Sekreten. Daher hat sich in jüngerer Zeit das Begriffsproblem verschoben: Es kommt nicht mehr darauf an, Begriffe für bestimmte Verhaltensnormen zu finden, sondern vielmehr, Begriffe zur jeweiligen Strukturkennzeichnung. So hat sich der Begriff „Periodizitätsfrequenz“ (MEYER-EPPLER 1969) zur Kennzeichnung von Lautstrukturen, die sonagraphisch analysiert werden, gut bewährt (vgl. HÄRTEL 1975).

b) Syntaktischer Aspekt: In der Sprachlehre bezeichnet die Syntax ein System von Regeln, die Ausdrücke der Sprache bilden oder umformen. Ziel syntaktischer Untersuchungen ist demnach die Frage nach den Gesetzen, die der Verbindung von Zeichen (zu einer Folge) zugrunde liegen. In der Verhaltensforschung spricht man in diesem Zusammenhang in jüngerer Zeit auch von „Sequenzanalysen“. Zu den Grundbegriffen, die hier eingesetzt werden können, gehören „Muster“ (zeitliche Verteilung) und Rhythmus (Zeitmuster von Wiederholungen); besonders in der Analyse akustischer Zeichenfolgen wurde bereits ein recht vielfältiges Begriffssystem entwickelt (vgl. TEMBROCK 1976). Zunächst geht eine syntaktische Beschreibung von Verhaltensereignissen vom Einzelindividuum aus; es gibt aber auch einen „multiindividuellen syntaktischen Aspekt“, der von Verhaltensmustern von zwei oder mehr Individuen ausgeht. Informationstheoretisch kann hier die Theorie der bidirektionalen bzw. multidirektionalen Kommunikation angewandt werden (vgl. MARKO 1967, NEUBURGER 1970). Einfache diadische syntaktische Untersuchungen bestimmen die Übergangswahrscheinlichkeit von zwei aufeinanderfolgenden Verhaltenseinheiten (vgl. TEMBROCK 1969, ALTMANN 1973). TRUC und GERVET (1974) untersuchten die Stichfolgen der Grabwespe *Podalonia hirsuta*, durch die sie ihre Opfer lähmt; sie konnten zwei Stichfolgen unterscheiden, die sie als verschiedene Handlungen auffassen. Derartige Untersuchungen erlauben Aussagen über „innere Programme“ („Verhaltensalgorithmen“) und ihre Wechselwirkungen mit äußeren Faktoren. TÖLKE (1973) konnte mittels eines Lichtschrankensystems Verhaltenssequenzen im Rahmen der Brutbiologie der Lehmbiene *Osmia rufa* erfassen und die Zeitwerte des Ein- und Ausfluges sowie der

Aufenthaltsdauer im Brutnestraum über einen Kleinrechner auswerten. Dabei ließen sich vier „Sequenzalgorithmen" mathematisch formulieren, die jeweils bestimmten Verhaltenseinheiten zugeordnet werden können: Trachtverhalten, Eiablage, Glättung und Beenden des Bauverhaltens. Dabei konnte gefolgert werden, daß zwei „paarig in ihrem Zeitverhalten gegensinnige und ineinander verzahnte Sequenzalgorithmen" das automatische Anlegen einer weiteren Zelle steuern. Derartige Untersuchungen erweisen sich auch als wertvolles Hilfsmittel zur Erfassung des dem Verhalten zugrundeliegenden inneren Wirkungsgefüges, wie das MEISSNER (1972) sehr eindrucksvoll durch eine Sequenzanalyse der Vergrabehandlung der Knoblauchkröte (*Pelobates fuscus*) nachweisen konnte, oder HEILIGENBERG (1973) bei der Untersuchung der sequentiellen Organisation des Verhaltens des Buntbarsches *Haplochromis burtoni*. Moderne Untersuchungen zur Lautgebung bedienen sich besonders in Hinblick auf den Vogelgesang zunehmend entsprechender Verfahren (Zusammenfassung: TEMBROCK 1977, vgl. auch THIMM et al. 1974).

c) Metrischer Aspekt: Durch Anwendung der Informationstheorie können Verhaltenssequenzen metrisch erfaßt werden, wie es HUTT und HUTT (1970) an ausgewählten Beispielen demonstrieren. Das gilt nicht nur für Kommunikationsvorgänge im engeren Sinne (z. B. OEHLER 1973), sondern auch für Verhaltenssequenzen überhaupt (vgl. DINGLE 1969, 1972; SLATER 1973). HIRSCH (1973) konnte bei der Untersuchung der Bellfolgen eines Schäferhundes auf Grund der Informationsmetrik zwei innere Zustandsformen (Motivationsgefüge) erfassen. Außerdem zeigte sich hier, daß bei Unterschreitung eines Grenzwertes (80% vom Ausgangswert) das Verhalten abgebrochen wurde.

d) Sigmatischer Aspekt: Dieser Zusammenhang gilt vor allem für die kommunikative Nachrichtenübertragung, da er sich auf die Relation zwischen Zeichen und Bezeichnetem bezieht. Er ist noch wenig untersucht. Ursprünglich werden wohl innere Zustände abgebildet.

Im chemischen Kanal könnten im einfachsten Fall die für diese Zustände verantwortlichen Substanzen (z. B. Hormone) als „Zeichen“ dienen und auf den Empfänger übertragen werden. Beschleunigter Herzschlag (Acceleration = Tachykardie) kann durch eine erhöhte Bewegungs- oder Lautfrequenz signalisiert werden. Ähnliches gilt für die Atmung, beide sind Indikatoren für innere Verhaltenszustände. Die Anzeige der Begattungsbereitschaft kann bei manchen Männchen durch Lautfolgen mit der Frequenz der Kopulationsmotorik angezeigt werden. Aber auch Umgebungszustände können „abgebildet“ werden (ikonische Signale). Generell gilt jedoch, daß jede Art der Beziehung zwischen Zeichen und Bezeichnetem unter diesem Aspekt zu erfassen wäre, also nicht nur eine abbildende.

e) Semantischer Aspekt: Einige „klassische“ Definitionen der Ethologie, vor allem aber die meisten Begriffe der Tierpsychologie haben semantischen Charakter. Sie sind von der vermuteten, durch Analogieschluß gefolgerten oder auch experimentell nachgewiesenen Bedeutung des Verhaltens bestimmt. Dahin gehören z. B. folgende Begriffe der Verhaltensforschung:

Imponiergehaben (Heinroth), ein Verhalten, das Überlegenheit gegenüber Rivalen anzeigt und attraktiv auf den Fortpflanzungspartner wirkt; Heinroth selbst zog später den Ausdruck „Prahlgehabe“ vor.

Demutverhalten (Lorenz), ein Verhalten, das Unterlegenheit (Subdominanz) gegenüber dominanten Individuen anzeigt.

Beschwichtigungsgebärde (Tinbergen), ein Verhalten, das Aggressionstendenzen zwischen etwa gleichrangigen Rivalen oder zwischen Fortpflanzungspartnern hemmt.

Die Definitionen zeigen, daß auch die von der Bedeutung her geprägten Begriffe „pragmatisch“ gekennzeichnet werden, also von den Wirkungen her (seltener auch von den Ursachen her: Dann wäre z. B. das Imponiergehaben als Überlagerung von wenigstens zwei Motivationen, z. B. Angriffs- und Flucht- oder Angriffs- und Verteidigungsbereitschaft, zu kennzeichnen).

Besonders häufig werden semantische Begriffe in der Biokommunikation gebraucht (vgl. TEMBROCK 1971). So hat THORPE (1961) bei Vögeln folgende Rufe unterschieden: (1) Rufe des Wohlbefindens, (2) Bettellaute, (3) Revierverteidigungsrufe, (4) Störungsrufe, (5) Fluchtrufe, (6) Nestrufe, (7) Schwarmrufe, (8) Angriffsrufe, (9) Futterrufe, (10) Allgemeine Alarmrufe, (11) Spezialisierte Alarmrufe (Bodenfeind, Luftfeind usw.).

Die semantische Analyse des Verhaltens ist eine Voraussetzung für das Verständnis der Syntax, denn diese kodiert die Bedeutung. Die Bedeutung ist verschlüsselt in der Art der verwendeten Verhaltenselemente und (gegebenenfalls) in ihrer sequentiellen Ordnung. Das gilt auch für Gebrauchshandlungen, also Verhaltensweisen ohne Signalfunktion. So ist eine Kaubewegung ein bestimmtes Verhalten des Kieferapparates (strukturell-informationeller Aspekt), sie hat ein bestimmtes Zeitmuster (syntaktischer Aspekt), sie bedeutet „Sättigung“ (semantischer Aspekt) und sie bewirkt dabei eine Veränderung der Nährstoffe und des physiologischen Zustandes (pragmatischer Aspekt). Fluchtverhalten bedeutet Schutz und bewirkt beispielsweise ein Sichverbergen in einer Spalte. Der semantische Aspekt wird in der Verhaltensanalyse vor allem mit der Untersuchung von Bedürfnissen (Motivationen) berührt. Es wäre denkbar, daß es ursprünglich nur zwei Bedeutungsklassen gab, die sich im Verhalten durch „Appetenz“ und „Aversion“ ausdrücken, oder einen „affinen Status“ (Tendenz zur Distanzverminderung gegenüber dem Umgebungsereignis) bzw. „diffugen Status“ (Tendenz zur Distanzvergrößerung) erzeugen, also eine „positive“ und „negative“ Bewertung; das Fehlen beider würde den „neutralen Status“ zulassen. In der weiteren Evolution wurde dann mit der Ausgestaltung der Informationsaufnahme (und -verarbeitung) eine Klassifikation von Zuordnungen äußerer Ereignisse vorgenommen, die Entscheidungen erforderlich macht, also eine Skalierung der Bewertung („besser“ — „schlechter“ usw.). Daraus ergibt sich eine Merkmalsbewertung, wie sie durch die bekannten Attrappenversuche nachgewiesen werden kann (Abb. 5).

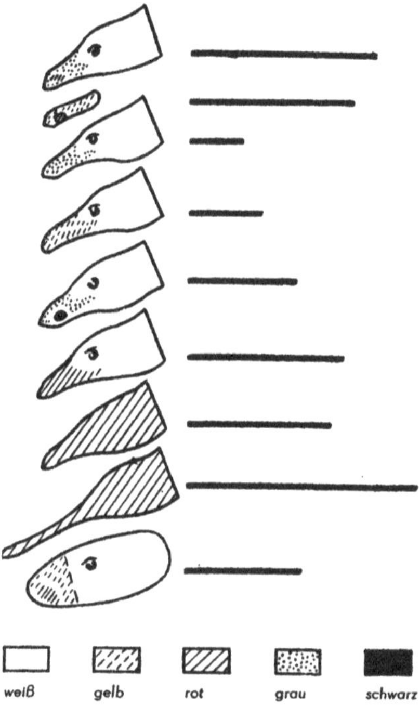

Abb. 5. Zusammenstellung einiger Befunde der Untersuchungen von TINBERGEN und PERDECK über die Auslösung der Bettelbewegung von Silbermöwenjungen. Das oberste Modell besitzt die normalen Farben (roter Fleck auf gelbem Schnabel.) Durch die horizontalen Balken werden die relativen Zahlen der ausgelösten Reaktionen dargestellt. Deutlich kommt der relativ hohe Wert der roten Farbe, des Fleckens und der Schlankheit des Schnabels gegenüber dem relativ geringen Wert des Kopfes und der gelben Schnabelfärbung zum Ausdruck (aus BAERENDS, 1956).

f) Pragmatischer Aspekt: Grundlage einer Verhaltens-Pragmatik ist das Ethogramm. Es klassifiziert die Verhaltensnormen einer Art nach der Grundmotorik und den „Funktionskreisen". Eine mögliche Einteilung ist diese:

1. Allgemeine Bewegungsformen (Grundmotorik, z. B. Gangarten)

2. Stoffwechselbedingtes Verhalten
2.1. Nahrungserwerb (Suche, Wahl, Vorbereitung, Beuteschlagen usw.)
2.2. Nahrungsaufnahme
2.3. Nahrungsspeicherung (extern, intern, z. B. Backentaschen)
2.4. Defäkieren, Urinieren (Miktion)
2.5. Ruhe und Schlaf
2.6. Rekelbewegungen, Gähnen

3. Komfortverhalten (Körperpflege)

4. Schutzverhalten (passiv = Ausweichen, Flucht; aktiv = Defensivverhalten)

5. Orientierung im Raum

6. Orientierung in der Zeit

7. Bautätigkeiten

8. Erkundungsverhalten

9. Neugierverhalten

10. Spielverhalten

11. Territorialverhalten

12. Sexualverhalten
12.1. Anpaarung, Balz
12.2. Rivalenverhalten
12.3. Begattungsverhalten (bzw. Samenübertragung)

13. Paarverhalten

14. Pflegeverhalten

15. Verhaltensontogenese

16. Sozialverhalten
16.1. Gleichsinniges Verhalten (identisch, „symmetrisch“)
16.2. Gegensinniges Verhalten (komplementär, „asymmetrisch“)

16.3. Handlungsangleichung (motorische Korrektur nach individuellem Vorbild)
16.4. Allelomimetisches Verhalten (Gleichhandlung im motivationellen Status)
16.5. Soziale Imitation (Übernahme individueller Verhaltensmuster einschließlich des Funktionsbezuges: Tradition)
16.6. Verstärker-Effekt (Reaktionsübertragung auf Empfänger unterschwelliger Reize)
16.7. Artgenossen-Effekt (soziale Stimulation, z. B. verstärkte Nahrungsaufnahme)
16.8. Epimeletisches Verhalten (Hilfe-Leistungen)
16.9. Arbeitsteilung
16.10. Dominanzverhalten
16.11. Subdominanzverhalten
16.12. Rollenverhalten (Übernahme einer bestimmten Rolle innerhalb einer Gruppenstruktur, z. B. Leitverhalten bei Ortsveränderungen)

17. Kommunikatives Verhalten (Verhalten im Dienst der Nachrichtenübertragung).
Nicht bei jeder Art sind alle Funktionskreise vertreten.

Ein anderer Aspekt der Verhaltenspragmatik führt zu einer Unterscheidung von zwei prinzipiellen Verhaltensmechanismen:

— Gebrauchshandlungen: Verhaltensweisen zur Erhaltung des Organismus ohne Einschaltung eines Kommunikationspartners. Sie dienen der direkten Konnexion (Stoffaufnahme) mittels Eigenverhalten, der Störgrößenbeseitigung sowie der Eigen-Information (Selbstinstruktion), also der Aufnahme von Informationen durch Eigenverhalten mit eigener Bedeutungs-Belegung (aktive Informationsaufnahme oder Informationsaggregation, Tembrock 1973, 1976).
— Signalhandlungen: Verhaltensweisen im Dienst der Kommunikation und der indirekten Konnexion

(Übermittlung von Stoffen durch andere Individuen); ihnen können Signalstrukturen zugeordnet sein (z. B. Farbmuster), hier werden die Signale beim Sender semantisch belegt.

Stammesgeschichtlich leiten sich die Signalsysteme von den Gebrauchssystemen ab (System = Struktur + Verhalten). Die Ethologie bezeichnet mit HUXLEY die Entstehung von Signalbewegungen als Ritualisation. Pragmatisch definierte Begriffe der Ethologie sind (z. B.):

Kommentkampf, formalisiertes (nach Regeln) vollzogenes Kampfverhalten zwischen Artgenossen,

Agonistisches Verhalten, Wettstreitverhalten, im allgemeinen nur für innerartliche Auseinandersetzungen verwendet, schließt alle dabei gezeigten Verhaltensformen (z. B. „Drohen", Kampf, Flucht) ein.

Ernstkampf (actual fighting), auch Vernichtungskampf oder Beschädigungskampf genannt (nicht oder wenig formalisiert);

Appetenzverhalten, ein auf eine entsprechende (adäquate) Reizsituation gerichtetes Verhalten, wodurch die Endhandlung oder ein neues Glied einer Handlungskette aktiviert werden können;

Endhandlung (consummatory action), ein Verhalten, das einen Handlungsablauf beendet;

Übergangshandlung (LIND), ein Verhalten das mehreren Abläufen als Komponente zukommt und daher zu einem Übergang von einem zum anderen führen kann;

Deplazierte Bewegung (Übersprungbewegung, displacement activity), ein Verhalten, das nicht in den aktuellen Funktionszusammenhang (Kontext) gehört, z. B. Futterpicken im Kampf;

Leerlaufreaktion (LORENZ), auch Überlaufhandlung (owerflow activity) genannt; ein Verhalten ohne adäquate Reizkonstellation (daher funktionslos);

Fehlgerichtete Bewegung (redirection activity) („Objektübertragung"), ein Verhalten am inadäquaten Objekt;

Intentionsbewegung (HEINROTH), ein Verhalten, das „in den Anfängen stecken bleibt";

Vorweggenommene Bewegung (TEMBROCK), ein Verhalten in raumzeitlicher Ablösung von der adäquaten Reizkonstellation (z. B. „Tänzeln" anstelle des Aufrichtens am Partner);

Affines Verhalten (Tembrock), ein Verhalten, das der Distanzverminderung zwischen Informationsquelle und Empfänger dient;

Diffuges Verhalten (Tembrock), ein Verhalten, das der Distanzvergrößerung zwischen Informationsquelle und Empfänger dient;

Stationäres Verhalten (Tembrock), ein Verhalten, das der Distanzerhaltung zwischen Informationsquelle und Empfänger dient.

Eine pragmatische Untersuchung bestimmt alle verhaltensabhängigen Änderungen in der Umwelt eines Tieres, die Ursachen oder Wirkungen des Eigenverhaltens sein können. Dieser funktionelle Aspekt nimmt damit für das Verständnis eines Verhaltens (durch den Beobachter) eine Schlüsselstellung ein und schafft zugleich Voraussetzungen für die Erschließung der Bedeutung.

Im Anschluß an Curio, Blaich und Rieder (1969) werden für die experimentelle Verhaltensforschung folgende (hier etwas umformulierte) Termini vorgeschlagen:

1. Ethometrie (Jander): Die messende Analyse von Verhaltensleistungen auf Grund von Verhaltensäußerungen des ganzen Tieres.
2. Motivation: Innerer Zustand für den Vollzug einer zielbezogenen Handlung(sfolge) auf Grund von im System vorgegebenen „inneren Programmen". Sie wird gemessen als die von einer äußeren Reizsituation bei gegebener Antwortbereitschaft hervorgerufene Erregung.
3. Antwortbereitschaft: Ausdruck für die Wahrscheinlichkeit des Auftretens einer bestimmten Antwort bei einem konstanten Reiz.
4. Antwortstärke: Quantitatives Maß für eine Handlung. In bezug auf eine bestimmte Reizsituation entspricht sie deren Auslösewert bei vorgegebener Antwortbereitschaft. Entspricht dem von Thorpe und Hinde geprägten Ausdruck „Spezifisches Aktionspotential" (SAP).

5. Antwort (Handlung): Gesamtheit aller während und durch die Reizdarbietung ausgelösten Verhaltensweisen.
6. Kennreiz (Schlüsselreiz): Ein quantitativ von anderen auslösenden Eigenschaften abhebbares Merkmal einer Reizsituation, dessen Veränderung eine quantitative und/oder qualitative Änderung der angesprochenen Antwort zur Folge hat.
7. Nachwirkung einer Antwort: Die Gesamtheit der Verhaltensweisen, welche der die Antwort auslösenden Reizdarbietung unmittelbar folgen.

3.2. Verhaltensphysiologie

3.2.0. Einführende Betrachtungen

Verhalten beruht auf dem Informationswechsel zwischen Organismus und Umwelt. Die Informationsaufnahme erfolgt über rezeptorische Systeme, die als Meßwertwandler wirksam werden, wobei Energiewandlungen vollzogen werden. Dabei haben die biologischen Membranen eine zentrale Funktion, die auch mit einer Eigenverstärkung verbunden ist. Der primäre rezeptorische Vorgang führt zu einer Transformation in körpereigene Signale, wobei unter Änderung der Membranpotentiale die sog. Rezeptor- oder Generatorpotentiale entstehen. Im allgemeinen handelt es sich dabei um eine kontinuierliche Spannungs-Zeitfunktion: Die Amplitude nimmt mit der Reizstärke zu. Der sekundäre rezeptorische Vorgang besteht in einer Umsetzung am Ausgang der rezeptorischen Einheit in eine diskontinuierliche Folge von Aktionspotentialen (vgl. auch GRÜSSER 1972), deren Amplitude etwa 80 mV, deren Dauer 0,5—1,0 ms und deren Frequenz bis zu 1200 Impulse/s^{-1} betragen kann.

Die Informationsverarbeitung beruht auf drei grundsätzlichen Vorgängen: (1) Leiten, (2) Speichern und (3) Wandeln (quantitativ und qualitativ). Das Leiten erfolgt mit Hilfe der konduktilen Systeme über die fortgeleiteten oder Aktionspotentiale. Unter bestimmten Bedingungen sowie in speziellen Bereichen des Nervensystems erfolgt nach neuesten Befunden die Erregungsleitung jedoch auch über amplitudenmodulierte Signale. Speichern und Wandeln vollzieht sich vor allem mittels der synaptischen Systeme, bei denen durch Freisetzung von Transmittersubstanzen durch die Aktionspotentiale eine Einwirkung auf die postsynaptische Membran erfolgt. Unter dem Einfluß dieser Transmittersubstanzen oder „Mediatoren“, die gequantelt übertragen werden, entstehen an der postsynaptischen Membran langsame Potentiale, und zwar (a) excitatorische (Depolatisation), auch EPSP (excitatorisches postsynaptisches Potential) genannt, sowie inhibitorische (IPSP) bei Hyperpolarisation. Dabei kann eine Zelle bis zu mehreren tausend synaptische Kontakte aufweisen; zugleich kommt es zu einer räumlichen und zeitlichen Summierung von EPSP und IPSP. Wird in der postsynaptischen Zelle ein bestimmter Schwellenwert überschritten, entstehen als Folge der EPSP und IPSP wiederum Aktionspotentiale, die fortgeleitet werden können.

Die Informationsabgabe schließlich erfolgt über effektorische Systeme, die sich in (a) kontraktile und (b) sekretorische unterteilen lassen.

Das Grundelement aller dieser Systeme des Informationswechsels ist das Neuron; Sinneszellen und Ganglienzellen sind aus einem gemeinsamen Grundtyp abzuleiten. Neuronen bestehen generell aus einem dendritischen Abschnitt, der zentripetal leitet, einem Zellkörper mit dem Kern, auch „Perikaryon“ genannt, sowie einem zentrifugal leitenden Fortsatz (Neurit oder Axon) (Abb. 6). Dieser endet mit speziellen Differenzierungen, die je nach Wirkort unterschiedlich beschaffen sein können. Sie bilden Kontaktsysteme (Synapsen) mit dem Wirkort. Ist ein weiteres Neuron nachgeschaltet, wird die Übertragungsstelle als neuro-neuronale Synapse bezeichnet, erfolgt die Übertragung auf einen Effektor (Muskel), liegt eine neuromuskuläre Synapse vor. Die Übertragung erfolgt durch die schon erwähnten Mediatoren, wie beispielsweise Azetylcholin oder Noradrenalin, so daß jede Nervenzelle auch eine sekretorische Funktion hat. Dominiert diese

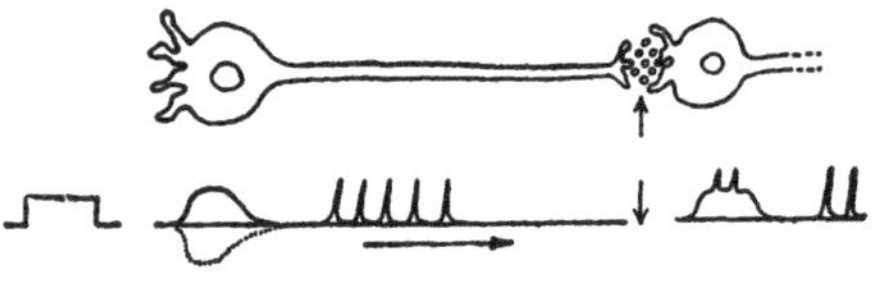

Abb. 6. Schematische Darstellung einer Rezeptorzelle mit Dendriten, Pericaryon, Axon und Synapse, anschließend ein nachgeschaltetes Neuron. Darunter als Rechteckimpuls der Reiz, dann das Generatorpotential (Depolarisation amplitudenmoduliert), punktiert bei Hyperpolarisation (Hemmung), dann das fortgeleitete (Aktions-)Potential (mit Spikes); an der Synapse der „gequantelte“ Überträgerstoff (Mediator); im nachgeschalteten Neuron ist dann ein kombiniertes postsynaptisches Potential entstanden, es folgt Umcodierung in das Puls-Intervall-modulierte Aktionspotential.

Leistung, spricht man von „Neurosekretion“. Allgemein lassen sich vier Typen von sekretorischen Tätigkeiten bei Nervenzellen unterscheiden:

1. Absonderung eines Mediatorstoffes am Axonende einer erregungsleitenden Zelle
2. Absonderung von Neurosekret an Drüsengewebe: Neuronale Adenokrinie
3. Absonderung von Neurosekret an Blutgefäße: Vasoneurale Synapse
4. Bildung von Zelleinschlüssen, die durch Chromsalze färbbar sind: Chromaffine Zellen.

In den Neuronen erfolgt die Codierung über elektrische Potentiale, die durch Verteilung von Natrium-, Kalium- und Chlorionen an der Membran entstehen und durch zeitabhängige Depolarisation oder Hyperpolarisation eine reizspezifische Codierung vollziehen (Abb. 7). Dabei lassen sich allgemein folgende Potentiale unterscheiden:

1. Ruhe-Potentiale (ungereizte Zelle)

2. Aktionspotentiale
2.1. Spontane Schrittmacherpotentiale, sinusförmig oder gedämpft
2.2. Übertragungspotentiale äußerer Ereignisse: lokale Potentiale
2.2.1. Generatorpotentiale
2.2.2. Synaptische Potentiale
2.3. Innere Antwortpotentiale auf Grund vorangegangener Zellaktivität
2.3.1. Lokale Potentiale
2.3.2. Fortgeleitete Aktionspotentiale (Spikes).

Für die Codierung auf Grund zeitlicher Eigenschaften der neuronalen Impulsfolgen und -muster lassen sich etwa folgende Codierungsformen angeben (vgl. Grüsser 1972):

1. Codes, die das zeitliche Auftreten eines Impulses verwerten
1.1. Den Augenblick der Entladung
1.2. Die Phasenkopplung zwischen Entladung und periodischem Reiz

2. Codes, welche die Intervallstatistik auswerten
2.1. Gewichtete und gemittelte Impulsfrequenz
2.2. Momentane Frequenz = Kehrwert der Einzelintervalle
2.3. Zunahme der Impulsfrequenz oberhalb der Spontanfrequenz
2.4. Änderung der Impulsfrequenz in der Zeit
2.5. Verhältnis von Entladung und Nicht-Entladung in bestimmten Intervallen
2.6. Variationskoeffizient der Entladungsfolge
2.7. Höhere Momente von Intervallverteilungen

3. Codes, die ein zeitliches Muster einer Impulsfolge verwerten

4. Codes, welche die Anzahl der Impulse oder die Dauer einer frequenten Impulsfolge verwerten

5. Codes, welche die Änderung der Leitungsgeschwindigkeit im Axon verwerten.

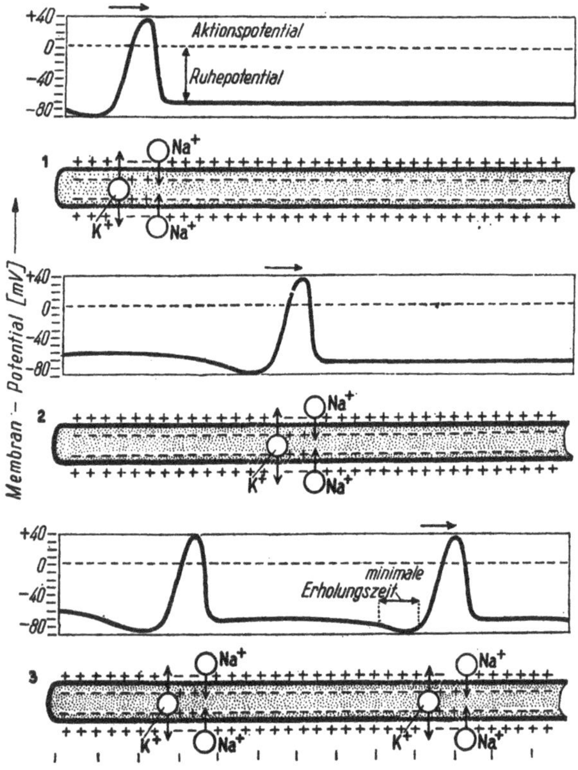

Abb. 7. **Entstehung des fortgeleiteten Aktions-Potentials im Axon (Neurit) einer Sinnes- (oder Nerven-)Zelle, das Verhalten der Kalium- und Natrium-Ionen anzeigend (Depolarisation). Die Herstellung des Ruhepotentials erfordert einen (hier nicht dargestellten) Natrium-Ausstrom, so daß wieder die höhere Konzentration an Natrium-Ionen außerhalb der Membran, durch einen Kalium-Einstrom (beide Prozesse sind energetisch gekoppelt), die höhere Kalium-Konzentration innen vorliegen (nach Katz 1961).**

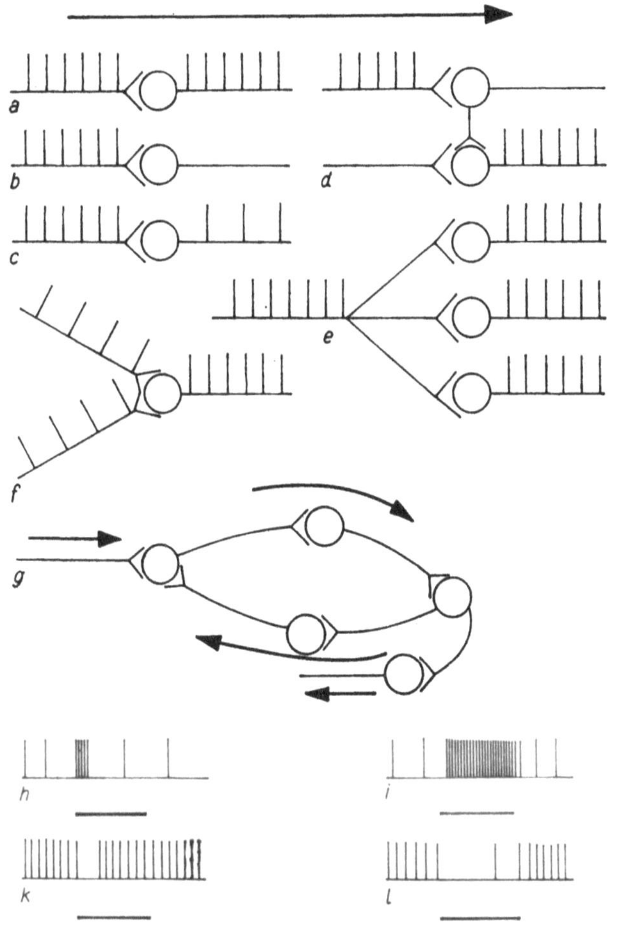

Abb. 8. Schema von „Schaltungen" im Nervensystem und Antwortklassen der Erregung. a) Lineare Schaltung; b) Hemmung; c) Untersetzung; d) Kanal-Wahl; e) Divergenzschaltung; f) Konvergenzschaltung mit Summation; g) zirkuläre Laufzeitschaltung; h) phasische Erregung als Reizantwort; i) tonische Erregung; k) phasische Hemmung; l) tonische Hemmung.

Eine Binärcodierung scheint im Nervensystem nicht vorzukommen. In höher entwickelten Nervensystemen besteht eine Vielfalt von Verschaltungsmöglichkeiten, die wir zur Zeit in allen Einzelheiten noch nicht überschauen. Wohl aber sind bereits einige „Schaltprinzipien" bekannt (Abb. 8), denen sich bestimmte meßbare Eigenschaften des Nervensystems zuordnen lassen. Unter kybernetischen Aspekten sind verschiedene Versuche unternommen worden, Modelle für auf Grund von Leistungsdaten postulierte Eigenschaften der Nervensysteme zu entwickeln, mit deren Hilfe auch technische Simulations-Modelle gebaut wurden, die teilweise überraschend ähnliche Kennlinien hervorbringen wie die betreffenden organismischen Systeme. Dennoch wäre es voreilig, die modellierten Lösungswege auch als die tatsächlich verwirklichten anzusehen. Die Kombination von Erregung und Hemmung stellt dabei ein wichtiges Grundprinzip dar.

3.2.1. Motorik

Verhalten ist in seiner Realisierung ein Output-Phänomen, oder schlichter gesagt: Das Verhalten verwirklicht sich über Bewegungen, Haltungen, Stellungen sowie gegebenenfalls zusätzliche Substanzabscheidungen, etwa Sekretion, Miktion (Harnen) oder Defäkation (Koten). Der Organismus als System hat ein Zustands- und ein Übertragungsverhalten. Das letztgenannte umfaßt die gesamten Effektoren, also den Ausgangsvektor; es ist abhängig vom Eingangsvektor und vom Zustandsverhalten, wobei besonders zu berücksichtigen ist, daß Organismen Systeme mit Gedächtnis sind. Das Verhalten im engeren Sinne (sensu strictu = s. str.) ist demnach das Übertragungsverhalten; es ist dem Beobachter unmittelbar zugänglich und wird daher bei allen Verhaltensbeschreibungen mit dem Begriff „Verhalten" gleichgesetzt. Kybernetisch wird gewöhnlich dieses Stellglied der Steuer- oder Regelstrecke zugerechnet. Das verdeutlicht nochmals, daß eine moderne Verhaltensbeschreibung ohne die Erfassung des „geschlossenen Systems“, also auch der Steuerstrecke oder Regelstrecke, und das ist die relevante oder „verhaltensaktuelle“ Umwelt, nicht angemessen möglich ist. Das Verhalten als Stellglied vollzieht den unmittelbaren und zielgerichteten Eingriff in einen Stoff- oder Energiefluß (vgl. REINISCH 1974). Im Falle der Regelung liegt ein Steuerungsvorgang mit Rückmeldung vor, die zu steuernde Größe wird gemessen und mit der Führungsgröße verglichen, die der Organismus als „Regeleinrichtung“ vorgibt. $Y_{u(r)}$ (Abb. 2) stellt damit die Steuergröße dar.

Die Organismen verfügen über vielfältige effektorische Einrichtungen, die Y_u realisieren können. Das reicht von den Bewegungsorganellen der Einzeller bis zu den komplexen Bewegungsapparaten der Insekten und Wirbeltiere. Zusätzlich können auch vegetative Effektoren Ausgangsverhalten liefern, das „Erröten“ oder „Erblassen“, das Aufrichten der Haare sind Beispiele dafür.

Bei der Koordination der Motorik lassen sich in Anschluß an WEISS (1950) folgende Stufen unterscheiden:

— Die einzelne motorische Einheit
— Sämtliche motorische Einheiten eines Muskels
— Koordination der Muskelgruppen eines Gelenkes
— Koordination der Motorik einer Extremität
— Koordination der zusammenarbeitenden Glieder eines Körpers
— Koordination der Bewegungen des ganzen Tieres.

Quantitative Maße liefern die Frequenz und die Amplitude. Die Motorik auf der Grundlage kontraktiler Systeme führt dabei zu:

1. Lageänderungen von Körperteilen zueinander

2. Ortsveränderungen = Fortbewegung = lokomotorische Aktivität

2.1. Translationen: Entfernungsänderungen
2.2. Rotationen: Richtungsänderungen.

Für die Ortsveränderungen verfügen die Arten über eine Grundmotorik, das sind allgemeine Bewegungsformen, die sich aus Eigenschaften der Bewegungsorganelle oder -organe sowie Koordinationsprinzipien ableiten, die sich im Falle des Vorhandenseins von Extremitäten als Gangarten ausprägen (Abb. 9).

Abb. 9. Gangarten, Paßgang (Wildesel), Trab, Galopp (Pferd) (umgezeichnet nach Hassenberg 1971).

Die Untersuchungen von Pfau (1973) an der Schmeißfliege (*Calliphora*) weisen darauf hin, daß es auch beim Flug der Insekten etwas vergleichbares („Gangschaltungen“) gibt.

Die Kombination von Lageänderungen und Ortsveränderungen können zu qualitativ verschiedenen Verhaltensmustern führen.

Im Bereich der motorischen Nervenzellen können in erheblichem Ausmaß Spontanentladungen nachgewiesen werden, die auch in der Ontogenese früher auftreten als die Afferenzen, die den Organismus mit der Außenwelt verbinden. Das wird besonders bei den einfach gebauten Mehrzellern deutlich, die noch nicht über zentralisierte

Nervensysteme verfügen, beispielsweise die Hohltiere (Coelenterata) (vgl. Abb. 10). Bei der Seeanemone *Calliactis parasitica* treten Entladungsgruppen (Bursts) auf, die sich gewöhnlich aus 10–15 Pulsen zusammensetzen und in Abständen von 10 bis 20 min auftreten. Die Regelmäßigkeit dieser Entladungen läßt auf einen „Schritt-

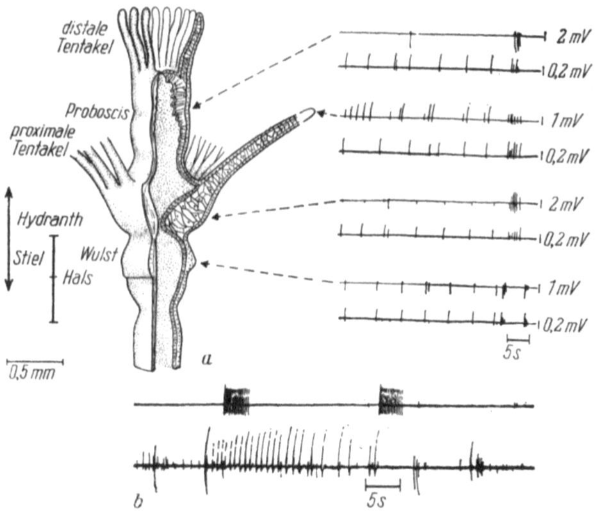

Abb. 10. a) Einzelpolyp einer *Tubularia*-Kolonie und die aus den verschiedenen Abschnitten abgeleiteten Spontan-Potentiale. Die Ableitungen sind jeweils zu Paaren zusammengestellt, wobei die obere Linie sich auf den bezeichneten Punkt, die untere auf gleichzeitige Potentiale bezieht, die von der „Hals"-Region abgeleitet wurden. Zunächst wurden das obere und das untere Paar abgeleitet, die beiden mittleren Paare etwas später, nachdem sich die Muster ein wenig verändert hatten. Negative Potentiale sind durch Auslenkungen oberhalb der Horizontalen dargestellt (nach Josephson und Mackie 1965). b) Die Meduse *Cladonema*, dunkel-adaptiert und ungestört mit regelmäßigen Schirmrand-Puls-Bursts (Schrittmacher-Potentiale), die von den rhythmischen Schwimmbewegungen (Schirmkontraktionen) unabhängig sind. Obere Zeile: Schirmrand nahe der Basis eines Tentakels, untere Zeile: Ableitung von der Subumbrella (180° von der anderen Ableitstelle entfernt); nur die untere Kurve ist mit Schwimmbewegungen korreliert (nach Passano 1965).

macher“ (pacemaker) schließen. Den Entladungen folgen langsame Kontraktionen der Längsmuskel, die hier im Entoderm liegen; dann folgen die Ringmuskel. Vermutlich kann sensorischer Input triggernd, vielleicht auch modulierend auf den Schrittmacher wirken (McFarlane 1973). Dorsett (1974) konnte auch in den Pleuralganglien der Schnecke *Tritonia* Spontan-Entladungen nachweisen (Abb. 11), hier vielleicht mit neurosekretorischen Funktionen verknüpft. Die Untersuchungen der Schwimmbewegungen des Medizinischen Blutegels (*Hirudo medicinalis*) zeigen, daß hier die Koordinationen der Körperbewegungen einem Kontraktionszyklus unterliegen, der durch eine Zeitkonstante und eine Zeitvariable gekennzeichnet ist, ein Prinzip, das offensichtlich auch für Bewegungskoordinationen der Arthropoden gilt, wie Beinbewegungen (Graham 1972) und Atembewegungen

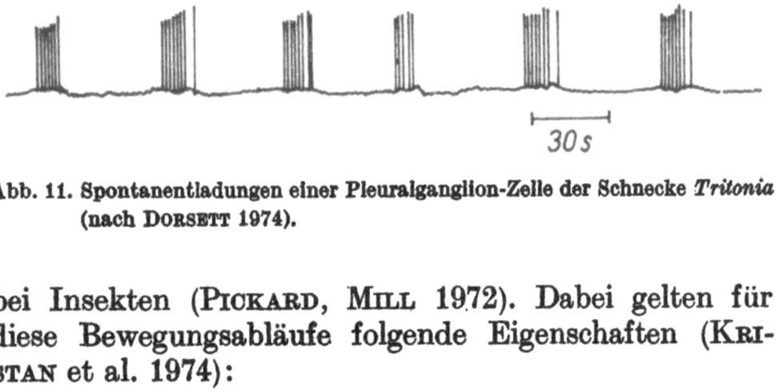

Abb. 11. Spontanentladungen einer Pleuralganglion-Zelle der Schnecke *Tritonia* (nach Dorsett 1974).

bei Insekten (Pickard, Mill 1972). Dabei gelten für diese Bewegungsabläufe folgende Eigenschaften (Kristan et al. 1974):

1. Ein Grundrhythmus wird durch einen Zyklus antiphasischer Kontraktionen von zwei Sätzen reziproker Muskel in jedem Segment des Rumpfes erzeugt
2. Der segmentale Kontraktionszyklus entsteht durch einen entsprechenden Rhythmus antiphasischer Impuls-Bursts in segmental sich wiederholenden Sätzen korrespondierender motorischer Neurone
3. Die Periode des Zyklus ist variabel und liegt in der Größenordnung von 1 s (beim Blutegel, bei Insekten bis zu 40 ms)

4. Die Aktivitätsrhythmen der motorischen Neurone aufeinanderfolgender Segmente sind in der Weise koordiniert, daß der Zyklus eines Segments in der Phase hinter der eines angrenzenden Segments liegt. Die Phasenlage bedingt wellenförmig über den Körper hinweglaufende Bewegungen
5. Die Burst-Rhythmen der segmentalen motorischen Neurone werden durch einen Satz verteilter Oszillatoren erzeugt. Diese Zyklen sind durch Impulse gekoppelt, die in den Axonen zwischen den benachbarten Ganglien des Bauchmarkes fortgeleitet werden
6. Die intersegmentale Koordination der Bursts der motorischen Neurone ist ein zentraler Mechanismus, der unabhängig von peripheren Neuronen oder mechanischen Reflex-Verbindungen zwischen den Körpersegmenten besteht.

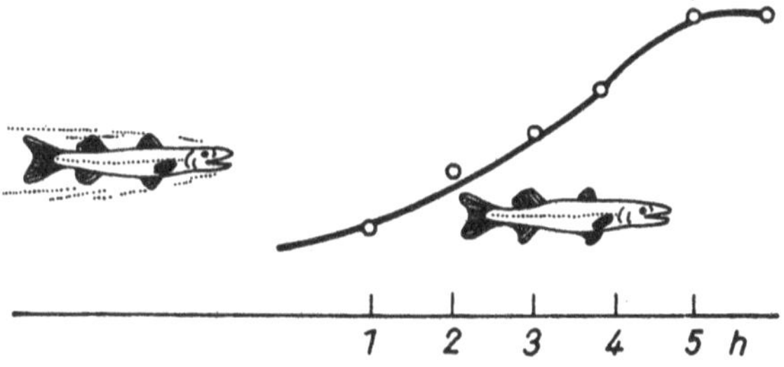

Abb. 12. Zunahme der Ribonukleinsäure (RNA) in Motoneuronen nach Aktivität beim Barrakuda (*Sphyraena barracuda*); Abszisse: Stunden nach der aktiven Schwimmbewegung (nach Hydén 1973).

Aus diesen Feststellungen leitet sich der interessante Zusammenhang ab, daß die neuronalen Grundlagen der Rumpfperistaltik der Anneliden (Ringelwürmer) die gleichen sind, die auch die Beinbewegungen der Arthropoden koordinieren. Abbildung 13 gibt eine mögliche „Verschaltung" der für diese Koordination erforderlichen Neurone wieder. Nicht selten werden bestimmte Oszillatoren für mehrere Verhaltensprogramme eingesetzt. So werden offenbar zwei Verhaltensmuster des Scheren-

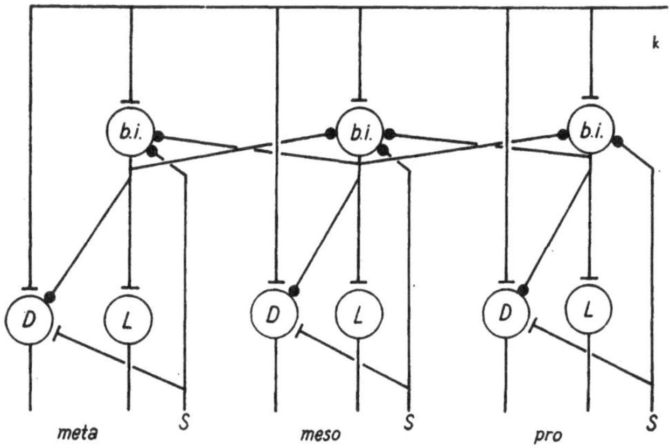

Abb. 13. Hypothetisches Schema zur Musterbildung für coxale Levator- und Depressor-Motoneurone der gleichseitigen Beine einer Schabe beim Laufen. b.i. = bursting Interneurone; k = Kommando; S = Sinnesorgane (*Sensilla campaniformia*) —| = Erregung; —• = Hemmung (nach PEARSON und ILES 1973).

fußes beim Einsiedlerkrebs (*Pagurus*) von einem Relaxations-Oszillator gesteuert, die Nahrungsaufnahme als Grundrhythmus und das Putzverhalten als davon abgeleiteter Rhythmus; dabei ist die Pulsfrequenz der Bursts negativ mit der Zyklusdauer korreliert. Ähnliche Ableitungen bestimmter Rhythmen von einem Grundrhythmus sind bei Heuschrecken (Laufen, Fliegen, Atmung, Stridulation), bei Wasserläufern (Laufen, Schwimmen), beim Blutegel (Atmung, Schwimmen) und auch bei Katzen (Gehen, schneller Lauf) bekannt (vgl. FIELD 1974).

Die Koordinationen können unterschiedliche Integrationsstufen aufweisen. Einfache einphasische Abläufe stellen die monosynaptischen Reflexe dar, während bei rhythmisch alternierenden Abläufen wenigstens zwei antagonistische Systeme integriert sind. Tonische Haltungen und mehrere Rhythmen können sich zu komplexen Verhaltensmustern koordinieren. E. v. HOLST (Zusammenfass. 1969) hat an Fischen Bewegungsmuster untersucht, die auch nach Durchtrennung afferenter Bahnen weiterlaufen, so daß er eine „zentrale Automatie" postulierte, ein selbstregulatorisches System. Dabei können sich manche Rhythmen wechselseitig oder einsinnig beeinflussen, sei es durch Superposition (Überlagerung), sei es durch „Magneteffekt" (ein unabhängiger Rhythmus beeinflußt über die Phasenbeziehung einen abhängigen). Auch wir erleben das Zwingende derartiger endogener Rhythmik, wenn wir im Gehen Beine und Arme unabhängig voneinander bewegen wollen. WELLS (1950) betrachtet die Eigenrhythmen der verschiedenen Organe und Funktionssysteme des Tierkörpers als ebenso elementar wie ihre anatomischen Kennzeichen, eine Vorstellung, die schon auf BETHE zurückgeht, ja, in bestimmten Grundlagen bereits im vergangenen Jahrhundert ihren Ursprung hat (vgl. Zusammenfass. von FRÖHLICH 1911).

Der Komplexgrad motorischer Koordinationen nimmt parallel mit der Konzentration der Nervensysteme im Tierreich zu (vgl. Kap. 6.2.), Zerebralisationen und bei den Säugetieren die zusätzliche Neenkephalisation, die Herausbildung hochdifferenzierter Neuhirnrinden-Bereiche schaffen Voraussetzungen für komplizierte Verhaltensoperationen, aber auch für eine zunehmende Anpassungsfähigkeit der Motorik bis zur Entwicklung einer Erwerbsmotorik. Die Grundmotorik wird bei den Arthropoden durch die Ganglien des Bauchmarkes koordiniert, wie oben bereits ausgeführt, bei den Wirbeltieren über Rükkenmark und Hirnstammbereiche. Bei beiden Gruppen sind Gehirnzentren für die komplexen Verhaltensmuster verantwortlich, die motivierte Verhaltensbezüge zur Umwelt herstellen, steuern und regeln. Die modernen neurophysiologischen Verfahren, die es erlauben, mittels Elektroden sowohl elektrische Potentiale abzuleiten, als auch durch Reizung mit elektrischen Strömen Koordinationen zu aktivieren, haben vielfältige, wenn auch durchaus noch bruchstückhafte Einsichten in die neuralen Grundlagen des Verhaltensaufbaus geliefert. So waren es vor allem die bahnbrechenden Untersuchungen von HESS (Zusammenfass. 1968) und von E. v. HOLST an der Katze bzw. dem Huhn, die vielfältige Forschungen in dieser Richtung einleiteten, heute meist unter dem Begriff der „Neuroethologie“ zusammengefaßt und damit von anderen neurobiologischen Fragestellungen, die mit ähnlichen Verfahren arbeiten, abgegrenzt. Der elektrische Reiz ersetzt dabei

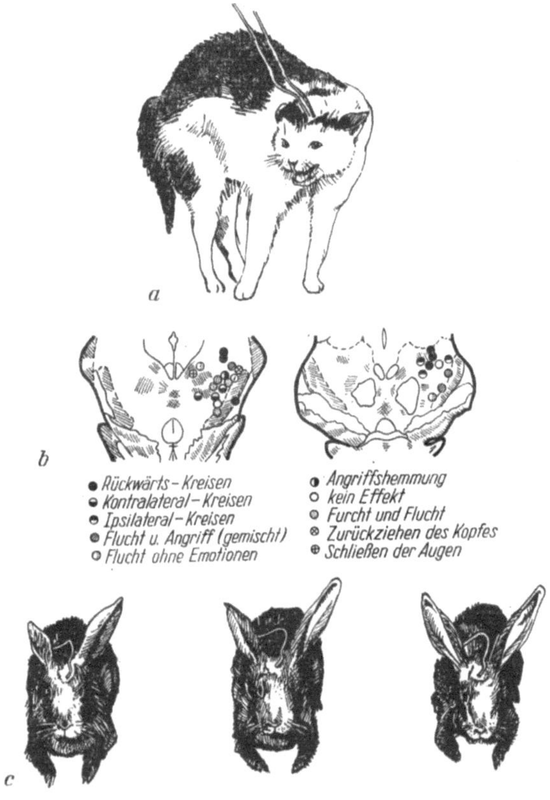

Abb. 14 →

die Potentiale, die sonst von der Außenwelt aktiviert oder „getriggert“ werden (Abb. 14). Die Experimentalanalyse ließ aber auch deutlich werden, daß sich die umweltangepaßten Koordinationen, wie etwa beim Beutefang oder bei dem sozialen Kontakt, nur unter Berücksichtigung der durch sie gelieferten Informationen angemessen erfassen und beschreiben lassen. Damit werden die Regelungstheorie und die Kybernetik überhaupt ein wichtiges methodisches Werkzeug der Verhaltensanalyse (vgl. Abb. 30, S. 83).

Die nervöse Versorgung der Muskulatur sowie besondere Meßfühler in den Erfolgsorganen (Muskelspindel, Golgi-Sehnenkörper bei quergestreifter Muskulatur der Wirbeltiere) stellen entscheidende Voraussetzungen für selbstregulatorische Verarbeitung zentralnervöser Impulse oder „Kommandos“. Bestimmte Handlungsmuster, angeborene wie erlernte, können zentralnervös repräsentiert sein, sie können subjektiv als Handlungsvorsatz erlebt werden, ihre Ausführung wird daher als „Willkürbewegung“ bezeichnet. In der Skelettmuskulatur sind dabei zwei Fühler wirksam, die einmal die tatsächliche Stellung des bewegten Gliedes, zum anderen die Bewegungsgeschwindigkeit

Abb. 14. a) Verteidigungsreaktion der Hauskatze, ausgelöst durch elektrische Reizung der perifornikalen Region des Hypothalamus: Fauchen, Kopfsenken, Rückenkrümmen, Ohrenzurücklegen, Pupillenerweiterung, Haarsträuben (nach HUNSPERGER 1963); b) Mittelhirnquerschnitte der Hauskatze unter Angabe der von hier aus durch elektrische Reizung ausgelösten Verhaltensweisen (Fr. 20 und Fr. 40 nach dem Hirnatlas von JASPER und MARSAN; aus SHEARD und FLYNN 1965); c) Kaninchen: Reizung im vorderen Pol des rechten *Colliculus superior* (nach Absaugen des Cortex) (Reizung: 2 V, 4 ms, 40/s): Ausgangslage; 2 s nach Reizbeginn: deutliche Drehung des linken (kontralateralen) Ohres nach vorn. Beginnende Vorwärtsdrehung auch des rechten Ohres, das mit Latenz nachfolgt; 4 s nach Reizbeginn: beide Ohren nach vorn gedreht. Diese Reizungen im visuellen Projektionsgebiet des *Tectum opticum* lösen Ohrenstellungen aus, die genau dem Gesichtsfeldbereich entsprechen, der auf den Reizort im *Tectum opticum* projiziert („akustischer Greifreflex“) (umgezeichnet nach SCHAEFER und SCHNEIDER 1968).

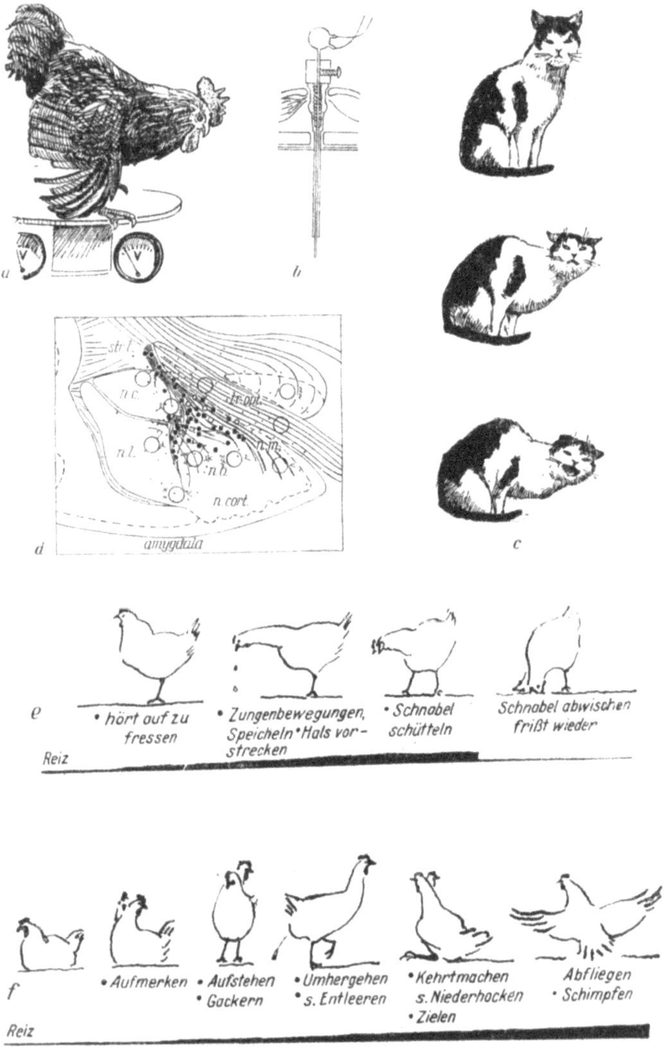
a
b
c
n.c.
tr.opt.
n.l.
n.m.
n.b.
n.cort.
amygdala
d
e
• hört auf zu fressen
• Zungenbewegungen, Speicheln • Hals vorstrecken
• Schnabel schütteln
Schnabel abwischen frißt wieder
Reiz
f
• Aufmerken
• Aufstehen
• Gackern
• Umhergehen
• s. Entleeren
• Kehrtmachen
s. Niederhocken
• Zielen
Abfliegen
• Schimpfen
Reiz

Abb. 15 →

messen. Dabei wird dem Servomechanismus (Steuerkette) eine bestimmte Führungsgröße aufgeschaltet. Ihr ist das psychische Korrelat des Entschlusses zugeordnet (Keidel 1972).

Hess hat von koordinierenden „neuronalen Dispositiven" gesprochen, die eine Voraussetzung für Kettenoperationen der Motorik darstellen. Ihre experimentelle Erregung durch zugeführte Reizströme ersetzt gewissermaßen den „Entschluß" zum Handeln, für den im Organismus über interne Zustandsformen (Informationsabruf aus Speichern) sowie Informationsaufnahme normalerweise die Voraussetzungen geschaffen werden. Bei den Säugetieren und Vögeln konnten arttypische Verhaltensmuster experimentell dann ausgelöst werden, wenn tiefere Hirnbereiche, vor allem im Zwischenhirn, gereizt wurden. E. v. Holst konnte nicht nur arttypische Bewegungsmuster beim Huhn auslösen, sondern auch zahlreiche spezielle Probleme der physiologischen Grundlagen des Verhaltens untersuchen. Da er mit zwei Reizelektroden arbeitete, bot sich die Möglichkeit, gleichzeitig zu

Abb. 15. a) Hahn, der auf einen entsprechenden Stammhirnreiz den „Kratzfuß" (eine Balzbewegung) ausführt, wobei ein Fuß am gesenkten Flügel entlangkratzt (nach v. Holst 1959); b) Schema der Anordnung einer beweglichen Reizelektrode im Schädeldach einer Katze (nach Rougeul et al. 1967); c) Abwehrreaktion auf elektrische Reizung im Mandelkern (*Nucleus amygdalae*): Vor der Reizung; 25 s nach Reizbeginn: Knurren, Kopfsenken, Zurücklegen der Ohren; 35 s nach Reizbeginn: Fauchen, Verstärkung der Abwehrhaltung; d) Lokalisation der aktiven Reizstellen für Abwehrreaktion im Mandelkern und der *Stria terminalis* der Hauskatze auf einem Frontalschnitt. ■ Reaktion mit Knurren, Reaktion mit Knurren-Fauchen und Knurren-Abwehrkreischen, o Reizstellen für Flucht, • negative Reizstellen mit teils motorischen, teils vegetativen Effekten, die nicht zum Bilde der Abwehrreaktion gehören. n. b. *nucleus basalis*, n. c. *nucleus centralis*, n. cort. *nucleus corticalis*, n. l. *nucleus lateralis*, n. m. *nucleus medialis*, tr. opt. *tractus opticus*, str. t. *stria terminalis* (nach Hunsperger 1965); e) Aktivierung einer Verhaltensfolge von einem Reizfeld im Stammhirn. Das Tun bezweckt insgesamt die Entfernung von etwas Widerlichem aus dem Schnabel. Die mit • bezeichneten Einzelakte können von anderen Reizfeldern auch isoliert ausgelöst werden. f) Verhaltensfolge der Bodenfeind-Flucht bei langsam ansteigendem (oder konstantem, gleichmäßig starkem) Reiz eines Feldes. Wird sofort ein starker Reiz gesetzt, erfolgt sogleich Schrei und Abflug (nach v. Holst, 1960).

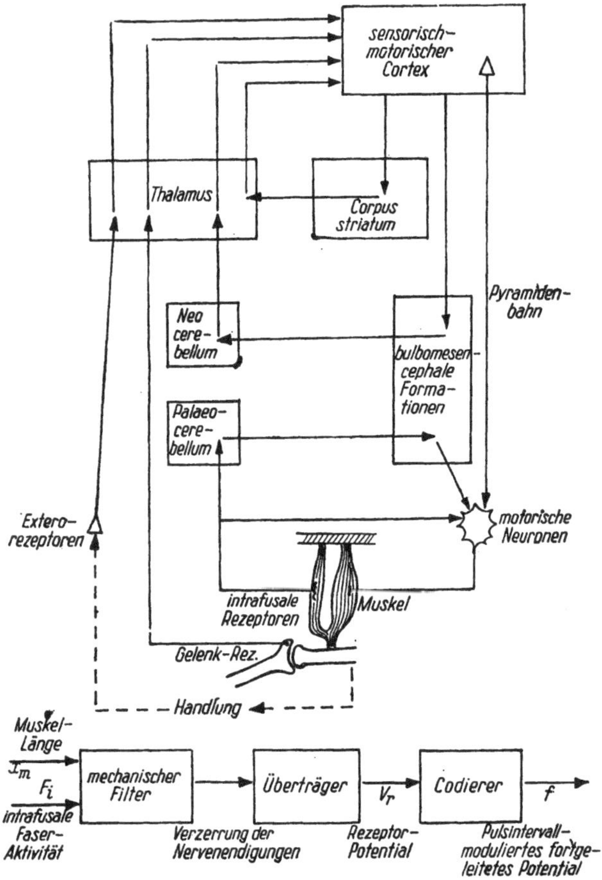

Abb. 16. Informationsfluß in Systemen, die an der Kontrolle von Willkürbewegungen (motorisches Kommando) beteiligt sind (Output-Input-Kreise) (aus GROSSMANN 1967). Unten: Blockdiagramm für den Spindelrezeptor bei Amphibien (nach HOUK 1966).

stimulieren und damit zwei verschiedene Bewegungskoordinationen zu aktivieren. Es gelang, recht unterschiedliche Verhaltensmuster auszulösen: Körperpflegehandlungen (Federputzen, Sichkratzen, Kopfschütteln, Schnabelschütteln, Schnabelwetzen u. a., Ablesen von Fremdkörpern, die in diesem Falle gar nicht vorhanden waren), Verhaltensweisen der Ruhe und der Nahrungsaufnahme (auch Durstverhalten), Verhaltensweisen der Raumorientierung, Aufmerken (mit Gackern), Sichern (mit Warnlauten), Starrwerden, Flucht vor Boden- und Luftfeind, Ausweichen, Angriff, Rangordnungskämpfe, Hacken, Federausrupfen, Imponierverhalten (Kratzfuß beim Hahn), Nestlocken, deplaziertes Picken[1]) und andere Verhaltensformen, die beim Haushuhn gut bekannt sind (vgl. Hein 1954, Engelmann 1961, Baeumer 1964).

Vielfach handelt es sich bei den hier erwähnten Verhaltensabläufen um komplexere Muster, die sich aus definierbaren Einzelakten zusammensetzen. Manche dieser Einzelakte lassen sich auch von anderen Reizorten auslösen. Bei einem komplexen Verhalten folgen die es aufbauenden Bewegungselemente in bestimmter Zeitabfolge, also sequentiell. Dabei wird die Reihenfolge durch unterschiedliche Reizschwellen bedingt und im Experiment durch Reizanstieg ausgelöst. Bei sehr steilem Reizanstieg können Einzelakte ausfallen. Die Bewegungselemente (Einzelakte) unterscheiden sich jedoch nicht nur durch unterschiedliche Reizschwellen, sondern auch durch ihre Latenzzeiten, ihre „Trägheit“ und ihre Adaptation. Wenn gleichzeitig mit einem unterschwelligen elektrischen Reiz, der die Handlung noch nicht auslöst, ein ebenfalls allein unterschwelliger Außenreiz geboten wird, dann kann die Wirkung beider zum Ablauf der Handlung führen. Von besonderem Interesse ist dabei der Komplex des agonistischen Verhaltens (Drohen, Angriff, Flucht). Alle drei Komponenten lassen sich von demselben Reizpunkt her auslösen. Welches Verhalten eintritt, hängt von der Außensituation ab. Es wird daher durch den elektrischen Reiz nur agonistisches Verhalten aktiviert,

---

[1]) Nach Feekes (1972) kann das Bodenpicken im Kampfverhalten der Hähne den aggressiven Motivationszustand bekräftigen („Instrumentalhandlung“).

wie es ganz ähnlich auch bei Katzen durch Reizungen im Hypothalamus nachgewiesen werden konnte. Allerdings gibt es hier auch Regionen, bei deren Reizung Angriffshandlungen dominieren, sowie (weiter hinten im Hirnstamm gelegen) Gebiete, die stärker Fluchtverhalten auslösen. Bei der gleichzeitigen Reizung von zwei Hirngebieten konnte v. HOLST verschiedene Kombinationen hervorrufen: (1) Substraktion, (2) Addition, (3) Überlagerung, (4) Mischung, (5) Pendeln, (6) Verhindern (a verhindert b), (7) Unterdrücken (wie vor, aber bei Beendigung der Reize bricht b durch) und (8) Verwandeln (neue Qualität).

Bei den vergleichbaren Untersuchungen von PHILLIPS und YOUGREN (1971) sowie PUTKONEN (1967) am Haushuhn wurden im wesentlichen nur elementare Bewegungseinheiten, keine Sequenzen ausgelöst, vom agonistischen Verhalten abgesehen. PUTKONEN setzte dabei monopolare positive Rechteckimpulse von 50 Hz, Dauer 2 ms, meist 0,05—0,35 mA, als Hirnreize und konnte die motorischen Wirkungen in drei Klassen unterteilen:

1. Elementare motorische Effekte
2. Emotionale Reaktionen wie Angriff, Furcht-ähnliche Antworten, Aufmerksamkeit, allgemeine Erregung
3. Verschiedene, meist autonome Reaktionen.

Zu 1: Als Beispiel „Ducken", teils mit furchtähnlichen Reaktionen, teils als Element des „trophotropen Syndroms" (Ökonomisierung der Kräfte, Erholung); Federn leicht gesträubt, Kopf zurückgelegt, Pupille verengt, Augen häufig geschlossen, Herzschlag verlangsamt (Hirnbereich: dorsolateraler Hypothalamus).

Zu 2: Drohen bis Angriff (Hirngebiete vorwiegend Area septalis, Archistriatum, entspricht dem Mandelkern der Säugetiere), Ausweichen bis anschließende Bewegungslosigkeit (Hirngebiete: Nucleus dorsomedialis thalami).

Auch bei Tauben konnten auf diesem Wege zahlreiche Verhaltensweisen ausgelöst werden (AKERMAN 1966, HARWOOD, VOWLES 1967, ZEIER und AKERT 1968). So wurden Elemente des Sexualverhaltens (Verbeugungen, Sichputzen, deplaziertes Putzen, aggressives Picken, Nestzeigen) aktiviert (praeoptischer Kernkomplex, vorn im Hypothalamus, vorn im Zwischenhirn, in der Paraventrikular- und Septalregion). Es gab Überlappungen mit Gebieten, von denen aus auch Futter- und Wasseraufnahme, Abwehr oder Flucht ausgelöst werden konnten. Beim Männchen ging das Verbeugen als Hirnreiz-Antwort in reines Angriffsverhalten über, sobald ein entsprechendes äußeres Objekt angeboten wurde; das bestätigt den engen Zusammenhang zwischen Balz und Angriffsverhalten.

Auch Fiedler (1968) konnte am Fischgehirn bei verschiedenen Arten (Lippfische, Meerbrassen, Sonnenbarsche) durch Reizungen in medianen Gebieten des Hirnstammes (vom Nucleus praeopticus als Anfang des Hypophysen-Zwischenhirn-Systems über das Ganglion habenulae bis zum Rhombencephalon) bestimmte Verhaltensfolgen, wie Beutefang und Kampfverhalten, auslösen. Vorder- und Zwischenhirn sind hier reziprok verknüpft und bilden eine funktionelle Einheit, so daß auch von Teilen des Vorderhirns (Area dorsalis) vollständige Sequenzen der genannten Verhaltenssyndrome aktiviert werden konnten.

Für die Säugetiere ist kennzeichnend, daß mit der Entwicklung der „Neuhirnrinde“ (Neocortex) sensorische und motorische Projektionsfelder ausdifferenziert wurden, die bei punktförmiger elektrischer Reizung ganz eng begrenzte Muskelbewegungen auslösen, so daß für die vordere (motorische) Zentralwindung genaue „Hirnkarten“ erarbeitet wurden, und das bereits auf Grund der Auswirkung lokaler Zerstörungen. Zu den älteren Hirnteilen gehört das tiefer gelegene „limbische System“, dem die Mandelkerne (Amygdala), das Septum, der Hippocampus (Ammonshorn) als wichtige Teile angehören, und das funktionell ursprünglich vorrangig mit der Riechfunktion verknüpft war, bei den höheren Wirbeltieren generell für emotionale Reaktionen, verbunden mit vegetativen Regulationen verantwortlich ist, dabei aber sehr differenzierte Leistungen vollbringt. Das gilt besonders auch für den Mandelkern (Nucleus amygdalae), der in den letzten Jahren umfassend untersucht wurde. Dabei konnten folgende Antwortklassen ermittelt werden (vgl. PLOOG 1973):

- vegetative Antworten, sowohl sympathikoton als auch vagoton, also auf prehensive aktive Leistungen, wie auf trophotrope, restituierende gerichtet
- somatomotorische Antworten, Tonusänderungen, Kauen, Lecken u. a.
- Verhaltensantworten komplexerer Art, wie agonistisches Verhalten
- elektrophysiologische Antworten, wie schnelle Wellenmuster im EEG, die mit Aufmerken verbunden sind, speziell bei zusätzlicher Reizung des Hypothalamus.

PLOOG konnte mit seinen Mitarbeitern beim Totenkopfäffchen (*Saimiri*) von umschriebenen Hirngebieten auch bestimmte Lautformen auslösen (Abb. 17). Diese Lautformen sind voll genetisch determiniert und werden auch von akustisch isoliert aufgezogenen Individuen arttypisch geäußert (WINTER et al. 1973). Ähnliche Befunde wurden bei Vögeln und Amphibien erhoben.

Die vielfältigen Untersuchungen an der Katze lassen den Schluß zu, daß motiviertes Verhalten auf wenigstens drei Ebenen integriert wird (PLOOG 1973):

1. Mittelhirnebene, läßt allein kein umweltbezogenes Verhalten zu
2. Hypothalamische Ebene, Komponenten der Objekt-Orientiertheit
3. Amygdala-Ebene, situationsangepaßte Reaktion mit aktueller Informationsverarbeitung.

Für das Sexualverhalten sind wesentliche Elemente im limbischen System mitverantwortlich. Im mittleren vorderen Teil des Hypothalamus (Zwischenhirn) gibt es eine Region, bei deren Reizung sich orale, aggressive und sexuelle Reizantworten überlappen. Die komplexe Kombination von über Gebiß und Mundregion vollzogenen Verhaltensmustern des Angriffsverhaltens wie des Sexualverhaltens vollzieht sich bei der Katze offenbar in diesen Hirngebieten, wobei auch wichtige neuroendokrine Vorgänge beteiligt sind.

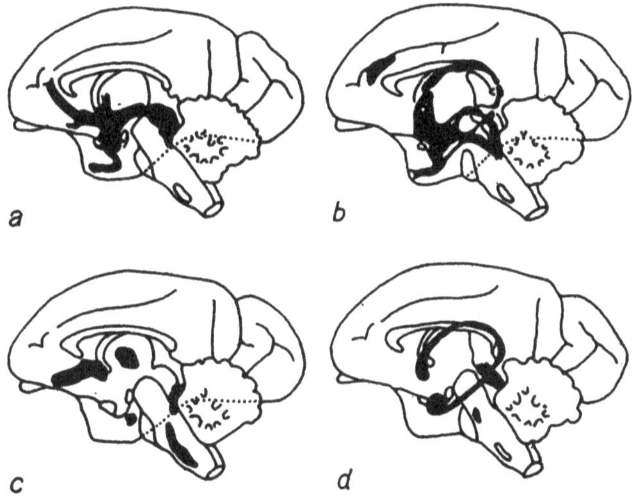

Abb. 17. Hirndiagramme des Totenkopfäffchens (*Saimiri*) zur Darstellung der Hirngebiete (schwarz), von denen spezielle Lautäußerungen ausgelöst werden können. a) Gackerlaute; b) „Err"-Laute; c) Piep- und Trillerlaute; d) Kakel- und Schreilaute (aus PLOOG 1973).

Für die Verhaltensorganisation bei den Primaten schlägt KORNHUBER (1973) eine Unterscheidung in Strategie und Taktik vor. Die Strategie wird durch die Zielfixierung des Verhaltens determiniert, beispielsweise die Nahrungssuche, während die Taktik die konkreten Verhaltensoperationen bestimmt. Die klassischen Vorstellungen gehen auf Grund von Befunden über Agnosie (Ausfall höherer Funktionen des Erkennens, der Identifikation und Klassifikation) und Apraxie (Ausfall der Bildung von Handlungsentwürfen mit den erforderlichen Koordinationen) davon aus, daß Afferenzen aus der Hirnrinde (Cortex) zu den motorischen Rindenzentren laufen und damit die Willkürbewegungen organisieren. KORNHUBER leitet aus vorliegenden Befunden die neuartige Hypothese ab, die zu neuroethologischen Befunden gut paßt, daß die Funktionsgeneratoren der Willkürbewegungen in Stammganglien sowie in dem Kleinhirn liegen. Dabei werden die Sinnesmeldungen, die zu den Projektionsfeldern der Hirnrinde gelangen und dort gnostisch verarbeitet werden, über die Basalganglien und das Kleinhirn in raumzeitlich organisierte motorische Muster umgesetzt und dort teils unmittelbar, teils über den motorischen Cortex (soweit Feinanalyse gefordert ist) zu den Erfolgsorganen geleitet (Rückenmark). Vestibularis- und Kleinhirnkerne erlauben ferner eine Halteregelung, die durch Großhirnkommandos aufgehoben werden kann, um rasche Bewegungen durchzuführen, die von der Kleinhirnrinde programmiert werden. Ferner wird postuliert, daß die Stammganglien ein Funktionsgenerator für glatte Bewegungen beliebiger Geschwindigkeiten sind, die sich als Rampenfunktionen beschreiben lassen („Rampengenerator"). Damit wird für den motorischen Cortex als eigentliche Funktion die Anpassung von Kleinhirn- und Stammganglien-Mustern an Tastgegenstände gesehen. Zu diesen Vorstellungen würde passen, daß bei den Primaten die wenig differenzierten Greifmuster (Nahrung, Haltegriff) in Anlehnung an BISHOP (1962) mit WEIDAUER (1973) als „Ganzhandkontrolle" bezeichnet werden, der eine „Feinkontrolle" überlagert sein kann, wobei nach BISHOP Körperpflege und Spielverhalten einen entscheidenden Einfluß auf die Ausbildung nehmen, was auch von RIPLEY (1967) bestätigt wird bei der Analyse des Erwerbs von „Geschicklichkeiten". Zusätzlich hat sich dann noch der „Präzisionsgriff" entwickelt. Die spezielle corticale Verknüpfung dieser Motorik könnte eine Grundlage für die Evolution der Hand als Werkzeug der Intelligenz sein.

Neben der nervalen Steuerung des motorischen Outputs als Verhalten im engeren Sinne (Ausgangsverhalten, Übertragungsverhalten), liefern die humoralen Wirksysteme einen weiteren nicht unwesentlichen Beitrag. Darunter faßt man alle auf Flüssigkeitswegen übertragenen Substanzen und Wirkstoffe zusammen. Diese Wirksysteme sind eng mit dem Nervensystem verbunden. Bei vielen Tiergruppen wurden Wirkstoffe nachgewiesen, die besonders von differenzierten Nervenzellen abgesondert und als Neurosekrete oder Neurohormone bezeichnet werden. Sie können in drüsenartigen Geweben gespeichert, umgewandelt und unter Mitwirkung nervöser oder chemischer Reize an die Blutbahn weitergegeben werden. Bei den wirbellosen Tieren werden vor allem Fortpflanzung, Häutungen und Farbwechsel durch Neurosekrete gesteuert, daneben aber auch Stoffwechselvorgänge und Kreislauffunktionen (Peristaltik) durch Neurohormone beeinflußt. Die Neurosekretion zeigt häufig tages- und jahresperiodische Schwankungen, so daß Zusammenhänge mit anderen periodischen Vorgängen bestehen, so auch mit der lokomotorischen Periodik, wie das KLUG (1958) für *Carabus nemoralis* nachgewiesen hat. GERSCH (Zusammenfass. 1964) nimmt an, daß neurohormonale Faktoren als Regulatoren sehr viel verbreiteter sind als gegenwärtig bekannt ist. Offenbar handelt es sich bei der Bildung von Hormonen in Nervenzellen um die ursprünglichere Form, aus der sich die Entwicklung eines eigenen Hormonsystems mit spezifischen endokrinen Organen ableiten läßt. Der funktionelle Aspekt dieser humoralen Systeme kann allerdings nicht isoliert im Zusammenhang mit der Motorik gesehen werden, sie sind zugleich ein wesentlicher Faktor bei der Festlegung innerer Zustände, auch im Verhaltensbereich (Zustandsverhalten). Dort (3.2.3.) wird darauf zurückzukommen sein. Bei den Wirbeltieren laufen die hormonalen Steuer- und Regelprozesse der Motorik vor allem über den Hypothalamus, wie das besonders für das Sexualverhalten gilt. Bei den Insekten haben Zellgruppen in der Pars intercerebralis im vorderen Hirnabschnitt eine dominierende Funktion. In beiden Fällen handelt es sich um Hirngebiete, die in hohem Maße photosensibel sind, so daß Lichteinflüsse in vielfältiger Weise wirksam werden können.

Vielleicht sollte abschließend noch darauf verwiesen werden, daß es überindividuelle motorische Koordinationen geben kann, ein motorisches Gruppenverhalten, das nicht allein unter Gesichtspunkten der Sozialstruktur betrachtet werden kann. Hier werden auch biodynamische Prinzipien wirksam. So fand NACHTIGALL (1970) im Keilverband fliegender Gänse strenge Phasenbeziehungen zwischen den Flügelschlägen verschiedener Tiere, wobei eine Phasenverschiebung von der Achse zur Peripherie auftrat. Die vorderste Gans bestimmt dabei den phasischen Rhythmus. Diese Befunde könnten im Sinne einer Energierückgewinnung aus der Gesamtströmung gedeutet werden, also ein aerodynamisches Phänomen sein. GOULD und HEPPNER (1974) konnten diese Phasenbeziehungen in ihrem Material an Kanadagänsen nicht finden und halten andere Faktoren für den Formationsflug für wichtiger oder überhaupt verantwortlich, etwa im Zusammenhang mit der Orientierung. HEPPNER (1974) hat versucht, für die Flug-Formation der Vögel eine Klassifikation abzuleiten. Er unterscheidet zunächst zwischen

(1) Flug-Aggregation (keine Koordination in Raum und Zeit zwischen den Individuen)

(2) Flug-Verband (flight flock)[1]) (= Formationsflug) (Koordinationen in: Wenden, Ortswechsel, Geschwindigkeit und Richtung der einzelnen Individuen, einschließlich Starten und Landen in zeitlicher Übereinstimmung).

Als Grundformationen werden unterschieden (a) Linienflug und (b) Haufen- oder Schwarmflug (cluster formation). Diese werden wie folgt unterteilt:

1. Linienflug

1.1. Säule; 1.2. Front; 1.3. Staffel, davon abgeleitet 1.4. J.-Form

---

[1]) Die Begriffe wurden nicht wörtlich übersetzt.

= gestaffelte Reihe nach rechts, ein Tier links vom Spitzentier, 1.5. V-Formation (Keilverband) als kombinierte Links- und Rechts-Staffel; 1.6. Invertierte J-Formation und 1.7. invertierte V-Formation = nach vorn offen; 1.8. geschlossene Linie = Kreisbildung; 1.9. verzweigte V- und J-Formation. In bezug auf die Vertikal-Ordnung der Linien können sie (1) absteigend, (2) eben und (3) aufsteigend sein.

2. Haufenflug

2.1. Globularer Haufen; 2.2. frontaler Haufen; 2.3. gestreckter Haufen.

Das Problem der überindividuellen motorischen Koordinationsmechanismen stellt künftiger Forschung noch zahlreiche Aufgaben, die Phänomene wie den Gleichschritt und den „Gänsemarsch“ nicht ausschließen.

3.2.2. *Sensorik*

Eine programmierte Motorik kann ohne Kontrolleinrichtungen nicht in die Umwelt mit ihren Variablen eingepaßt werden. Umwelteinwirkungen verstellen die Sollwerte eines Bewegungsprogramms, diese Änderungen müssen registriert und verrechnet werden. Informations-Aggregation wie auch Kommunikation erfordern Meßwertwandler für die kanal-codierten Signale, so daß die Organismen zwei Hauptgruppen sensorischer Systeme entwickelt haben:

1. Einbau von Meßfühlern zur internen Eigenkontrolle der Bewegung (Propriorezeptoren)
2. Entwicklung von Meßwandlern (Rezeptoren) für Umgebungsänderungen zur Verhaltenskontrolle, -steuerung und -regelung (Exterorezeptoren).

Erst die zweite Gruppe von Rezeptoren schafft die Voraussetzung für die Aufrechterhaltung des Fließgleichgewichtes und den Aufbau des geschlossenen Systems Organismus + relevante Umwelt. Die am Eingangsvektor X (Abb. 2) liegenden Signale entsprechen auf Grund ihrer physikalischen Parameter den Reizen der klassischen Physiologie. Reize definieren sich als materielle Zustandsformen oder Zustandsänderungen, denen bestimmte Erregungsvorgänge im Organismus zugeordnet sind, die eine für Organismen spezifische Umcodierung der Signalparameter darstellen. Die wichtigsten Parameter sind die Intensität, der Zeitverlauf, die Modalität (mechanisch, chemisch, optisch usw.) und die Qualität (z. B. Wellenlänge). Ein Signal ist gegeben, wenn wenigstens ein Parameter Information überträgt. Diese Parameter werden Informationsparameter genannt. Sind Signale zeitlich quantisiert, werden sie als diskontinuierlich bezeichnet, fehlt die Quantisierung, als kontinuierlich. Ist der Informationsparameter nicht quantisiert, handelt es sich um analoge Signale, bei Quantisierung dagegen um diskrete Signale, die bei Zuordnung zu einem vereinbarten Alphabet (Wortzuordnung) als digital bezeichnet werden, ohne diese Zuordnung als Mehrpunktsignale. Können diskrete Signale nur zwei Werte annehmen, heißen sie binäre Signale.

Höher entwickelte Rezeptoren können einen reizleitenden Apparat besitzen, der zugleich eine Reizkontrolle gestattet. So wird der Schall im Ohr eines Säugetieres über die Ohrmuschel, die durch Verstellungen eine Reizkontrolle ausüben und damit Eingangswerte verändern kann, den äußeren Gehörgang, das Trommelfell, die drei Gehörknöchelchen, das ovale Fenster und schließlich das komplizierte Flüssigkeitssystem (Peri- und Endolymphe) mittels Wanderwellen bis zu den eigentlichen Hörzellen übertragen. Dabei setzen auch am Trommelfell und an den Gehörknöchelchen Muskeln an, die eine efferente Kontrolle ermöglichen. In den Haarzellen des Cortischen Organs vollzieht sich schließlich die Transformation, es entsteht das Rezeptor-Potential.

In einem bestimmten Bereich wird der Reizerfolg durch das Reizmengengesetz mitbestimmt, das durch den Ausdruck $M = I \cdot t$ gekennzeichnet wird, wobei I die Reizintensität und t die Einwirkungsdauer bezeichnen; oberhalb der Gültigkeitsgrenzen wird der Reizerfolg allein von der Reizstärke bestimmt. Grundlagen der Perzeption sind bei mehrzelligen Organismen die Sinneszellen, die sich oft zu großen Verbänden zusammenschließen, wie etwa in der Netzhaut der Wirbeltieraugen. Ihr Grundbau sowie die allgemeinen Leistungseigenschaften wurden bereits erörtert (S. 29). Im allgemeinen können Sinneszellen nur auf eine Reizmodalität ansprechen, in Ausnahmefällen vermögen bestimmte Hautrezeptoren sowohl auf thermische wie auch mechanische Reize anzusprechen. Für folgende Modalitäten ist im Tierreich die Perzeption nachgewiesen: Geschmacksreize, Geruchsreize, mechanische Reize, akustische Reize, optische Reize, elektrische Felder, Magnetfelder, Schmerzreize, Temperaturreize, Feuchtigkeitsreize. Die terminalen, dendritischen Strukturen der Sinneszellen sind oft sehr kompliziert, je nach der Reizmodalität, auf die sie spezialisiert sind (Sehzellen, Hörzellen, Riechzellen usw.). Die grundlegende Aufgabe aller Sinneszellen besteht darin, Informationsparameter an nachgeschaltete Nerven-Netze weiterzugeben; erst in Zusammenarbeit mit diesen vollzieht sich die Auswertung der Information, die eigentliche Informationsverarbeitung. Grundfest (1971) sieht in dem sensorischen Neuron (Sinneszelle) das Grundelement, aus dem sich als Sonderanpassungen die spezifischen Rezeptorzellen (z. B. Tastkörper, Haarzellen, Elektrorezeptorzellen, Sehzellen) entwickelt haben. Die Einfügung solcher Rezeptorzellen in das Reiz-abhängige Transformationsglied läßt nach dieser Auffassung mehr Freiheitsgrade in dem sensorischen Transformationsprozeß zu. Abbildung 18 versucht eine Ableitung der Sinneszellen, sie deutet zugleich an, daß auch die motorischen Neurone von einem allgemeinen Grundtyp ableitbar sind.

In den fortleitenden (konduktilen) Systemen, bei den primären Sinneszellen der Axon (Neurit), erfolgt die Codierung des Informationsparameters „Intensität" über die Impulsfrequenz (Impulsrate). Abbildung 19 zeigt hierfür ein Beispiel, den Druckrezeptor des Katzenfußes bei unterschiedlicher Belastung.

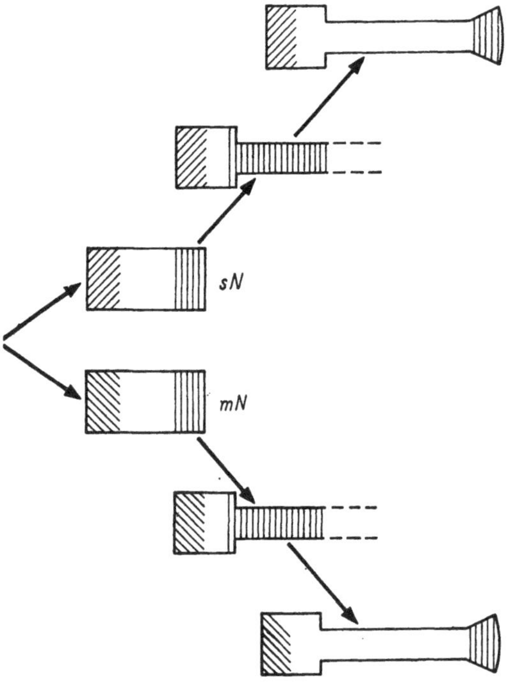

Abb. 18. Ableitung sensorischer (sN) und motorischer (mN) Neurone aus einem gemeinsamen Grundtyp. /// = spezifische sensorische Input-Membran; ⩵ = innervierte chemosensitive Input-Membran; ||| = sekretorische Output-Membran (in Anlehnung an GRUNDFEST 1973).

Für die Grundleistungen der Sinnesorgane sind folgende Gesichtspunkte zu berücksichtigen:

— Der adäquate Input ist der „Reiz", die tatsächlich in den Transformationsvorgang eingehenden Parameter werden als „Nutzreiz" bezeichnet.
— Als Reiz können solche Umweltereignisse bezeichnet werden, denen über eine Kausalitätsverknüpfung in Rezeptorsystemen definierte Erregungsvorgänge zugeordnet werden können.

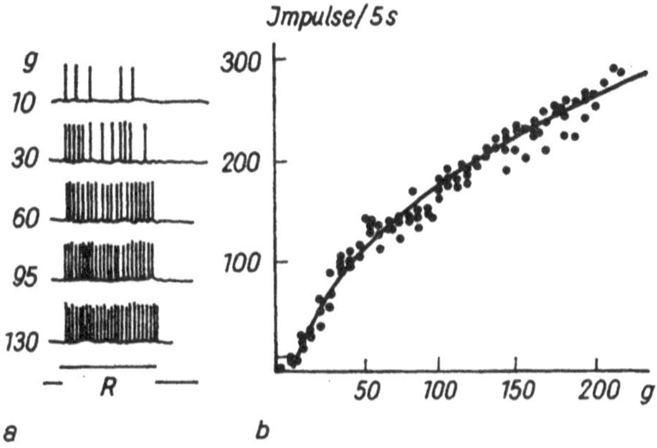

Abb. 19. Kodierung im Druckrezeptor eines Katzenfußes. a) Entladung der afferenten Faser in Abhängigkeit von der Belastung; b) Impulsrate (veränd. nach ZIMMERMANN 1972).

— Die Erregungssteuerung durch den Reiz ist mit einer Energiewandlung verbunden; manche Rezeptorzellen befinden sich in Dauererregung, die unter Reizeinwirkung moduliert wird.
— Der adäquate Reiz ist diejenige Energieform, unter deren Einwirkung das jeweilige Sinnesorgan seinen Erregungszustand verändert.
— Nach der Energiebilanz lassen sich zwei Klassen von Sinnesorganen unterscheiden: (a) die Reiz-abhängige Energiezufuhr erhält den stationären Erregungszustand aufrecht; (b) zur Aufrechterhaltung dieses Zustandes ist keine Energiezufuhr durch den Reiz erforderlich.
— Die Hemmung ist neben der Erregung ein sensorisches Elementar-Ereignis; sie kann erfolgen (a) durch die Reiz-Situation, (b) durch synaptische Einflüsse über benachbarte Einheiten (z. B. laterale Inhibition, Abb. 21).
— Es gibt bei den meisten Rezeptoren eine zentrifugale Kontrolle = efferente Kontrolle, (a) für den reizleitenden Apparat, (b) für die Erregung der Sinneszellen und (c) für die Erregung nachgeschalteter Nervenzellen.
— Die Sinnesorgane haben ein bestimmtes Zeitverhalten.

- Es lassen sich nach dem Zeitverhalten zwei Grundtypen von Rezeptor-Elementen unterscheiden, die bei den höher differenzierten Sinnesorganen zusammenwirken: (a) Phasische und tonische Elemente (s. Abb. 8), gelegentlich auch kombiniert phasisch-tonisch arbeitende Elemente[1]; (b) On- und Off-Elemente, die auf Reiz-Ein bzw. Reiz-Aus ansprechen. Auf dieser Grundlage können Zeitmuster und Reizqualitäten unterschieden werden.
- Bei höher differenzierten Sinnesorganen arbeiten räumlich benachbarte Sinneszellen zusammen, sei es durch direkte Verknüpfung, sei es über Schaltzellen. Dadurch können rezeptorische Felder entstehen.
- Die Intensitätsabhängigkeit kann drei verschiedene Verläufe haben: (a) lineare Kennlinien (Erregungs- und Reizstärke sind proportional, vgl. Abb. 19); (b) logarithmische Kennlinien (Anstieg linear dem Logarithmus der Reizintensität), so bei Augen, Hörorganen, Geruchsorganen, Infrarotrezeptoren; (c) Extremwertkennlinien (Maximum oder Minimum der Erregung bei einer bestimmten Reizintensität), so bei Thermorezeptoren, Labyrinthrezeptoren.
- Die Rezeptoren können eine Richtcharakteristik aufweisen (s. S. 103).
- Die Rezeptoren unterliegen in der Zeit einem Leistungsabfall, einer Adaptation, wobei die Empfindlichkeitsminderung in den sensorischen Endstrukturen als „echte Adaptation" bezeichnet wird, aber auch Änderungen der Eigenschaften reizleitender Apparate oder Erregungsminderung oder efferente Kontrolle diesen Effekt bewirken können.

Abbildung 20 zeigt die Grundfunktion eines Mechanorezeptors.

Zu den wichtigsten Leistungen komplexer Neuronen-Netze gehört die hier aufgeführte laterale Inhibition, die zu einer Kontrasterhöhung im Reizangebot führen kann. Bei der Hemmung lassen sich Vorwärts- und Rückwärtsinhibition unterscheiden. Bei der Vorwärtshemmung wirken die Hemmfasern beispielsweise auf das direkt nachgeschaltete Neuron (A) bahnend (oder erregend),

---

[1]) Solche Rezeptoren werden auch Proportional-Differential-(PD-)Meßfühler genannt.

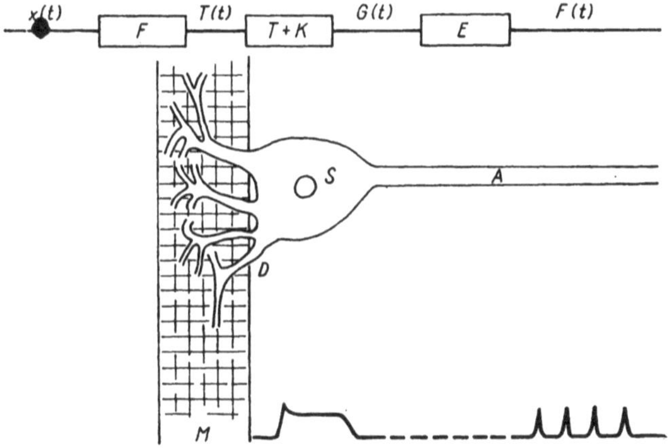

Abb. 20. Schematische Darstellung der Arbeitsweise eines Dehnungsrezeptors (Krebs); F = Filter; T + K = Transducer und Kabel; E = Encoder; M = Muskel; D = Dendriten; S = Soma; A = Axon (neu entworfen in Anlehnung an TERZUOLO und KNOX 1971).

auf ein diesem benachbartes (B) jedoch hemmend (Abb. 21).

Diese hier beschriebene Hemmung wäre unilateral, also einseitig; bilateral ist sie, wenn bei dem benachbarten Neuron (B) eine entsprechende Schaltung vorliegt und damit das diesem vorgeschaltete Neuron eine Hemmfaser nach (A) entsendet. Bei der Rückwärtsinhibition kann eine entsprechende Kreuzschaltung vorliegen, doch geht sie dann von den Axonen der hier angenommenen Neurone (A und B) aus, was bedeutet, daß die Erregung beide Neurone zunächst passiert und erst dann wechselseitig (wenn bilaterale Hemmung vorliegt) inhibierend zurückwirkt und damit den weiteren Erregungsstrom hemmt oder vermindert. Läuft über beide Neurone ein quantitativ (oder qualitativ) unterschiedliches Erregungsmuster, so lassen sich verschiedene Wirkungsformen dieser Hemm-Mechanismen leicht kombinieren. So kann von den benachbarten Zellen ein bestimmter Betrag von der eigenen Erregung substrahiert werden. Das ist der Inhibitionskoeffizient. Bei der Betrachtung einer Grenzfläche zwischen einem schwarzen und einem weißen Feld mögen die Neurone, die „Weiß" melden mit den Intensitäten ···4 4 4 4 4 (also fünf benachbarte Neurone als Beispiel, nach HASSENSTEIN), jene die „Schwarz" melden, mit den Intensitäten 8 8 8 8 8··· gereizt sein. Wenn der Inhibitionskoeffizient 25% beträgt, ergibt sich:

···4 4 4 4 4 8 8 8 8 8 wird zu: ···2 2 2 2 1 5 4 4 4 4···

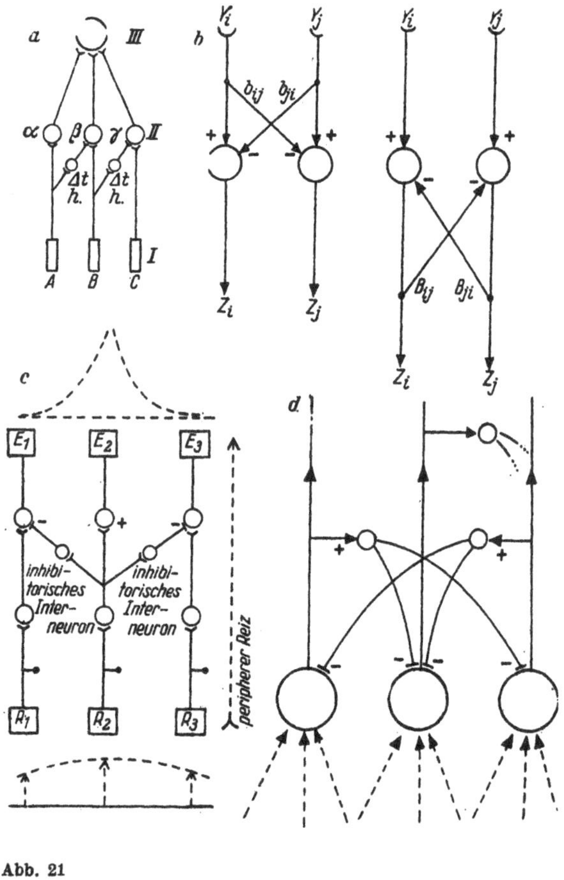

Abb. 21 →

Die Durchschnittserregung wird herabgesetzt, aber der Kontrast wird erhöht, denn an der Grenze „Weiß-Schwarz“ fließt nun die Erregung ···1 5···. Abbildung 22 zeigt einen solchen Vorgang mit zwei nacheinander geschalteten Stufen einer solchen lateralen Inhibition.

Unilaterale Hemmung kann bei der Erfassung der Bewegungsrichtung durch richtungsspezifische Erregungsbildung eingesetzt werden (Abb. 21a).

Aufsteigende (aszendierende) und absteigende (deszendierende) Bahnen, die zwischen den Sinnesorganen und den zentralen Netzwerken des Nervensystems vermitteln, wirken gemeinsam an der Informationsverdichtung mit und können mit höheren Nervenzentren eine selektive Optimalisierung aktueller Informationsvorgänge vornehmen, so etwa das Heraushören einer Vogelstimme aus der Vielfalt akustischer Ereignisse eines Frühlingswaldes. Wie die Untersuchungen von KEIDEL und seinen Mitarbeitern (vgl. KEIDEL (1969) gezeigt haben, ist über das Zusammenwirken der aszendierenden und deszendierenden Bahnen eine frequenzspezifische Wirkungsgradverstellung möglich, die teilweise das Prinzip des „Lauschens“ verständlich macht, jener „Aufmerksamkeitszuwendung“, die auch als „Cocktail-Party-Effekt“

Abb. 21. a) Schematische Darstellung des Mechanismus der unilateralen Hemmung (Inhibition), die der Richtungsspezifität zugrunde liegen kann. I—III: Verschiedene Integrationsstufen. Bei Erregung des nicht richtungsspezifischen Neurons A würde das nachgeschaltete Neuron α aktiviert und Neuron β über die Kollaterale h gehemmt werden usw. ... Ein Neuron der Integrationsstufe III würde demnach minimal erregt werden, wenn sich der Reiz in Richtung ABC bewegt, maximal bei Reizbewegung in Richtung CBA (nach STRASCHILL und TAGHAVY 1967); b) Prinzip der „Vorwärts-Inhibition“ und der „Rückwärts-Inhibition“ (nach KIRSCHFELD und REICHHARDT 1964); c) Schematische Darstellung der Kontrastbildung in einem multineuronalen Neuronen-Netzwerk (nach KEIDEL 1967); d) Schematische Darstellung der lateralen Inhibition (hier Rückwärts-Inhibition). Große Kreise: Einheiten einer gegebenen Ebene, kleine Kreise: „Renshaw-Zellen“, die Hemmvorgänge übertragen (nach KONORSKI 1967).

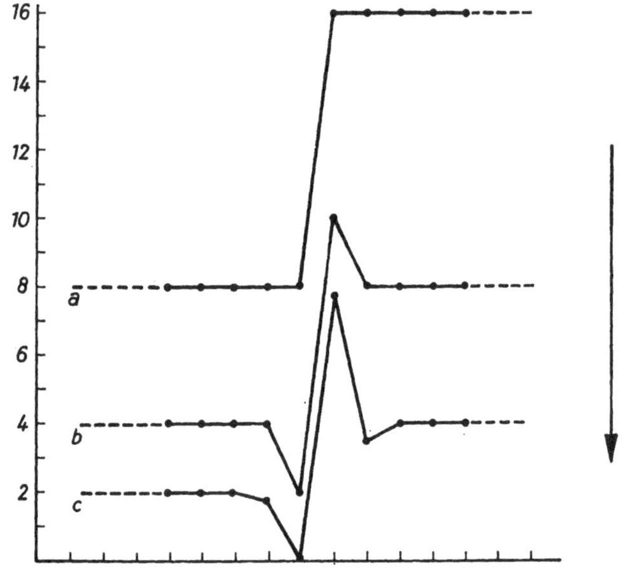

Abb. 22. Schema einer zweistufigen lateralen Inhibition, Erhöhung der Kontrastanzeige zwischen zwei Flächen unterschiedlichen Reizwertes.

bezeichnet wird, also der Fähigkeit, aus vielen Gesprächen ein bestimmtes herauszuhören. Zwischen der relativen Empfindlichkeitsstärke und der relativen Reizstärke besteht eine funktionelle Abhängigkeit, die sich mit der STEVENSschen Potenzfunktion $\varphi = x\Phi^{\beta}$ beschreiben läßt (vgl. STEVENS 1971). Dabei ist β der Exponent und x eine Konstante. Bei doppelt-logarithmischer Darstellung ergibt sich eine Gerade: $\log\varphi = \beta\log\Phi + \log x$. Messungen dieser Potenzfunktion ergaben eine Korrelation zur Sinnesmodalität und zur Sinnesqualität (vgl. KEIDEL):

Schmerzempfindung = 3,5
Druck- und Vibrationsempfindung = 1,5
Gehörempfindungen = 0,6
Lichtempfindungen = 0,3.

Durch Einsatz von Computern war es möglich, elektrophysiologisch objektive Potenzfunktionen (Beziehung zwischen dem Logarithmus langsamer Hirnrindenpotentiale zum Logarithmus der Reizstärke) nachzuweisen, die mit dem subjektiv gemessenen sehr gut übereinstimmen.

Im visuellen Bereich lassen sich Zentrierungen feststellen (Piaget), die übrigens bei Insektenaugen anscheinend nicht möglich, bei uns jedoch für den aktuellen Sehvorgang kennzeichnend sind. Seit Ende der fünfziger Jahre haben sich die Vorstellungen über die Arbeitsweise der Sinnesorgane, besonders der Sehorgane, tiefgreifend gewandelt. Die aktiven Vorgänge der Informationsverarbeitung, die Schritte der Merkmalsfilterung führten durch Entdeckung von Detektormechanismen, die auf ganz bestimmte Reizeigenschaften (Informationsparameter) ansprechen, zu völlig neuen Einsichten. Damit gelang es, physiologische Grundlagen einer Leistung zu finden, die von den Verhaltensforschern seit langem gefordert werden, um bestimmte Verhaltensantworten auf äußere Reize verständlich zu machen. Diese Mechanismen, die aus der Umwelt spezielle Reize herausfiltern und damit zugeordnete Verhaltensmuster freisetzen, werden im Anschluß an Lorenz als AAM (Angeborene Auslösemechanismen) bezeichnet. Da nur das Experiment im Einzelfall entscheiden kann, ob sie lernfrei arbeiten, wird heute meist nur vom AM gesprochen. Die diesem Mechanismus zugeordneten Reize werden Kennreize (auch „Schlüsselreize“) genannt. Der AM stellt eine systemgerechte Informationsauslese dar. Mit der Entdeckung der Detektormechanismen wurde ein allgemeineres Prinzip der Merkmalsfilterung gefunden. So fanden Lettvin und Mitarbeiter (1959) beim Frosch (*Rana*) Nervenzellen in der Netzhaut, die optimal auf bewegte Reize ansprechen, ähnliches wurde bei Kaninchen (Barlow et al. 1965) und bei der Taube (Maturana und Frank 1963) festgestellt, während Hubel und Wiesel (1962) durch ihre grundlegenden Untersuchungen entsprechende Mechanismen in höheren Zentren der Sehbahn bei der Katze nachweisen und durch die Beschreibung visueller Felder Einzelheiten dieser Vorgänge aufklären konnten. Ähnliche Leistungen wurden auch bei Gliederfüßern (Arthropoda) gefunden. Dabei geht man heute von der Vermutung aus, daß der Geschwindigkeitsvektor nicht auf Grund einer direkten Orts-Zeitmessung bestimmt wird, sondern über den Verlauf von Ausgangsfunktionen eines Systems von örtlichen und zeitlichen Hoch- und Tiefpaßfiltern (vgl. Korn 1974). Bewegungs-Detektoren sind besonders mit Verhaltensweisen des Schutzes und des Beuteerwerbs gekoppelt, sofern es sich um extraspezifische Reizkonstellationen handelt. So zeigten die Untersuchungen von Glantz (1974) an Krebsen (*Procambarus*) Abwehrreaktionen gegenüber Objekten, die sich annähern; dabei ist offenbar die Anzahl der elektrischen Entladungen (Spikes) des Bewegungsdetektors ein wichtiges Schwellenkriterium; die Latenzzeit hängt von der Bewegungsgeschwindigkeit der Annäherung des Objektes ab. Generell gibt es Detektoren für verschiedene Klassen von visuellen Eigenschaften, wie ihre räumliche Ordnung (vertikal, horizontal, Konturverlauf), die bereits erwähnte Bewegung, auch in Kombination mit Vergrößerung der Fläche (= Annäherung), Intensitätswechsel in der Zeit, Farbe, sowie Zeichen- und Musterklassen. Diese Eigenschaften lassen interne Wahrnehmungsstrukturen zu und gehen damit in den Leistungen weit über die Funktionen eines Auslösemechanismus hinaus. Innere Zustände können dabei Einfluß auf die Bereichseinstellung nehmen. So fliegen beispielsweise Schmetterlingsmännchen der Gattung *Heliconus* bei Nahrungssuche bevorzugt Gelb an, sind sie fortpflanzungsmotiviert, bevorzugen sie Rot. Weißlinge (Pieridae) reagieren auf gelbweiße Objekte, wenn sie balzen, auf alle Farben, besonders aber Gelb und Blau, wenn sie Nahrung suchen, und auf Grün bis Blau-Grün, wenn sie Plätze zur Eiablage anstreben (Ilse 1941). Nach den Untersuchungen von Schaffer und Hess zeigen Hühnerkücken bei der Artprägung eine Reaktion auf Farben mit

Minimum bei Gelb, bei Futterprägung mit Maximum bei Gelb (Zusammenfass. HESS 1973). IMPEKOVEN (1969) fand bei Lachmöwen-Kücken folgende Zusämmenhänge hinsichtlich der Farbpräferenzen:

Hunger: Blau, Rot, Gelb, Grün, Schwarz, Weiß
Kälte: Blau, Rot, Schwarz, Grün, Gelb, Weiß
Alarm: Schwarz, Blau, Grün, Rot, Gelb, Weiß.

Bei den Insekten konnte durch gezielte elektrophysiologische Untersuchungen der zentralnervöse Vorgang der Bewegungs-Detektion bereits teilweise aufgeklärt werden. Hier sind den Facettenaugen mehrere „Schaltzentren" nachgeordnet, die Bestandteile des vorderen Hirnabschnittes, auch Protocerebrum genannt, sind: Lamina ganglionaris, Medulla externa, Medulla interna. Wahrscheinlich vollzieht sich die Erfassung der Bewegung in den „höheren" Abschnitten der Sehbahn (Medulla), doch scheinen auch Zellen der Lamina dabei mitzuwirken (MIMURA 1974), wobei laterale Inhibition beteiligt ist. Durch regionale visuelle Felder, die teils nur Off-Regionen, teils nur On-Regionen haben (s. S. 60), kann die Bewegungsrichtung vom Tier bestimmt werden. Bei der Taufliege (*Drosophila*) können noch Bewegungen erfaßt und in Motorik umgesetzt werden, deren Winkelgeschwindigkeit unter 0,1 Grad/s liegt (das entspricht der Umlaufgeschwindigkeit des Minutenzeigers einer Uhr, vgl. GÖTZ 1975). Diese Fähigkeit ist für Bewegungskorrekturen im Flug bei diesen Insekten sehr wichtig. Das Insektenauge und die nachgeschalteten Nervenstrukturen zeigen Asymmetrien, bei der Honigbiene auch eine dorsoventrale (WEHNER 1972). Bei Anfliegen eines Objekts kann die Fliege durch diese Asymmetrien Wendebewegungen ausführen, mittels derer sie das Objekt in den vorderen Gesichtsbereich bringt, womit es direkt angeflogen wird. Für die dreidimensionale Flugorientierung sind Verrechnungen zwischen beiden Facettenaugen erforderlich, die sich auf die beidseitigen Bildverschiebungen beziehen, wie auch durch optomotorische Reizung (durch bewegtes Streifenmuster) nachwiesen werden kann: Die Fliege verwertet die Differenz zwischen beiden Seiten, ihre Wendereaktion ist dieser Differenz genau proportional. In den Nervenzentren stehen dazu etwa 100000 Zellen zur Verfügung, die säulenförmig angeordnete Strukturen bilden. Generell könnte eine Grundleistung darin bestehen, daß Koordinaten der visuellen Umwelt mit einem neuralen Bezugssystem im Sehfeld in Deckung gebracht werden (vgl. Zusammenfass. Wehner 1973). Das bestätigen auch die sehr regelmäßigen Projektionsmuster der Nervenzell-Schichten, die der Netzhaut nachgeordnet sind. Räumliche Intensitätsverteilungen können offenbar raumkonstant eingespeichert werden. Dabei wird das optische Abtastraster beim Facettenauge durch den Öffnungswinkel $\Delta\varrho$ der einzelnen „Facette" (Ommatidium) sowie den Divergenzwinkel $\Delta\varphi$ zwischen den benachbarten Sehkeilen bestimmt. Meyer (1974) hat in diesem Zusammenhang eindrucksvolle Ergebnisse bei der Analyse des optischen Abtastrasters beim Beutefangverhalten des Bachwasserläufers *Velia caprai* gewonnen. Auch hier liegt eine dorsoventrale Asymmetrie vor, so daß es eine höhenabhängige Größenpräferenz kleiner Beuteobjekte gibt. Außerdem werden Detektoren wirksam, die auf Reizwechselfrequenzen ansprechen („Flimmerzentrum-Detektoren"), sie führen unter entsprechenden Bedingungen zu Beutefanghandlungen. Hier handelt es sich um differenzierende und räumlich-zeitlich integrierende Funktionsstrukturen, offenbar Bewegungsanalysatoren, die relativ große Sehfelder „überblicken" oder abgreifen, also in höheren Zentren liegen müssen.

Vergleichbare Befunde haben auch die umfassenden Untersuchungen von Ewert und seinen Mitarbeitern erbracht (vgl. Abb. 30). Sie haben das optisch ausgelöste Beutefang- und Fluchtverhalten der Erdkröte (*Bufo bufo*) geprüft, wobei die einleitenden Handlungen durch Zu- und Abwenden gekennzeichnet sind (vgl. auch Grüsser-Cornehls 1973 mit etwas anderen Befunden). Die relative Häufigkeit dieser Bewegung erlaubt Aussagen über die Bedeutungsbelegung des Eingangsreizes (vgl. Ewert, v. Seelen 1974). Zusätzlich wurden punktförmige Hirnreizungen am freibeweglichen Tier gesetzt. Bei Reizung im Mittelhirndach (Tectum opticum) werden vorrangig Beutefanghandlungen mit Zuwenden ausgelöst, während von der Thalamus-Praetectum-Region her Fluchtverhalten, darunter das Abwenden aktiviert wurden. Es wird vermutet, daß der Erkennungprozeß „Beute" oder „Feind" seine neurophysiologische Basis in einer subtraktiven Beeinflussung der Antworten von tectalen und thalamus-praetectalen Neuronen hat. Das wird offenbar durch ein Neuron bewirkt, das hemmende thalamus-praetectale erregende tectale Eingänge hat. Sie repräsentieren in ihrer Antwortcharakteristik den Kennreiz „Beute", wobei sie vielleicht auch als „Beute-Neurone" die Zuwendereaktion triggern. Der thalamus-praetectalen Region kommt für die Muster-Erkennung eine entscheidende Funktion zu: Überschreitet die Musterausdehnung quer zur Bewegungsrichtung eine bestimmte Größenspanne, wird es entweder als „Nicht-Beute" oder als „Feind" eingestuft. Die Beute-Neurone werden gehemmt. Bei Ausschaltung dieser Region wird das Muster nicht mehr verhaltensrelevant erkannt, auch große Objekte werden als „Beute" eingestuft. Abbildung 23 zeigt diesen Zusammenhang und stellt noch zwei weitere Modelle dar, die experimentell nachgewiesene Leistungen zu erklären versuchen (vgl. auch Ewert 1973). Hier ist das zuerst von E. v. Holst und Mittelstaedt (1950) entwickelte Reafferenzprinzip angesprochen, das geeignet ist, eine Anzahl zuvor schwer interpretierbarer Erscheinungen im Sinnesbereich zu erklären. Abbildung 24 bringt eine Modelldarstellung dieses Prinzips. Bei seiner Annahme lassen sich zahlreiche Verhaltensphänomene deuten: Ein Tier, das wir in Schräglage bringen, richtet sich sofort wieder auf, die Lagerezeptoren melden die Lageveränderung, für die das Tier selbst ja keinen „Befehl" gegeben hatte und für die demnach keine Efferenzkopie vorliegt. Bringt das Tier sich aber durch ein bestimmtes Verhalten selbst in Schräglage, dann melden zwar die statischen Sinnesorgane dasselbe wie bei erzwungener Schräglage, dieses Mal jedoch liegt eine Efferenzkopie vor, und damit wird die Lage beibehalten, solange dem System die entsprechende Führungsgröße aufgeschaltet ist.

Alle „Wahrnehmungen" sind aktive Leistungen des Organismus, sie werden gesteuert und geregelt, inneren Zuständen zugeordnet, informationell ausgewertet und damit systemgerecht der Umwelt angepaßt. Ein Teil vollzieht sich bereits über efferente Bahnen, die an den Rezeptoren selbst wirksam werden, der Hauptanteil kommt jedoch dem Übertragungsverhalten, dem eigentlichen Ver-

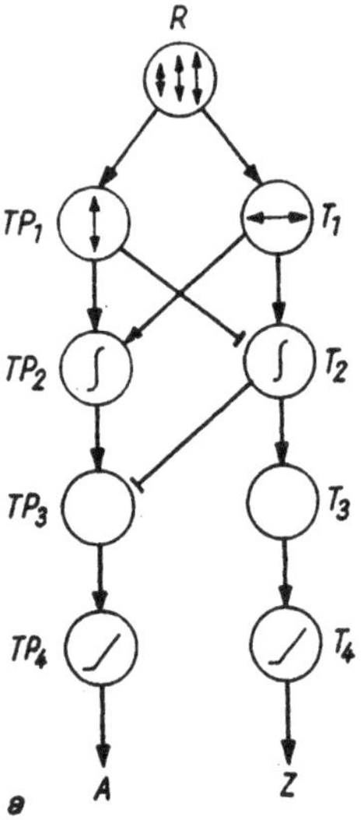

Abb. 23 a)

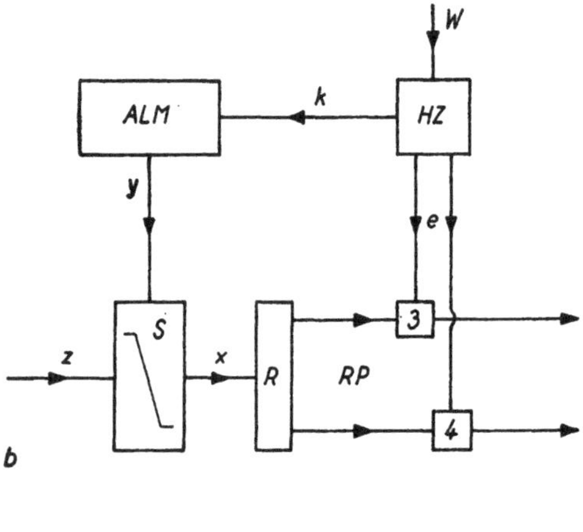

Abb. 23 b)

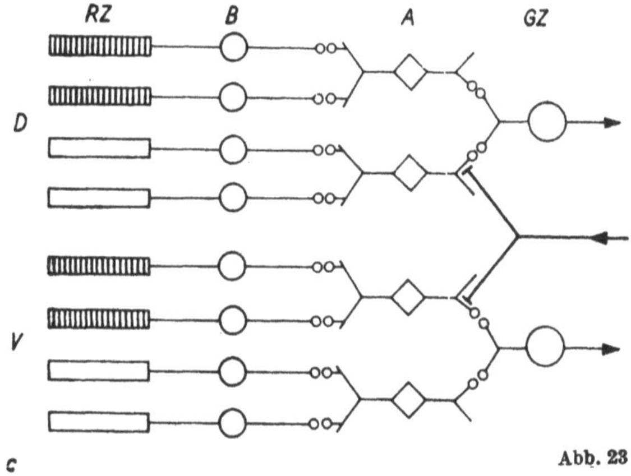

Abb. 23 c)

Abb. 23. Strukturbilder zur (hypothetischen) Erklärung funktioneller Zusammenhänge als Grundlage bestimmter Verhaltensleistungen der Erdkröte (*Bufo bufo*); a) Neuronales Wirkungsgefüge beim Beute – Feind – Erkennen; T = tectale Neurone, TP = thalamus-praetectale Neurone; die Doppelpfeile geben ausgewertete Gestaltparameter an, einfache Pfeile bedeuten erregende, Linien mit Querstrich hemmende Kontakte; R = retinale Ganglienzellen, die drei Doppelpfeile bedeuten Winkelgrößenmeßbereiche der Neuronenklassen II, III und IV; 1 = „Gestalt-Filter", 2 „Interaktions"-Neurone, 3 = Folgeneurone, 4 = Folgeneurone mit entscheidender Schwelle; T_4 „triggert" die Zuwendereaktion (Z), TP_4 die Abwendereaktion (A); die Hemmung von T_3 auf TP_4 verhindert das Auftreten ambivalenter Reaktionen (nach Ewert und Wietersheim 1974); b) Modell einer zentrifugalen Hemmung zur Erklärung der Tatsache, daß bei externer Verdunklung die Neuronen (3) und (4) die Netzhaut ein Rezeptor-Potential (RP) als Antwort liefern, bei Lidschluß durch die Kröte selbst über den Lidschlußmuskel (ALM) dagegen nicht; k = Kommando, e = Efferenzkopie, S = Reiz mit Kennlinie eines Off-Reizes, Z = externer Stimulus, HZ = Hirnzentrum, W = Hauptkommando (nach Ewers und Borchers 1974); c) Modell einer zentrifugalen selektiven Hemmung in der Netzhaut; RZ = Retinazellen, B = Bipolare, A = Amakrine, GZ = Ganglienzellen; D = dorsale Region, V = ventrale Region; Off-Einheiten schraffiert; die Efferenzen (Pfeil von rechts) hemmen ventral Off-Neurone, dorsal On-Neurone, das bedeutet, daß der ventrale Teil der Netzhaut stärker auf „Hell gegen Dunkel" anspricht, der dorsale auf „Dunkel gegen Hell". Da die Hemmung im Winter stark abgeschwächt ist, ergibt sich in dieser selektiven Empfindlichkeit ein Jahresrhythmus (nach Ewert und Siefert 1974).

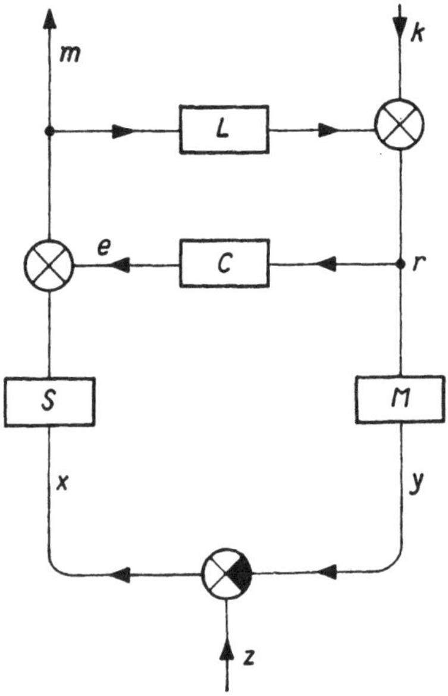

Abb. 24. Reafferenzprinzip: Blockdiagramm des Wirkungsgefüges einer von mehreren möglichen Kombinationen der Kopie- und der Einregelhypothese. Das Wirkungsgefüge enthält einen Teilkreis mit positiver Rückkopplung (e – m – r – e), der für sich allein (Betrachten eines Nachbildes hinter geschlossenen Lidern!) nur stabil ist, wenn $LC < +1$. Der Einfluß des Kommandos (k) auf die Meldung (m) verschwindet unter der Bedingung $C = SM$. Die Meldung ist dann in der Tat nach $m = Sz$ nur noch vom exogenen Einfluß abhängig. Der Einfluß von (z) auf die kritische Variable (x) folgt dann $x = (1 - LC)\,z$ und verschwindet unter der Bedingung $LC = +1$. Die kritische Variable (x) hängt dann in der Tat allein von (k) ab (nach MITTELSTAEDT 1970).

halten, der Motorik, zu, die wieder in die Umwelt hineinwirken kann, steuernd und regelnd eingreift und jene Bedingungen herstellt oder auch aufrecht erhält, die für den Organismus jeweils die „angemessenen“ sind.

3.2.3. *Zustandsverhalten (inneres Wirkungsgefüge)*

Die inneren Zustände der am Verhaltensaufbau beteiligten Strukturen weisen ein Zustandsverhalten auf. Es ist die Bewegung des Zustandsvektors (Z in Abb. 2) in Abhängigkeit von dessen Anfangszustand und vom Eingangsvektor. Dabei können zwei prinzipielle Zustandsformen unterschieden werden (vgl. Reinisch 1974):

- Freie Zustandsbewegung (Unabhängigkeit vom Eingangsvektor)
- Erzwungene Zustandsbewegung (ausschließlich vom Eingangsvektor determiniert).

Bei den Organismen liegt ein System mit Gedächtnis vor. Es gilt im allgemeinen, daß reine erzwungene Zustandsbewegungen selten sind, ebenso auch reine freie Zustandsbewegungen; gewöhnlich resultiert das aktuelle Zustandsverhalten aus einer Kombination beider Verhaltensklassen, obwohl es durchaus Fälle mit eindeutiger Dominanz gibt. Ein Organismus, der einen Ruheplatz verläßt und sich auf Nahrungssuche begibt, beginnt dieses Verhalten zunächst auf Grund einer freien Zustandsbewegung, allerdings liegt im weiteren Verlauf ein „gestörtes System" vor, es treffen am Eingangsvektor Störungen ein, die Verhaltenskorrekturen erforderlich machen, wie das gerade für das orientierende Verhalten, also die Suche nach Nahrung, kennzeichnend ist. Die Umwelt-Integration erzwingt Zustandsbewegungen. Craig hat 1918 in seiner grundlegenden Arbeit erstmals eine vollständige Theorie des Verhaltens entwickelt, die von folgenden vier Phasen ausgeht:

1. Abwesenheit eines bestimmten Reizes, physiologischer Status der Appetenz auf diesen Reiz. Ruhelosigkeit, variierte Bewegungen, Anstrengung, Suche, beginnende Endhandlung.
2. Empfang eines adäquaten Reizes. End-Reaktion als Antwort auf diesen Reiz, Status der Absättigung, weder Ruhelosigkeit noch Suchen.

3. Übersättigung an dieser Reizkonstellation, die nun zu einem abweisenden Reiz wird. Status der Aversion, Ruhelosigkeit, Versuch und Bemühen, sich von diesem Reiz abzulösen.

4. Freiheit gegenüber dem erwähnten Reiz. Physiologischer Status der Ruhe. Inaktivität der von (1) bis (3) eingesetzten Tendenzen.

Aus diesen Vorstellungen leiten sich zwei Grundstatusformen ab, die er mit den Begriffen Appetenz und Aversion bezeichnet hat. Die Ethologie hat die der Appetenz zugeordnete Motorik Appetenzverhalten genannt (s. auch S. 26). Es gibt Umgebungszustände, die nur den Status der Aversion erzeugen (Störgrößen), den diffugen Status mit der Tendenz zur Distanzvergrößerung, die nur bei aktiver Störgrößen-Beseitigung vorübergehend zu einer Distanzverminderung führt, wenn durch physischen Angriff die aversive Reizquelle zur Distanzvergrößerung gebracht werden soll, was gewöhnlich bei starker Ortsbindung (etwa an ein Nest) stattfindet. Bezeichnet man die drei Grundstatusformen als Ausweichtendenz, Annäherungstendenz und Beharrungstendenz, dann läßt sich der Zusammenhang gemäß Abbildung 25 darstellen, wobei hier für die Grille *Gryllus bimaculatus* gemessene Werte nach den Untersuchungen von H. H. Dathe (1974) auf der Grundlage phonotaktischen Verhaltens eingetragen sind.

Für das Zustandsverhalten möchten wir folgende Variable unterscheiden:

— Vigilanz („Wachheit", Arousal); Lindsley (1961) unterscheidet hierbei: (1) Relaxierter Wachzustand, (2) wache Aufmerksamkeit, (3) starke erregte „Emotion". Da Emotion und Vigilanz nicht identisch sind, sollte man die Begriffe klar trennen. Pickenhain und Klingberg (1969) haben die Vigilanz in vier Stufen unterteilt: V_1 = relaxierter Wachzustand (umgebungsindifferente Motorik), V_2 = aktivierter Wachzustand (umweltbezogen, doch ohne motivierte Motorik), V_3 = aktivierter Wachzustand mit motivierter Aktivi-

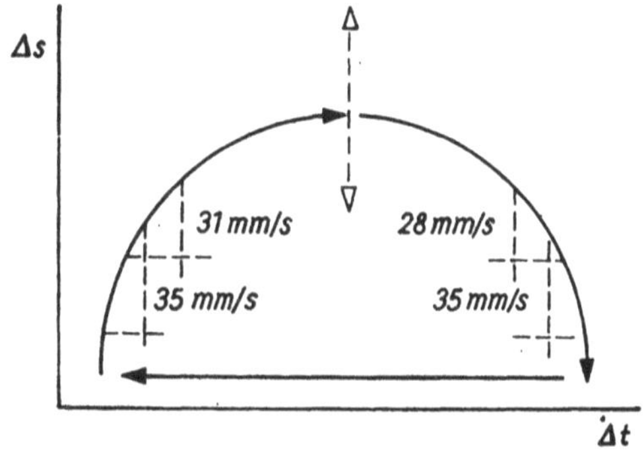

Abb. 25. Raum-Zeit-Modell der Grundstatusformen (Beharrungstendenz $\Delta s = 0$; Ausweichtendenz $\Delta s/\Delta t$ abnehmend; Annäherungstendenz $\Delta s/\Delta t$ zunehmend) nach TEMBROCK unter Berücksichtigung der Befunde über phonotaktische Reaktionen von *Gryllus bimaculatus* nach H. H. DATHE (1974); die eingetragenen Zahlen geben die gemittelten Meßwerte für $\Delta s/\Delta t$ wieder.

tät, V_4 = Zustand exzessiver Erregung, keine koordinierten situationsgerechten Verhaltensakte.

— Schlaf, unterteilt in „normalen Schlaf" und „paradoxen Schlaf", nach den schnellen Augenbewegungen (rapid eye movements) auch REM-Schlaf genannt („Traumschlaf").

— Emotion (emotionaler Status), auslösbar durch äußere Reizbedingungen (oder beim Menschen auch Gedächtnisinhalte), geringe Verhaltensorganisation, hoher Anteil vegetativer Vorgänge, geringe Reiz-Selektivität; Beziehungen zur Psychosomatik sowie den beiden Grundeinstellungen nach HESS (1968): Ergotrope Einstellung (Bereitschaft zur Entfaltung gestaltender Kräfte = prehensiv), endophylaktisch-trophotrope Einstellung (Schutz vor Überlastung der Organe, restitutive Regulationen = protektiv). Hierher gehören die wichtigen Grundeinstellungen der Appetenz und Aversion, der affine und diffuge Status. Emotionen begleiten motiviertes Verhalten, sie sind mit Ungleichgewichten positiv korreliert; diese Ungleichgewichte können sich auf die Eigenerhaltung („Hunger", „Furcht") wie auf Arterhaltung („sexuelle Appetenz") beziehen. Hier setzen auch die Stressoren an.

- Motivation (motivationaler Status); Motivationen schaffen bestimmte (elementare) Zustandsformen des Verhaltens, denen Funktionen zugeordnet werden können, sie sind zielbezogen (teleonomisch) sowie räumlich und zeitlich orientiert. Sie verwirklichen sich über ein raum-zeitlich geordnetes Verhalten (mit wechselnder Streubreite und Anpassungsfähigkeit), gewöhnlich über orientierendes, orientiertes und beendendes Verhalten. Motivationen legen Systemverstellungen fest und schalten dem Zustandsverhalten sowie dem Übertragungsverhalten (Output) bestimmte Führungsgrößen (Sollwerte) auf. Bei Sekundärmotivationen werden diese Führungsgrößen durch individuelle Erfahrungsinhalte bestimmt.
- Motorischer Status; hier sollen alle Zustandsformen zusammengefaßt werden, die den Status des gesamten efferenten Systems betreffen und rein quantitativ definiert sind. Danach können zwei Zustandsklassen unterschieden werden: (1) stationärer motorischer Status, (2) dynamischer motorischer Status.

Der motorische Status realisiert auch die drei durch Abb. 25 belegten Verhaltenstendenzen, wobei der stationäre Status der Beharrungstendenz, der dynamische der Annäherungs- und der Ausweichtendenz zugeordnet werden können. Der dynamische motorische Status kann durch saccadische Funktionen, also iterative Bewegungen (phasisches Verhalten), sowie durch Rampenfunktionen, also kontinuierlicher Verlauf der Einregelung (tonisches Verhalten), gekennzeichnet sein. Die Insekten weisen auch bei der Ortsveränderung überwiegend Saccaden auf (Laufschübe = „Internodallauf" nach WEYRAUCH 1935). Vigilanz, Ruhe und Schlaf sowie Emotionen beeinflussen den motorischen Status quantitativ, etwa im Sinne der in Abb. 25 angedeuteten Schwankungsbreite der Relationen $\Delta t : \Delta s$. Motivationen führen dagegen zu qualitativen Änderungen.

Es ist sehr schwer, beim Stand des gegenwärtigen Wissens die vielfältigen Wechselwirkungen zwischen den verschiedenen hier aufgeführten Statusformen bereits einigermaßen zu kennzeichnen. Es scheint immerhin, als ob der Vigilanz eine besondere Bedeutung bei der „Justierung“ des Verhaltens (raum-zeitlich gemeint) zukommt, wobei die „wache Aufmerksamkeit“ (= motivierter aktiver Wachzustand) Optimalwerte einstellen kann. Ein enger Zusammenhang besteht dabei zu der von SOKOLOV (1960) durch ein Modell beschriebenen „Orientierungsreaktion“ (Abb. 26). Der emotionale Status gewichtet anscheinend, vor allem auch im Zusammenhang mit dem vegetativen Systemstatus, das Zustandsverhalten, wobei vielleicht die beiden Grundeinstellungen („ja“—„nein“ = Appetenz und Aversion) die Basis liefern. Verfügt der Organismus über Verhaltensprogramme („Operationen“) für die jeweiligen Umweltkonstellationen, dann legt der „Motivator“ die „Strategie“ fest (vgl. S. 51). Der emotionale Status wird zum „Intensitäts-Monitor“; diese Verknüpfung hat

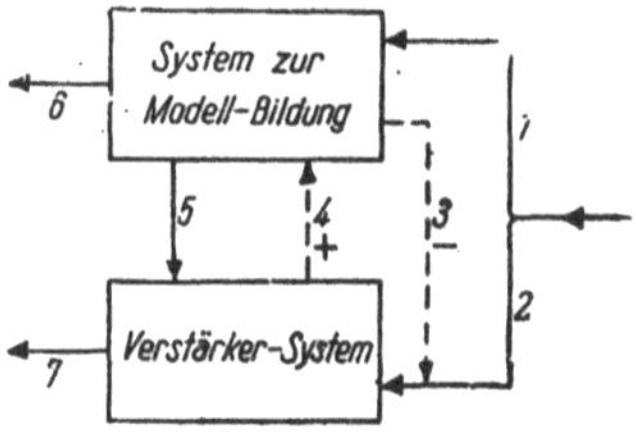

Abb. 26. Schema für das Erkundungs-Verhalten („Orientierungs-Reflex“): 1 – spezieller Weg von den Sinnesorganen zu dem Modell-System; 2 – Kollaterale zum Verstärker-System; 3 – negative Rückkopplung vom Modell-System zu Synapsen zwischen der zuführenden Bahn und dem Verstärker-System; 4 – aufsteigende aktivierende Einflüsse vom Verstärker- zum Modell-System; 5 – Weg vom Modell-System zum Verstärker-System (hier wird Konkordanz übertragen); 6 – zu den speziellen Antworten, verursacht durch Koinzidenz zwischen äußerer Reizung und innerem Modell; 7 – zu den vegetativen und somatischen Komponenten, die durch Reizung des Verstärker-Systems aktiviert werden (nach SOKOLOV 1960).

Melzack (1968) veranlaßt, von einem motivational-affektiven System zu sprechen, so daß er, etwa bei Schmerzeinwirkung, folgende Systeme postuliert:

- Sensorischer Diskriminator (Raum-Zeit-Analyse),
- Motivational-affektives System (zentraler Intensitäts-Monitor), im konkreten Beispiel Bestimmung des negativen „Affektes" und der Aversion,
- Zentrale Kontroll-Prozesse wie Erfahrung, Aufmerksamkeit, Vigilanz, Erwartung, Abstimmung mit anderen Motivationen usw.

Hier besteht ein Zusammenhang mit dem in der Humanpsychologie gebrauchten Begriff „Aktivierungs-Niveau", das über EEG, Hautwiderstand, Herzfrequenz und Elektromyogramm gemessen werden kann, Vigilanz, Lernen und Leistung beeinflußt und nach Gray (vgl. Richter-Heinrich 1970) beeinflußt wird durch:

- Hintergrundaktivität, aktuell: Hunger, Müdigkeit usw., habituell: Stärke des Nervensystems, Konstitution usw.,
- Reizmodalität,
- Reizstärke, perzeptiv, affektiv und kognitiv.

Werden auf Grund eindeutiger motivationeller Zuordnung bestimmte motorische Grundmuster aktiviert, etwa der Nahrungsaufnahme oder der Paarung, dann können die aktuellen sensorischen Eingangsgrößen, besonders ein hoher Anteil an Irrelevanzentropie ($X_{u(e)}$ in Abb. 2), „emotional belasten", weil der Eingang stark „verrauscht" ist. Dieser Anteil schafft innere Instabilitäten im Zustandsverhalten (erzwungenes Zustandsverhalten), die emotionale Reaktionen aktivieren, die Streubreite am Ausgang (eigentliches Verhalten) nimmt zu. Das bedeutet wiederum Erhöhung der Streubreite am Eingang; das Ganze kann „entarten", die Streßwirkung ist gegeben. Sieht das System von sich aus bereits ein variableres Verhalten vor, dann wird auch die Toleranzbreite am Eingang größer, ein größeres und vielfältigeres Reizangebot muß erwartet werden. Vielleicht spielt hier eine (hypothetische) „nicht-informationelle" Schleife (Abb. 2

zwischen $Y_{u(e)}$ und $X_{u(e)}$) hinein und ist in besonderem Maße für emotionale Zustände verantwortlich, erzeugt durch die gewissermaßen „unverstandenen“ und „unverarbeiteten“ Umgebungszustände, Anteile im eigenen Verhalten und in der Wahrnehmung, die aber bestimmte Systemzustände (Ungleichgewichte) erzeugen, die sich als „Stimmungen“ (unmotiviert) manifestieren. Aber wir sind damit in ein Feld der Spekulation geraten, das jedoch sicher auch im Zusammenhang mit Fragen der Vorgänge emotionalen Erlebens, emotionaler Werteinstellungen und ästhetischer Haltungen von Interesse sein kann.

Gegen bestimmte Reizeinströme haben Tiere spezielle Verhaltensmuster entwickelt, die bei Überschreitung der Toleranzgrenze, wenn also das innere System „kippt“, eingesetzt werden, so daß eine „periphere Drosselung“ auf der Eingangsseite, aber auch in der Motorik („Erstarren“) auftreten kann. So fördern bestimmte Verhaltensweisen, wie das Abwenden des Kopfes (auch als „cut off“ im agonistischen Verhalten bezeichnet) oder das „Hinabstarren“ bei Vögeln und Säugetieren Verhaltensumschläge durch zentrale Umstimmungen (motivational), weil sie den aktuellen Reizzustrom, etwa im agonistischen Verhalten, beenden, da der Partner nicht mehr angesehen wird. In diesen Zusammenhang gehören (sendeseitig) die „Beschwichtigungsgebärden“ (Tinbergen), das Abwenden von Angriffswaffen.

Motivationen können sich in verschiedenartiger Weise überlagern, wobei hier auch „interne Spannungsfelder“ entstehen, die stark emotional besetzt sein können, denn Emotionen dienen letztlich der Homoiostase. Die Abbildungen 27, 28 geben hierfür Beispiele. Baerends und Blockzijl (1963) sprechen in diesem Zusammenhang von einem A/F-Quotienten, wobei A für Angriff und F für Flucht stehen. Viele Handlungen haben dafür einen bestimmten Wertbereich. Tembrock (1962) fand eine Kombination zwischen Angriff und Abwehr, von der er auch jene Haltungen und Bewegungen ableitet, die Heinroth „Imponiergehaben“ genannt hat, bei verschiedenen Arten durch hochgewölbten Rücken gekennzeichnet (vgl. Abb. 27). Intermediäre Verhaltensweisen, wie etwa das

„Drohen", können aus Überlagerungen (Konflikten) abgeleitet werden. HINDE (1953) fand bei Kohlmeisen (*Parus major*) Elemente des Kampfes, des Ausweichens und des Futteraufnehmens simultan verstärkt. In solchen Vorgängen wird eine der möglichen Ursachen der Ritualisation gesehen, da die zugeordnete Motorik einen hohen Grad der „Unwahrscheinlichkeit" aufweist und damit aus den „normalen" situationsspezifischen Verhaltensmustern herausfällt.

Abb. 27 →

Abb. 28. Motivationsüberlagerungen bei der Graugans (Hausgans): a) Alarmstellung, b) Drohen auf Distanz, c) Angriff, d) starker Konflikt von Angriff und Flucht, e) schwacher Konflikt zwischen Angriff und Flucht, f) Verteidigung, g) Unterlegenheit, h) schwache soziale Annäherung, i) Annäherung an den künftigen Fortpflanzungspartner (nach FISCHER 1965).

Abb. 27. Verhaltens-Motivationen beim Fuchs (*Vulpes vulpes*). a) Überlagerung von Aggressions-Tendenz und Flucht-Tendenz, führt bei geringer Reduktion der Aggressions-Tendenz zur Bauchlage mit geöffnetem Maul, bei weiterer Reduktion zum Schließen des Maules und zur Demutstellung (Schwanz nach vorn eingeschlagen), die funktionell eine „Unterwerfung" darstellt. b) Überlagerung von Aggressions-Tendenz und Abwehrtendenz mit Überwiegen der Aggression. Abwehrtendenz bedingt Aufwölben des Rückens, Treteln mit den Hinterbeinen (äußert sich hier im „Buckellauf" als Springen mit den Hinterbeinen). c) nur eine Tendenz (Motivation = Trieb): Aggression (Ernstkampf). d) Angriff (zwei Rüden), rechter Partner (angegriffen) Gegenstemmen, linker Rüde zeigt Kopfabwenden (beginnende Abwehr-Tendenz bei „Feindberührung"). e) Querstehen, Abwehrtendenz und Aggressionstendenz etwa gleich stark. f) Hinterkörperzukehren: Abwehr-Tendenz überwiegt (da Gegner nicht weicht). g) der rechte Fuchs weicht jetzt zurück (linker war stehengeblieben). Wieder Querstellen, da Aggressions-Tendenz mit Abstand vom Feind wieder zunimmt, jetzt etwa ebenso stark wie Abwehr-Tendenz. Aus dieser Kombination ist – ritualisiert – das Imponiergehabe geworden (Orig.).

Neben den neuralen Mechanismen (Abb. 29, 30), die durch die experimentelle Neurophysiologie bereits teilweise bekannt wurden, haben auch endokrine Vorgänge wesentlichen Anteil an der Verwirklichung des Zustandsverhaltens. Bestimmte Außenfaktoren können zu „Umstimmungen" führen (Abb. 31). Die experimentelle Endokrinologie kann Mechanismen aufdecken, über die sich Status und Verhalten vollziehen (Abb. 32). Hormonal und neural gesteuerte Veränderungen etwa von Farb-

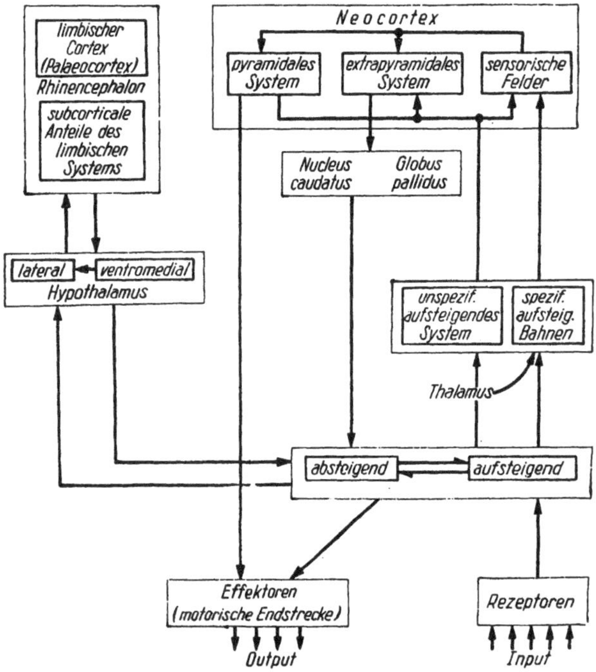

Abb. 29. Die wichtigsten Gebiete des Zentral-Nerven-Systems (ZNS) der Säugetiere, die am Aufbau des Nahrungsverhaltens beteiligt sind (nach De Ruiter 1963).

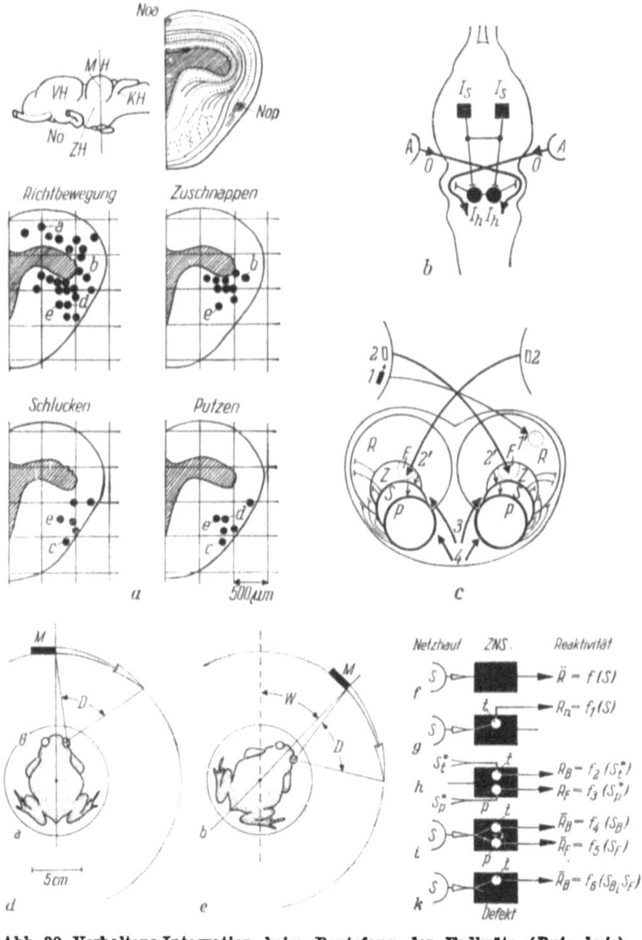

Abb. 30. Verhaltens-Integration beim Beutefang der Erdkröte (*Bufo bufo*). **a) Topographie der Reizorte (schwarze Punkte) für die Richtbewegung, das Zuschnappen, das Schlucken und das Putzen, jeweils in einem Halbquerschnitt des Mittelhirns dargestellt. Teildiagramm oben links: Seitenansicht des Erdkrötengehirns; VH-Vorderhirn, ZH-Zwischenhirn, MH-Mittelhirn, KH-Kleinhirn, No-*Nervus opticus*; oben rechts: „Molekular"- bzw. „Faserschichten" (gezogen) und „Körnerschichten"**

(punktiert) des *Tectum opticum* in einem Halbquerschnitt des Mittelhirns (vgl. Hirnquerschnittsebene). Noa-*N. opticus Radix anterior*, Nop-*N. opticus Radix posterior*. Ventrikel schraffiert. b) Zentralnervöses Wirkungsgefüge beim Beutefang der Erdkröte. Ein Modell, in dem die qualitativen Versuchsergebnisse an vorderhirn- und stammhirndefekten Kröten berücksichtigt worden sind. A – Auge; O – optische Bahnen; I_h – zentralnervöse Instanz, die das Beutefangverhalten hemmt; I_s – zentralnervöse Instanz, welche die Hemmung von I_h löst und dadurch Beutefangverhalten stimuliert. c) Schematische Darstellung für die Auslösung der Beutefang- und Freßhandlungen. 1 – primäre Netzhautreizung (außerhalb der temporalen Fixierstelle), 2 – sekundäre Netzhautreizung (temporale Fixierstelle), 1.– Projektionsort im Mittelhirn für die erste Netzhautreizung, 2. – Projektionsort im Mittelhirn für die zweite Netzhautreizung. Kreise (räumliche Gebilde, die sich ganz oder teilweise durchdringen): Reaktionsbezirke für die Richtbewegung (R), das Fixieren (F), das Zuschnappen (Z), das Schlucken (S) und das Putzen (P). Stark gezogene Pfeile: periphere Meldungen der Netzhaut (1 bzw. 2) und der Mechanorezeptoren des Schlundes (3) bzw. des Kopfes (4); dünne Pfeile: stimulierende Einflüsse zwischen den Reaktionsbezirken; Linien mit Querstrich: hemmende Wirkungen. d) und e) Räumliche Positionen des visuellen Reizmusters (M) und der Erdkröte vor einer Wendereaktion (d) sowie danach (e) (ein Beispiel). Der Pfeil gibt das Bogenmaß an, um welches das visuelle Reizmuster (Beuteattrappe) auf der Kreisbahn (Punktierung) im Versuch verschoben werden mußte, um eine Wendereaktion der Kröte auszulösen. D – effektive Dislokalisation des visuellen Reizmusters, W-Wendewinkel der Wendebewegung, G – Glasgefäß mit Erdkröte. f)–k) Der Reiz-Reaktionsmechanismus im visuellen Beutefang und Fluchtverhalten der Erdkröte. Anschaulische Darstellung der bisher analysierten Untersuchungskomplexe (f) „Blackbox"-Versuche; ein visueller Bewegungsreiz (S) (Beute- bzw. Feindattrappe) löst die Reaktion (Beutefang- bzw. Fluchtreaktion) aus. g) Durch einen visuellen Bewegungsreiz S werden die Netzhautneurone aktiviert; die Aktionspotentiale R_n werden im *Tectum opticum* (t) mit Hilfe einer Mikroelektrode abgeleitet. h) Durch punktförmige elektrische Reizung S_t* des *Tectum opticum* (t) mit Hilfe einer Reizelektrode werden Beutefangreaktionen R_B aktiviert; durch punktförmige elektrische Reizung S_p der praetectalen Region (p) werden Fluchtreaktionen R_F aktiviert. i) Modellvorstellung über den Weg der Reizverarbeitung in einer visuellen Beute-(S_B) oder Feindsituation (S_F). Verarbeitung visueller Reize (S_B; S_F) nach Ausschaltung der praetectalen Region und des dorsalen caudalen Thalamus (nach Ewert 1967, 1969).

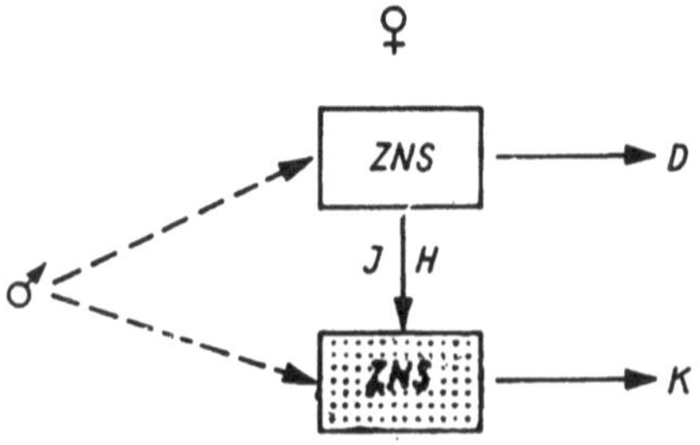

Abb. 31. **Hormonwirkung (JH = Juvenil-Hormon) auf das Nervensystem von *Gomphocerus* (Feldheuschrecke); oben: Balz des Männchens löst beim Weibchen Defensivverhalten (D) aus, unten: Balz löst nach hormonal umgestimmtem ZNS Kopulationsverhalten aus (verändert nach RIDDIFORD und TRUMAN 1974).**

mustern können Statusformen anzeigen (Abb. 33). Das gilt natürlich in besonderem Ausmaß für das Sexualverhalten (vgl. HESSE, TEMBROCK 1974).

Bei den Säugetieren werden für die Regulation der Sexualfunktionen zwei Zentren verantwortlich gemacht: (1) Das Sexualzentrum und (2) das Erotisierungszentrum. Im Hypothalamus liegen zwei Zentren, deren eines bei beiden Geschlechtern tonisch arbeitet und kontinuierlich Gonadotropin bildet, während das andere vom vorderen Hypothalamus nur bei Weibchen zyklisch und umweltabhängig auf das dahinter gelegene Zentrum einwirkt. In einer ontogenetischen hypothalamischen Differenzierungsphase bestimmt der Androgenspiegel die Gonadotropinsekretion (niedrig = zyklische Sekretion, hoch = tonische Sekretion). In dieser kritischen Phase wird zugleich das Erotisierungszentrum determiniert, so daß Art und Stärke des Sexualverhaltens von der prä- und/oder perinatalen neuroendokrinen Organisation des Diencephalons sowie von der postpuberalen hormonalen Aktivierung des Erotisierungszentrums her bestimmt werden (vgl. DÖRNER 1972). Zwischen Nervensystem und hormonalem Status bestehen vielfältige Wechselbeziehungen, Umweltereignisse können auch direkt auf das Hormongefüge einwirken und auf diesem Wege das Nervensystem beeinflussen, das wäre der „extrasensorische Weg“.

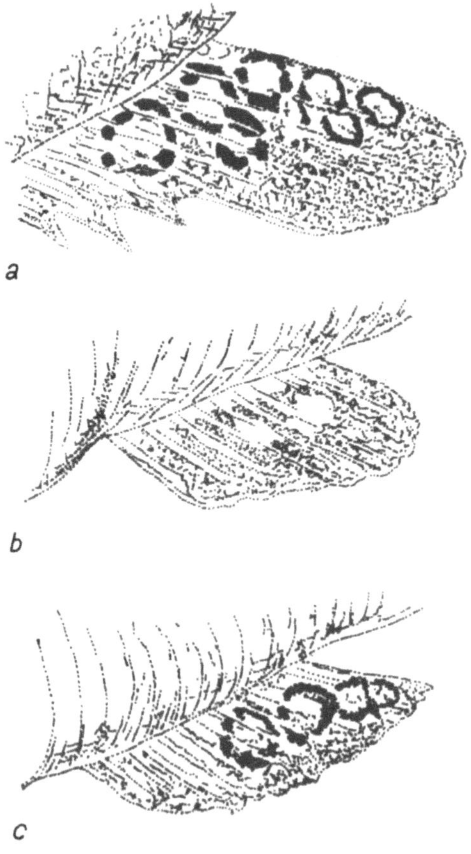

Abb. 32. Der Buntbarsch *Haplochromis burtoni*: a) Die Eiflecken des Männchens an der Analflosse lösen beim Weibchen Zuschnappen aus (da sie Eier zur Brutpflege in das Maul aufnimmt), dadurch wird die Aufnahme der Spermien in das Maul (dort werden die Eier besamt) gewährleistet; b) Analflosse eines normalen Weibchens; c) Analflosse eines Weibchens nach Testosteron-Injektion (1 mg) (umgezeichnet nach Fotos aus Wapler-Leong und Reinboth 1974).

Im einzelnen bleiben freilich noch viele Fragen offen, und das Wirkungsgefüge des Zustandsverhaltens wird der eigentlichen Verhaltensphysiologie in der Zukunft noch viele Aufgaben stellen.

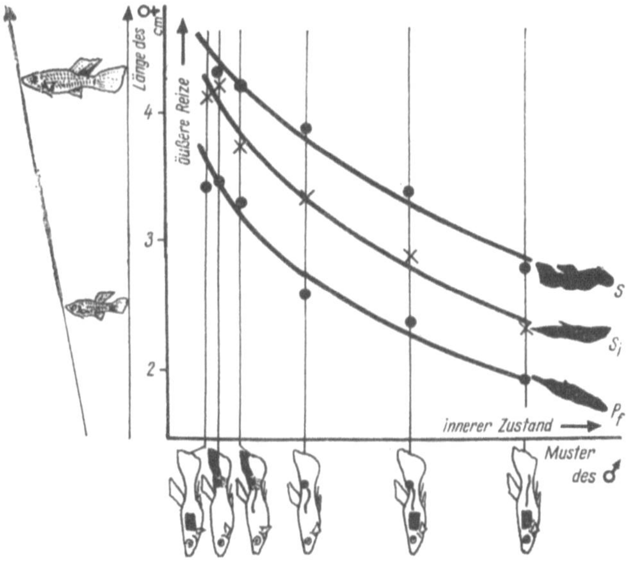

Abb. 33. Der Effekt der Kombinationen verschiedener Qualitäten eines äußeren Reizes mit verschiedenen Intensitäten des inneren Zustandes eines Tieres (Guppy, *Lebistes*). Der Außenreiz kann durch die Wahl der Größe des Weibchens variiert werden (Ordinate). Der innere Zustand des Männchens ist am Melanophorenmuster ablesbar. Diese Muster sind in der Abszisse eingetragen. Der Maßstab wurde erhalten durch Messung der Bereitschaft zum Ausführen sexueller Handlungen. Die Kurven geben die Kombinationen an, bei denen das gleiche Verhalten ausgelöst wird. Dies ist für zwei verschiedene Verhaltensweisen geschehen; (P_f = Nachfolgen dem Weibchen durch das Männchen und *S* = *S*-Biegung) – sowie für zwei Intensitäten derselben Handlung (S_i und S_f) (nach BAERENDS, 1956).

3.2.4. Genetik

Die Erforschung der genetischen Grundlagen des Verhaltens hat im vergangenen Jahrzehnt eine starke Entwicklung erfahren, die ihren Niederschlag in einer Anzahl monographischer Zusammenfassungen gefunden hat (Glass 1968, Manosevitz, Lindsey, Thiessen 1969, McClearn, DeFries 1973, v. Abeelen 1974). Untersucht wurden die verschiedensten Parameter des Verhaltens; einige Forschergruppen befassen sich dabei speziell mit Problemstellungen der Phylogenie, andere bewegt die Frage nach den Mechanismen des Verhaltens, der Lernfähigkeit, bestimmten Lerndispositionen, wieder andere verfolgen den Erbgang spezieller motorischer Muster, wobei Hybridisierungs-Versuche eine besondere Bedeutung haben, andere analysieren die genetischen Mechanismen. Die Bedeutung biometrischer Verfahren liegt auf der Hand, und so hat die Genetik den Trend gefördert, biometrisch auswertbare Verhaltensdaten zu gewinnen. Auch eine meßbare Erfassung der Wechselwirkung zwischen Genotyp und Umgebung ist bei derartigen Fragestellungen unerläßlich. Als weitere Fragestellungen sind die Erfassung maternaler Effekte sowie geschlechtsgebundener Vererbung zu erwähnen. Das ganze Problemfeld muß im Kontext der Evolutionsstrategie gesehen werden; die genetische „Architektur" steht im Zusammenhang mit der natürlichen Selektion von Verhaltenseigenschaften (vgl. Broadhurst, Jinks 1974). Dabei muß von diesem Zusammenhang ausgegangen werden:

Phänotyp (P) = Genotyp (G) + Umgebung (U).

Die optimale phänotypische Ausprägung kann auch von der Art der jeweils wirksamen Selektion mitbestimmt werden (vgl. S. 265), Mather (1973) unterscheidet die stabilisierende, die gerichtete und die disruptive Selektion. Im letzten Fall treten mehr als ein Optimum auf, der Zusammenhang ist unterbrochen, zwei oder mehr

Lösungswege in der Umweltanpassung des Verhaltens werden eingeschlagen, eine Realisierung der verändernden Selektion. Bei der gerichteten Selektion werden Genotypen eines Extremwertes begünstigt, während die stabilisierende auf die Mittelwerte optimiert. Ein Ergebnis disruptiver Selektion sind geschlechtsspezifische Verhaltensunterschiede. Mit solchen Differenzen können auch Unterschiede verbunden sein, die sich nicht auf das eigentliche Sexualverhalten beziehen.

Genetische Untersuchungen haben aber noch einen anderen Aspekt. Sie können auch zur Aufklärung von Funktionseinheiten beim Verhaltensaufbau beitragen. Wenn bestimmte Eigenschaften einer Verhaltensstruktur einem systematischen genetischen Einfluß unterliegen, darf angenommen werden, daß es sich hier tatsächlich um eine echte Funktionseinheit, nicht nur um ein theoretisches Konstrukt der Verhaltensanalyse handelt. Solche genetischen Einflüsse konnten beispielsweise nachgewiesen werden für Intensität und Vorzeichen phototaktischer Reaktionen, für geotaktisches Verhalten (*Drosophila*), für die Intensität optomotorischer Reaktionen, für die Paarungsgeschwindigkeit bis zur Kopulation (*Drosophila*), für innerartliches Angriffsverhalten (Fische, Maus), für Lernleistungen (Maus, Ratte, vgl. Franck 1974). Zur Mutabilität von Verhaltenseigenschaften gibt es nur wenige Hinweise, dazu gehören die Befunde von McGregor (1964), nach denen bei den Nachkommen bestrahlter Ratten (Röntgen-Strahlen) das Labyrinthlernen gemindert war; bei Buntbarsch-Männchen (*Cichlasoma nigrofasciatum*) wurde unter diesen Bedingungen bei den Abkömmlingen eine verringerte (sexuelle) Aggressivität festgestellt, jedoch ohne Minderung der allgemeinen Aktivität (Holzberg, Schröder 1972). Auch pränatale Streßwirkungen auf die Mutter können das Verhalten der Nachkommen beeinflussen. Joffe (1969) fand im open-field-Test bei Ratten, daß Streßwirkungen vor der Paarung das Bewegungsverhalten der Nachkommen beeinflußte, während Streßwirkungen während der Trächtigkeit das Konditionieren des Meideverhaltens veränderten. Wachstum und Verhalten von Mäusen, die von Ammen-Müttern eines anderen Stammes aufgezogen wurden, unterschieden sich signifikant von dem solcher Mäuse, die bei Ammen-Müttern des eigenen Zuchtstammes aufwuchsen. Das läßt auf zusätzliche Einflüsse der mütterlichen Umgebung auf das Zuchtstamm-spezifische Verhalten schließen (READING 1969). SCOTT (1969) konnte bei verschiedenen Genotypen des Haushundes Unterschiede in der Bereitschaft zum Bellen bei 11 Wochen alten Welpen nachweisen:

	n	% (Bell-Häufigkeit)
Basenji	42	95,2
Cocker	49	18,4
F_1	39	51,3
F_2	66	53,0
Rückkreuzung mit Cocker	16	18,8
Rückkreuzung mit Basenji	35	62,9

Eindeutige Verhaltensunterschiede fand auch v. OORTMERSSEN (1970) bei Zuchtstämmen der Hausmaus. Er untersuchte CPBs (ein Bagg Albino Stamm), CBA und C_{57}Schwarz. CPBs-Mäuse hatten einen hohen A/F-Quotienten (s. S. 79); kleine Umweltänderungen konnten starke Verhaltensänderungen nach sich ziehen, sie stellten kugelförmige Nester auf flachem Boden her und zeigten ein stark nach oben orientiertes Erkundungsverhalten.

CBA-Mäuse waren weniger aggressiv als CPBs-Mäuse, sie konnten kein richtiges Nest bauen, ihr Explorationsverhalten war zum Boden orientiert. C_{57}-Mäuse waren nicht territorial, ihr A/F-Quotient lag tief, Nistmaterial aktivierte Grabeverhalten, es wurden Höhlen hergestellt, auch das Erkundungsverhalten war zum Boden orientiert. Das Verhaltenselement „Beknabbern" zeigte eine genetische Basis. Die Verhaltensmuster führten zu einer genetisch determinierten unterschiedlichen Biotopwahl bei den einzelnen Zuchtstämmen.

Das Angriffsverhalten wird bei manchen Arten auch von den Geschlechtschromosomen mit beeinflußt, wenn es sich um sexuell determiniertes agonistisches Verhalten handelt. So zeigen bei dem Fisch *Oryzias latipes* YY-Männchen andere Komponenten des Angriffsverhaltens als XY-Männchen (HAMILTON et al. 1969). Auch die durch Schreckstoffe ausgelösten Fluchtreaktionen bei bestimmten Knochenfischen zeigen genetisch determinierte Schwellenwertunterschiede (vgl. GANDOLFI 1972), wie Untersuchungen an *Brachydanio rerio* zeigten. Im Tagesmuster des Schlüpfens bei Insekten können ebenfalls genetische Unterschiede auftreten (Abb. 34).

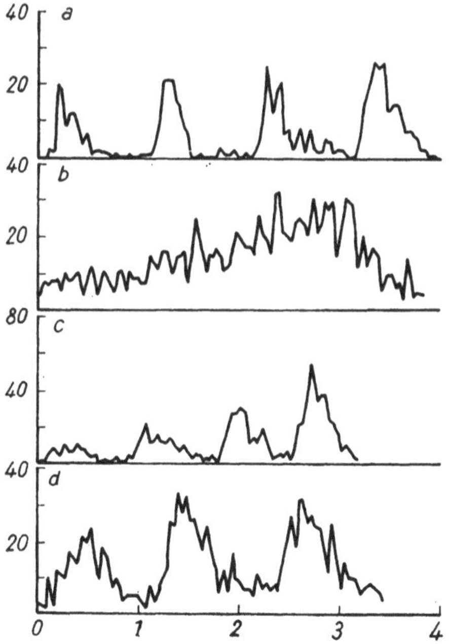

Abb. 34. *Drosophila*-Mutanten mit unterschiedlicher Schlüpfrhythmik; a) normal; b) arhythmisch; c) kurze Perioden; d) lange Perioden (nach BENZER 1973).

Die genetischen Analysen derartiger Unterschiede weisen im allgemeinen auf eine polygene Basis von Verhaltensdispositionen hin, wie das auch von Hirsch und seinen Mitarbeitern (1969) bei der genetischen Untersuchung des geotaktischen Orientierungsverhaltens der Taufliege (*Drosophila*) festgestellt wurde, wobei die Chromosome II, III und X geprüft wurden: Jedes nimmt Einfluß auf dieses Verhalten. Etwas anders sehen die Befunde aus, die sich auf einzelne motorische Verhaltenseigenschaften beziehen; so fand Hörmann-Heck (1957) bei Kreuzungsversuchen zwischen Grillen eine inzwischen alllerdings nicht unbestrittene monofaktorielle Vererbung der Stridulationsparameter. Eine Analyse der „Notrufe" (= distress calls) von Kücken, Fasanen und Bastarden ergab jedoch, daß hier für die einzelnen Lautparameter wie Frequenz und Dauer unterschiedliche genetische Mechanismen verantwortlich sind. Die Dauer der Rufe beträgt beim Fasan im Mittel 0,38 s, beim Huhn 0,68 s, bei Bastarden 0,41 s—0,42 s (je nach Morphotyp). Hier könnten ein oder wenige Gene die Grundlage liefern, während die Frequenz polygen vererbt wird (McGrath et al. 1972). Caspari hat schon 1958 darauf hingewiesen, daß „Verhalten" Eigenschaften aufweist, die sich von jenen der Morphologie unterscheiden. So scheint sich die „Heterosis" (Bastardwüchsigkeit), die zu Effekten, wie dem „Luxurieren" führt, im Verhalten durch zunehmende Streubreite auszuwirken. Vielfach erweisen sich heterozygote Individuen als überlegen, was einige Genetiker, wie Dobzhansky und Lerner, auf bessere Voraussetzungen zur „Homoiostase" zurückführen, eine erhöhte Selbstregulation in Populationen. Durch das Phänomen der Heterosis können zwei Allele in einer Population und damit die genetische Anpassungsfähigkeit erhalten bleiben. Verhaltensdifferenzen werden in vielen Fällen auf die pleiotrope Wirkung bestimmter morphologisch wirksamer Gene zurückgeführt, die also mit bestimmten körperlichen Merkmalen auch Verhaltenszüge verändern. Die Heterosis-Wirkung ist gerade bei Säugetieren besonders ausgeprägt, bei denen Kreuzungen bestimmter Stämme hochgradig variabel sein können, worin im Verhaltensbereich ein hoher Selektionswert liegen dürfte.

Für *Drosophila* ließ sich nachweisen, daß bei Inzuchtstämmen die Fortpflanzungspartner derselben Linie von anderen aus Massenzuchten gewonnenen Exemplaren desselben Stammes unterschieden werden. Eine derartige „Zuchtwahl" kann für die Fortpflanzungsisolation und damit die Genverteilung als Grundlage evolutiver Vorgänge wesentlich sein (HOENIGSBERG, SANTIBANEZ 1960). Sieben Stämme von *Drosophila*, die sich durch genetische Eigenschaften eindeutig unterschieden, zeigten auch signifikante Differenzen bei der Umgebungswahl. Hier scheinen Angeborene Auslösemechanismen genetisch beeinflußt worden zu sein. Durch solche Änderungen kann die ökologisch determinierte Wahl des Habitats beeinflußt werden, räumliche wie auch zeitliche „Einnischungen" (Ennidationen) werden damit möglich. Auf die hohe Bedeutung der sexuellen Partnerwahl hat BOESIGER (1974) hingewiesen. Die Untersuchungen an *Drosophila* zeigen, daß hier eine wichtige Funktion zur Aufrechterhaltung genetischer Heterogenität innerhalb von Populationen liegt. Nach den Untersuchungen von BURNET und CONNOLLY (1974) besteht auch ein enger Zusammenhang zwischen der Aktivität und dem Sexualverhalten. So hat die Mutante „Yellow" pleiotrope Wirkungen auf beide Funktionen.

Die vielfältigen Wechselwirkungen mit bestimmten Umgebungsfaktoren, auf die bereits hingewiesen wurde, konnten auch im Zusammenhang mit genetisch determiniertem aggressiven Verhalten nachgewiesen werden. So selektierten K. M. und K. Y. LAGERSPETZ (1974) Mäuse nach dem Grad der Angriffsbereitschaft, sie fanden einen erheblichen Umwelteinfluß auf diese genetische Disposition: Isolation steigert die Bereitschaft, „Bestrafung" durch Niederlagen hebt zeitweise die Angriffsbereitschaft ganz auf, sexuelle Kontakte führen ebenfalls bei den auf hohe Aggressionsbereitschaft gezüchteten Tieren zu einer Abnahme dieser Bereitschaft.

Die bereits klassischen Untersuchungen über den Erbgang von Lerndispositionen wurden von TRYON durchgeführt. Seine Befunde (vgl. MUNN 1950) werden heute

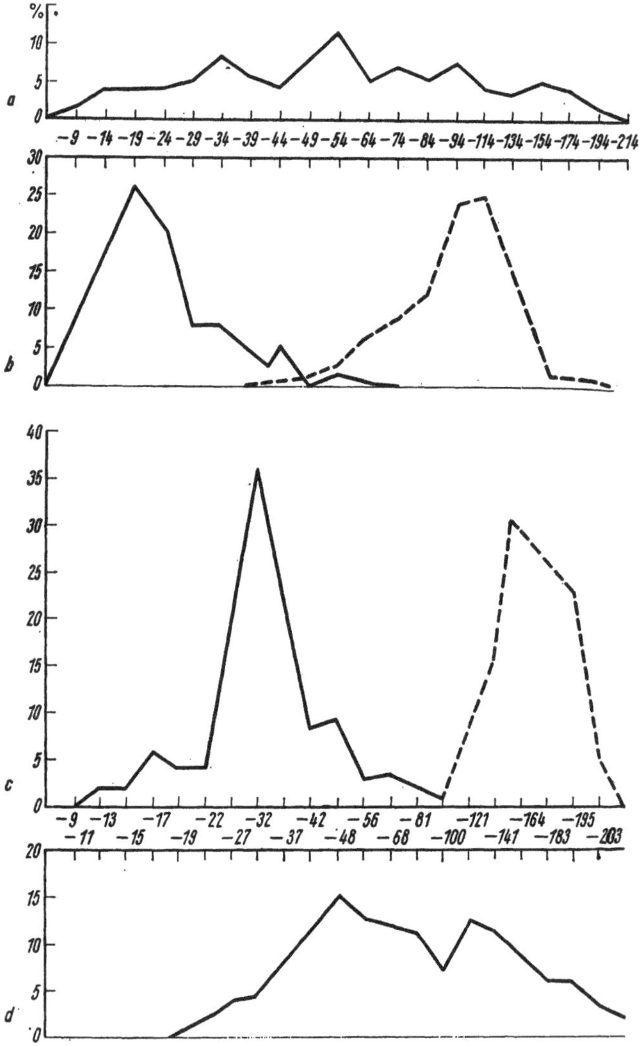
%
10
5
a
0
-9 -14 -19 -24 -29 -34 -39 -44 -49 -54 -64 -74 -84 -94 -114 -134 -154 -174 -194 -214
30
25
20
15
10
5
b
0
40
35
30
25
20
15
10
5
c
0
-9 -13 -17 -22 -32 -42 -56 -81 -121 -164 -195
-11 -15 -19 -27 -37 -48 -68 -100 -141 -183 -203
20
15
10
5
d
0

Abb. 35 →

als „Tryon-Effekt" bezeichnet. Dabei handelt es sich speziell um die in Widerspruch zu den Mendelschen Regeln stehende Feststellung, daß zwischen der F_1- und der F_2-Generation im Hinblick auf die Variabilität kein prinzipieller Unterschied besteht. Dieses Phänomen ist wiederholt bei verhaltensgenetischen Untersuchungen bestätigt worden. TRYON postulierte eine polygene Konstellation (Abb. 35).

Bei Mäusen sind mehr als 50 Mutanten bekannt, die das Nervensystem und damit das Verhalten beeinflussen. Dabei haben manche Gene eine pleiotrope Wirkung und verändern beispielsweise auch die Färbung. Bei bestimmten Mutanten konnte eine Bevorzugung von Alkohol nachgewiesen werden, wobei sich diese Eigenschaft teils als rezessiv, teils als dominant und auch intermediär erwies (FULLER 1967).

4. Verhalten und Umwelt

Organismen sind offene Systeme mit negativer Entropie, die sich im Fließgleichgewicht befinden. Da das Verhalten der Steuerung und Regelung des Informationsaustausches mit der Umwelt sowie der Optimierung des Betriebs- und Baustoffwechsels dient, ist eine Einsicht

Abb. 35. **Erbgang zur Fähigkeit zum Labyrinthlernen bei Ratten. a) Die Eltern-Generation (P), aus 142 Ratten bestehend, zeigt die dargestellte Verteilung der Fehlerhäufigkeit zwischen 4 und 214. 12% dieser Ratten lagen um den Mittelwert. Es wurden nun Ratten mit hoher Fehlerquote weitergezüchtet und solche mit geringer, b) Die 7. Generation dieser Zuchten zeigt bei den „klugen" Ratten die linke Kurve, bei den „dummen" die rechte. c) Kurven zweier Rattengruppen aus vorgenannten Zuchten, links die Gruppe mit wenig, rechts jene mit viel Fehlern im Labyrinth. d) Kurve der Fehlerstreuung im Labyrinth bei den Nachkommen der in c) dargestellten Leistungsgruppen. Es zeigt sich annähernd ein Mittelwert (nach TRYON aus MUNN, 1950).**

in das Wirkungsgefüge des Verhaltens nur unter Einschluß der Umwelt möglich. Für die Wechselwirkungen zwischen Organismus und Umwelt wollen wir drei Ereignisfelder unterscheiden:

— Natürliche Populationen im natürlichen Lebensraum; hier haben sich alle wesentlichen Evolutionsvorgänge bis heute vollzogen.
— Natürliche Populationen im Lebensraum des Menschen, einschließlich der vom Menschen beeinflußten natürlichen Lebensräume.
— Künstliche (vom Menschen veränderte) Populationen in künstlichen (vom Menschen gestalteten) Lebensräumen. Hier handelt es sich sowohl um genetisch als auch in ihrer Zusammensetzung veränderte Populationen, die unter vom Menschen vorgegebenen Zielfunktionen (z. B. Eiweißproduktion, Milcherzeugung, Eiproduktion, Zucht) in künstlichen Ökosystemen gehalten werden. Für diese Populationen gelten die Optimierungskriterien der natürlichen Evolution nicht mehr (bzw. nur noch eingeschränkt); für sie kann also auch das „Naturrecht" nicht mehr vorbehaltlos angewandt werden (auch in ethischer Sicht).

Unabhängig von diesen drei Ereignisfeldern kann man jedoch auf der Basis der Informationsprozesse eine generelle Zweiteilung der Verhaltensbeziehungen zur Umwelt vornehmen:

1) Ereignisfelder der Umgebung, denen kein mit dem betreffenden Organismus gemeinsames Alphabet (Genbestand) zugrunde liegt; wir wollen diese Umgebungsklasse als das „Ökosystem s. str." (sensu strictu = im engeren Sinne) nennen.

2) Ereignisfelder der Umgebung mit gemeinsamem Grundalphabet (Genbestand). Sie bilden die Mendelpopulation oder Artpopulation, das „Populationssystem" (und damit einen gemeinsamen Genpol).

Diese Ereignisfelder, die wir Umwelt nennen, werden durch die speziellen für die einzelnen Arten (und Individuen) kennzeichnenden Umweltansprüche determiniert. Hier lassen sich folgende Hauptklassen unterscheiden:

1. Ökosystem s. str.,

1.1. Raumansprüche (topische Ansprüche),

1.1.1. Raumansprüche 1. Ordnung (physische Dimensionen des Körpers = quantitative Raumansprüche),

1.1.2. Raumansprüche 2. Ordnung (qualitative Raumansprüche, die sich aus Leistungsanforderungen und Zielfunktionen ableiten und gewöhnlich mit Ortswechsel verbunden sind, Biotopansprüche),

1.2. Zeitansprüche (temporale Ansprüche),

1.2.1. Zeitansprüche 1. Ordnung (quantitative Ansprüche auf Grund der Lebensdauer bzw. der Dauer bestimmter Lebensstadien),

1.2.2. Zeitansprüche 2. Ordnung (qualitative Ansprüche, durch innere Zustände und Zielfunktionen bestimmte Phasenbeziehungen zur kosmischen Zeit, z. B. Freßzeiten, Schlafzeiten, Fortpflanzungszeiten),

1.3. Stoffwechselansprüche (trophische Ansprüche),

1.3.1. Quantitative Stoffwechselansprüche,

1.3.2. Qualitative Stoffwechselansprüche,

1.4. Schutzansprüche (protektive Ansprüche),

1.4.1. Gewährleistung der Raum-Zeit-Ansprüche 1. Ordnung,

1.4.2. Gewährleistung der Raum-Zeit-Ansprüche 2. Ordnung,

2. Populationssystem,

2.1. Territorialansprüche (Raumansprüche gegenüber Artgenossen),

2.2. Sexualansprüche,

2.2.1. Partnersystem (Grundlage: Konnexion = Gametenübertragung mit Donator und Akzeptor),
2.2.2. Rivalensystem (gleichgeschlechtliche Konkurrenz),

2.3. Pflegeansprüche (Grundlage: Indirekte Konnexion mit Donator und Akzeptor, Übertragung oder Vermittlung von Nährstoffen; indirekter Schutz),

2.3.1. passiver Akzeptor (z. B. Eistadien),

2.3.2. aktiver Akzeptor (Larven, Junge usw.),

2.4. Sozialansprüche,

2.4.1. quantitative Sozialansprüche (Anzahl der Partner),

2.4.2. qualitative Sozialansprüche (individuelle Eigenschaften und/oder Verhaltensleistungen der Partner).

In einer Population sind nicht immer alle Ansprüche gegeben, außerdem vermaschen sich die Ansprüche im Ökosystem untereinander und bleiben auch im Populationssystem wirksam. Eine besondere Bedeutung kommt im Ökosystem den zwischenartlichen Beziehungen zu, die sich in Anlehnung an STUGREN (1973) etwa wie folgt einteilen lassen:

— topische zwischenartliche Beziehungen (z. B. Wuchsgemeinschaften, Synökie, Parökie, Epökie, Phoresie),

— temporale zwischenartliche Beziehungen (z. B. bestimmte Phasenbeziehungen zwischen „Aktivitätsphasen" sympatrisch lebender Arten mit ähnlichen Umweltansprüchen, wie manche Schmetterlinge, die jeweils zu unterschiedlichen Zeiten bestimmte Blüten besuchen),

— trophische zwischenartliche Beziehungen (z. B. Wettbewerb, Episitismus = Räuber-Beute-Beziehung, Parasitismus, Symbiose),

— protektive zwischenartliche Beziehungen (z. B. Mimikry).

Geht man von einem einzelnen Organismus (Individuum) aus, so lassen sich nach den vorstehenden Feststellungen „drei Umwelten" unterscheiden:

a) Eigenumwelt: Der Organismus bildet mit Hilfe seiner Exterorezeptoren Informationen über den eigenen Körper und seine in die Umwelt gerichteten Funktionen (z. B. Spiel mit Körperteilen, Körperpflege),

b) Informationelle Umwelt: Diese deckt sich weitgehend mit dem Ökosystem s. str., bezieht sich auf Ereignisfelder, über die nur aktiv Information gebildet werden kann (außerhalb des eigenen Körpers),

c) Kommunikative Umwelt: Deckt sich weitgehend mit dem Populationssystem und bezieht sich auf Ereignisfelder, mit denen Nachrichten ausgetauscht werden können.

Dennoch sind die Begriffe nicht deckungsgleich, denn auch Artgenossen können ohne Nachricht zu senden Informationsgeber sein, und diese aktive Informationsbildung könnte sogar eine wesentliche Voraussetzung sein für das „Funktionieren" der Nachrichtenübertragung

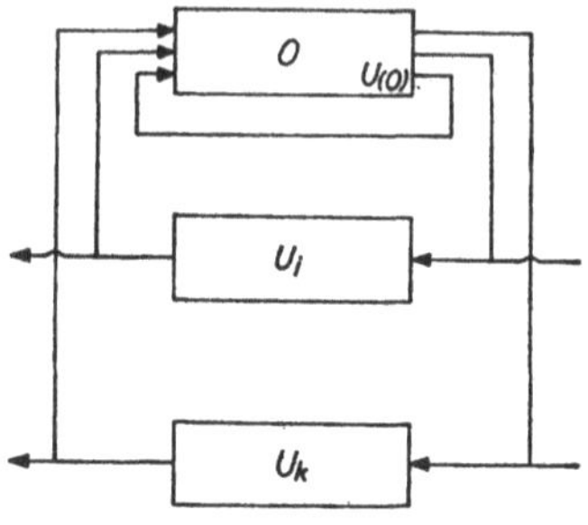

Abb. 36. Die drei Umwelten: $U_{(o)}$ = Eigenumwelt; U_i = informationelle Umwelt; U_k = kommunikative Umwelt.

(wenn ich jemanden sehe, kann ich ihn sofort ansprechen, anderenfalls muß ich ihn rufen). Für jede Art und in jedem Funktionskreis gibt es optimale Relationen zwischen den drei Umwelten bzw. den Verhaltensbeziehungen zu ihnen; so kann ein hoher Anteil der Eigenumwelt auf ein gestörtes Verhältnis zu den anderen Umwelten schließen lassen.

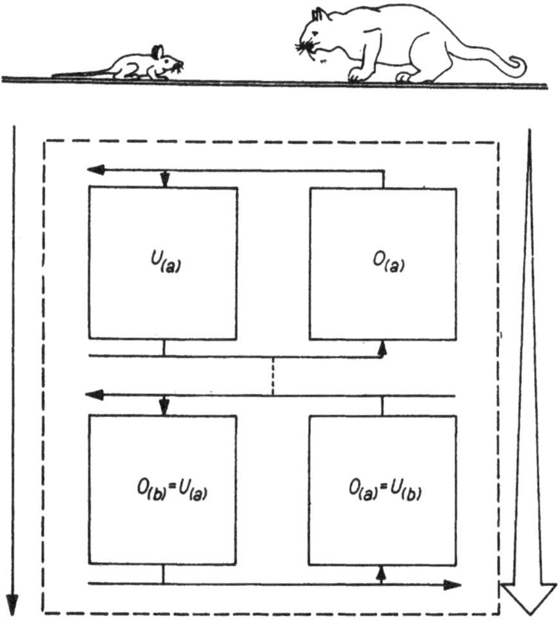

Abb. 37. Sukzessive aktive Informationsbildung im direkten Konfrontationsstatus (Raubtier-Beute-System); zunächst bildet die Katze Informationen über die Maus (oben), danach bemerkt die Maus die Katze und es setzt eine wechselseitige Informationsbildung ein, jeder Partner ist für den anderen die aktuelle Umwelt, es kommt zu einem Informationszuwachs (J) im System, die Verteilung der Information im System entscheidet über den jeweiligen Verhaltenserfolg.

Zugleich bilden diese Umwelten während eines aktuellen Verhaltensvorganges „Randbedingungen“ (vgl. S. 14); ein Schaf lernt besser (aktuelle Verhaltensanforderung = informationelle Umwelt), wenn ein zweites Schaf im Raum anwesend ist (soziale = kommunikative Umwelt als Randbedingung).

4.1. Orientierung im Raum

Die Orientierung der Tiere umfaßt zwei grundsätzliche Komponenten, die räumliche und zeitliche Einstellung. Beide sind vielfach zu höheren Leistungen miteinander verknüpft, haben sich aber aus unterschiedlichen Eigenschaften der lebenden Substanz entwickelt.

Raumorientierung setzt Körperbeherrschung voraus, also die Fähigkeit der Einstellung beweglicher Teile im Eigenraum des Körpers. Diese Fähigkeit kann auch ein Hilfsmittel zur Raumorientierung werden. Diese kann als eine vom Organismus gesteuerte und geregelte (räumliche) Einstellung zum Umgebungsraum beschrieben werden, die nur mit Hilfe räumlicher Bezugsgrößen (Raumorientierungsreize) möglich ist (vgl. Schöne 1973). Wird die Raumorientierung ohne zusätzliche Verhaltensziele (Motivationen) vorgenommen, kann man zwei Klassen dieses Verhaltens unterscheiden:

- Orientierendes Verhalten,
- Orientiertes Verhalten.

Hinsichtlich der Quellen für die Orientierung wurden in jüngerer Zeit folgende Begriffe zur Kennzeichnung vorgeschlagen:

- Eigeninformation (= innere Bezugsgrößen = endokinetisch = kinästhetisch = idiothetisch),
- Fremdinformation (= äußere Bezugsgrößen = exokinetisch = allothetisch).

Für die Art der Raumorientierung können zwei grundsätzliche Möglichkeiten unterschieden werden:

— Richtungsorientierung (Taxis) a) Körperachsenausrichtung, b) Kursorientierung,
— Entfernungsorientierung (Elasis) (CHMURZYNSKI 1966, JANDER 1970).

Der Begriff Taxis stammt von dem Botaniker PFEFFER (1888), wurde dann aber von A. KÜHN (1919) neu formuliert und auf die Orientierungsreaktionen freibeweglicher Organismen beschränkt, während die Raumorientierung bei festsitzenden Arten als Tropismus bezeichnet wurde, abweichend von J. LOEB (1913), der in seiner Tropismenlehre eine allgemeine Theorie der Orientierung entworfen hat. Im französischen Sprachraum wird daher häufig auch heute noch der Begriff Tropismus in diesem Sinne verwendet. LOEB hatte schon 1890 für den „Heliotropismus" behauptet: „Punkt für Punkt stimmen also, wie unsere Untersuchung ergeben wird, die Umstände, welche die Orientierungsbewegungen der Tiere gegen das Licht beherrschen, mit denjenigen überein, welche auch im Pflanzenreiche schon als maßgebend nachgewiesen sind." KÜHN schlug eine Unterteilung der Taxien in ungerichtete Reaktionen (Phobotaxien) und gerichtete Reaktionen (Topotaxien) vor, wobei er die letzteren noch in Tropotaxis (symmetrische Einstellung im Reizfeld), Telotaxis (Zieleinstellung), Menotaxis (Winkeleinstellung) und Mnemotaxis (Wegfinden nach der Erinnerung) unterteilte. Außerdem werden die Taxien nach den Reizmodalitäten (z. B. Photomenotaxis) gekennzeichnet. Nach dem Vorschlag von FRAENKEL und GUNN (1940) wurde noch der Begriff „Kinesen" für umweltabhängige, aber noch unorientierte Bewegungsänderungen eingeführt. Einen Übergangsfall stellen die „Klinokinesen" dar, die unter Umwelteinfluß zu einer Erhöhung der Wendebewegungen in der Zeiteinheit führen und damit die Wahrscheinlichkeit erhöhen, daß darunter auch solche sind, die dem Reizgradienten folgen, also beispielsweise von einem negativ bewerteten Reiz wegführen. Bei der „Orthokinese" dagegen handelt es sich nur um Veränderungen der Bewegungsgeschwindigkeit. Einen weiteren Übergang zu den eigentlichen Taxien stellt die Klinotaxis dar, eine Pendelbewegung entlang einem Reizgefälle, wie sie bei vielen Einzellern, z. B. *Paramecium*, beobachtet werden kann.

Die Forschung der letzten Jahre hat allerdings die Frage aufgeworfen, ob die letztlich auf Kühn zurückgehende Einteilung der Taxis den vielfältigen inzwischen nachgewiesenen Orientierungserscheinungen noch voll gerecht werden kann. Zudem ist zu berücksichtigen, daß diese Orientierungseinstellungen „elementare" Bezugsgrößen haben und gerade im Bereich des Lichtsinnes komplexe Zeichen und Muster die Raumeinstellungen mit beeinflussen. Zentralnervös sind für das „Lokalisieren" und für das „Erkennen" verschiedene Mechanismen anzunehmen. Dabei zeigt sich allgemein, daß die Mittel der Orientierung offenbar wenigstens drei verschiedene Grundprinzipien aufweisen können:

- Orientierung mit einer Meßeinheit mit „Richtcharakteristik",
- Orientierung mittels zweier Meßeinheiten durch „Symmetrieeinstellung",
- Orientierung auf der Grundlage von sensorischen Rastern.

Ferner ist zu berücksichtigen, daß Orientierungseinstellungen auf Grund eines gleichzeitigen (simultanen) oder eines sukzessiven Reizangebotes vorgenommen werden können.

Bei der Phototaxis unterscheidet Jander (1965) drei Stufen:

1. Archiphototaxis (es wird nur die Reizstärke bewertet),
2. Prophototaxis (Reizstärke und Reizrichtung werden bewertet),
3. Metaphototaxis (intensitätsunabhängige Reizrichtungsbewertung).

Entsprechende Unterscheidungen sind auch in anderen Reizmodalitäten (z. B. Geotaxis) möglich.

Zusätzlich ist bei dem ganzen Problemkreis zu berücksichtigen, daß die Organismen selbst „Sollwerte" einstellen und ändern können. Schöne (1973) schlägt vor, bei festgelegter Sollrichtung von „Objektorientierung" zu sprechen. Bei der „Kompaßorientierung" kann dagegen die Sollwerteinstellung wechseln.

Wie vielfältig die Einflüsse sein können, haben die Untersuchungen von PARDI und PAPI (1961) an Krebsen in Hinblick auf die Vorzeichenumkehr (positiv – negativ) bei der Phototaxis gezeigt:

1. Eigenschaften des Substrates, hell oder dunkel (*Praunus, Palaemon*),
2. Temperatur (*Daphnia*, Copepoda, Larven von *Squilla*),
3. Lichtintensität (bei allen Arten),
4. Salzgehalt des Meeres (Copepoda, Cirripedia),
5. Relative Feuchte des Mediums oder Substrates (*Porcellio, Armadillidium, Oniscus, Orchestia*),
6. CO_2-Spannung und andere chemische Faktoren (Cladocera, Mysidacea, Anomostraca),
7. Häutung (*Artemia*, Cladocera, Copepoda),
8. Adaptation (*Armadillidium, Oniscus, Daphnia*),
9. Tagesrhythmus (*Daphnia, Arcadia*).

Bei der Lichtorientierung der Taufliege (*Drosophila*) wurden mehrere Steuermechanismen nachgewiesen (MEDIONI):

– primäre phototaktische Tendenz (positiv – negativ),
– Erkundungstendenz (explorative Tendenz),
– „Photopathie" (Wahl des Präferendums),
– Photokinese,
– Photoinhibition (Inversion der Photokinese).

Orientierungshandlungen erfordern eine Auswahl der Bezugsgrößen (relevante Zeichen), den Vergleich dieser („Erkennen"), die innere Verrechnung räumlicher und raumzeitlicher Erregungen („Lokalisieren"). Bei dieser Verrechnung ist zu berücksichtigen, daß bei dem Umsetzen eines Reizgradienten in eine Drehtendenz auch Speichervorgänge beteiligt sind. Kurzspeicher (Immediatspeicher, s. auch S. 143) scheinen hierbei eine besondere Bedeutung zu haben. So zeigen Untersuchungen zur Kurskontrolle bei Arthropoden, daß asymmetrische propriozeptive oder auch efferente Erregungen bei aktiven Wendungen einen Einfluß auf die dann anschließende Drehtendenz im Sinne einer Gegentendenz nehmen können (Burger 1972). Generell sind diese Vorgänge von besonderer Bedeutung bei der Aufrechterhaltung einer bestimmten Bewegungsrichtung. Die Drehtendenzkurve (Taxiskennlinie) gibt die Funktion wieder, nach der ein System die Eingangsgröße „Reizrichtung" in die Ausgangsgröße „Drehtendenz" überträgt (Schöne 1973). Für die Bezugsgrößen scheint es sinnvoll, eine Unterteilung in (a) ortsfeste und (b) ortsveränderliche vorzunehmen. Das deckt sich nicht mit abiotisch — biotisch, denn gerade Pflanzen sind häufig Bezugsgrößen für die Raumorientierung, eben auf Grund ihrer Eigenschaft, ortsfest zu sein. Ortsveränderliche Bezugsgrößen haben vor allem im Populationssystem, aber auch bei den zwischenartlichen Beziehungen eine wesentliche Funktion bei der Herstellung und Erhaltung einer Raum-Zeit-Ordnung, die ein wichtiges Element in der Stabilisierung von Populationen und in der Justierung von speziellen Verhaltensabläufen darstellt. Die Polarisierung in einem Fischschwarm ist ein eindrucksvolles Beispiel für eine solche Raumordnung, wobei jetzt der Schwarm als Ganzes sich wieder an ortsfesten Bezugsgrößen orientiert. In Populationen können spezielle Zeichen am Tierkörper oder auch zeitweise gesendete Signale diese Form der Raumorientierung unterstützen.

Um die Vielfalt der Erscheinungen überschaubar zu machen, wollen wir hier folgende Stufen der Orientierungsleistungen unterscheiden:

1. Kinesen (Bewegungsänderungen)
2. Tropismen (Richtungseinstellungen sessiler Organismen)
3. Taxien (Richtungseinstellungen freibeweglicher Organismen)

4. Komplexe Orientierungsleistungen
4.1. Wegfinden (mit Hilfe von „Orientierungsmarken“ und Erkundung)
4.2. Richtungsfinden („Kompaßorientierung“)
4.3. Zielfinden (Navigation)
5. Ortung (Orientierung mit Hilfe selbst erzeugter Signale)
6. Orientierung mittels Kommunikation.

4.1.1. Kinesen

JONES (1955) konnte bei den Larven der Neunaugen eine Veränderung der Bewegungsgeschwindigkeit in Abhängigkeit von der Lichtintensität feststellen. Für diese Photokinese fand auch GREENWAY (1967) bei dem Malabarbärbling (*Danio malabaricus*) eine entsprechende (positive) Korrelation. Bei plötzlichem Wechsel von Dunkel auf Hell tritt ein starker Aktivitätsanstieg auf, während bei umgekehrtem Lichtwechsel eine anhaltende Senkung der Schwimmaktivität verzeichnet wurde. Diese Photokinese wird als undifferenzierte Antwort auf Änderungen des Lichtangebotes aufgefaßt.

4.1.2. Tropismen

Dieser nach dem internationalen Sprachgebrauch nur auf festsitzende (sessile) Organismen angewandte Begriff schließt Körpereinstellungen nach verschiedenen Gradienten, vor allem jedoch Licht und Schwerkraft ein (Phototropismus, Geotropismus). Bei Tieren liegen hier nur wenige Untersuchungen unter modernen Fragestellungen vor; hierher gehören die Studien von D. SCHNEIDER (1960) an Moostieren (Bryozoa).

4.1.3. Taxien

Hier hat sich in jüngerer Zeit die Forschung in breiter Front betätigt, wobei nicht nur Fakten zusammengetragen, sondern auch moderne Experimentalverfahren eingesetzt wurden, um einen Einblick in das Ursachengefüge zu gewinnen. Das hat zur Folge, daß die Kritik an dem ganzen Begriffsgebäude angesetzt hat; die Forschung ist hier noch voll im Fluß (vgl. Übersichtsbericht Edit. LINDAUER 1973). Modellansätze mit den Mitteln der Kybernetik haben sich gerade hier als ein wertvolles Hilfsmittel des Erkenntnisgewinns bewährt (vgl. auch MCFARLAND 1972). Die folgenden Beispiele sind eine durchaus willkürliche Auswahl, die dazu dienen soll, die gegenwärtigen Problemstellungen und Kenntnisse zu belegen.

Frisch geschlüpfte Larven der Krebse *Balanus balanoides* und *Elminius modestus* zeigen eine positive Phototaxis. Bietet man Lichter verschiedener Wellenlänge, zeigt sich ein Maximum zwischen 520 und 530 nm (BARNES, KLEPAL 1972). Viele Arthropoden sind gegenüber kurzwelligem Licht besonders empfindlich. Normalerweise erhalten ja Wasser-Gliederfüßer kaum ultraviolette Strahlen, da Wellenlängen von 300—420 nm nicht in tiefere Wasserschichten gelangen. Bei dem Einzeller *Euglena* tritt negative Phototaxis auf, wenn der an der Geißelbasis liegende Photorezeptor nicht durch den danebenliegenden roten Pigmentfleck beschattet wird (DIEHN 1969). Die Pigmentmoleküle sind in der Längsachse des Zellkörpers angeordnet. Bei Belichtung mit polarisiertem Licht (Schwingungsebene in der Längsachse) mit Wellenlängen zwischen 350 und 800 nm wurde die stärkste phototaktische Reaktion zwischen 450 und 475 nm, die schwächste um 415 nm gefunden. Wird die Schwingungsebene um 90° gedreht, tritt negative Phototaxis erst unter 400 nm auf. Es besteht bei Wellenlängen zwischen 375 und 450 nm eine Korrelation zwischen der

Phototaxis und der Winkelabweichung der Schwingungsebene des polarisierten Lichtes zur Achse der Zelle. Das Pigment scheint nicht — wie bisher angenommen — ein Carotinoid zu sein, sondern ein Flavonoid, dessen maximale Absorption zwischen 350 und 390 nm liegt. Bei dem Wasserfloh *Daphnia pulex* kann ein starker Ultra-

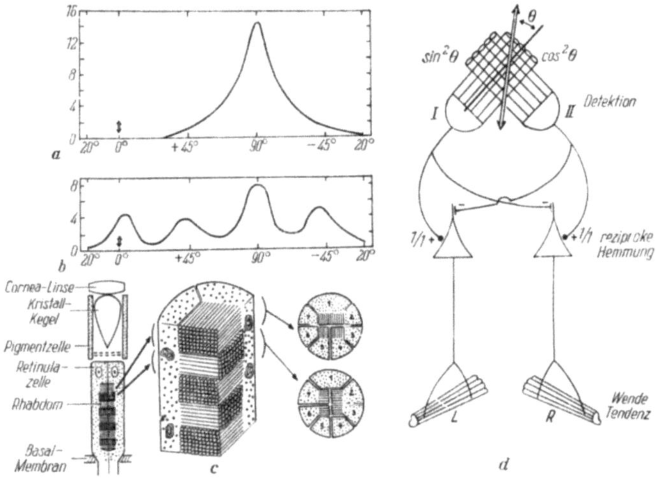

Abb. 38. a) Visuelle Orientierung des Wasserflohs (*Daphnia pulex*): Orientierungs-Reaktionen von *Daphnia* in vertikal linear polarisiertem Licht hoher Intensität und b) niedriger Intensität; c) Struktur der Sehzellen und des Rhabdoms im Einzel-Element (Ommatidium) des Facettenauges eines Krebses (*Procambarus*), schematische Darstellung des Ommatidiums, Stereodiagramm zur Darstellung der Anordnung der Mikrotubuli, Anordnung der Sehzellen (Retinulazellen) im *Ommatidium*, die am Aufbau des Rhabdoms beteiligt sind; d) Modell eines Zweikanal-Detektor-Systems für polarisiertes Licht, das Rechts- und Linkswendungen des Tieres (bezogen auf die Schwingungsebene des Lichtes) auslösen kann. Da die Mikrotubuli alternierend angeordnet sind, können die Outputs zwischen $\sin^2 \Theta$ und $\cos^2 \Theta$ variieren. Die Retinula-Zellen 1, 4 und 5 folgen der einen Funktion, 2, 3, 6 und 7 der anderen. Bei reziproker Erregung und Hemmung, wie hier angegeben, können die in der Kurve (a) für *Daphnia* angegebenen Wendereaktionen auftreten (nach WATERMAN 1966).

violett-Anteil des Lichtes eine Vorzeichenumkehr (von positiv auf negativ) in der Phototaxis auslösen.

LINSENMAIR (1968) fand bei Walzenspinnen (*Galeodes, Galeodibus*) photomenotaktische Orientierung, also Einstellung eines Winkels zur Lichtquelle. Die Haupt- und Nebenaugen arbeiten dabei als Synergisten zusammen (gleichsinnig). Das unterscheidet diese Spinnentiere von den durch JANDER und BARRY (1968) untersuchten Insekten (*Locusta, Gryllus*), bei denen die Stirnozellen photoinhibitorisch (unter Lichteinwirkung hemmend) die Stärke der phototaktischen Dreherregung kontrollieren (proportionale Prophototaxis). Die Afferenzen der Stirnozellen und der Facettenaugen sind bei der positiven und bei der negativen Phototropotaxis nach dem Prinzip der phototaktischen Gegenkopplung miteinander verknüpft. Bei schwacher Belichtung wirken die Stirnaugen (Ozellen) als Synergisten, bei starker als Antagonisten der Komplexaugen auf den Regelkreis der Tropotaxis. Dadurch erfolgt eine Stabilisierung gegenüber Helligkeitsschwankungen.

Untersuchungen an Ameisen und Köcherfliegen (JANDER) deuten darauf hin, daß die Grundorientierung (etwa negative oder positive Geo- oder Phototaxis) durch einen zentralen Drehimpuls zu einer Menotaxis umgewandelt werden kann. Überhaupt ist bei vielen Arthropoden die Fähigkeit ausgebildet, „intersensorielle Transpositionen" vorzunehmen, also von einem Sinnesorgan auf ein anderes zu transponieren. Dieser Fall ist besonders häufig zwischen geotaktischen (auf die Schwerkraft bezogenen) und phototaktischen Orientierungsreaktionen. Die Transposition kann bei Winkeleinstellung (Menotaxis) 1 : 1 betragen und auch in anderen Relationen auftreten, so bei Köcherfliegen mit der Proportion 2 : 3 (Geotaxiswinkel zu Phototaxiswinkel). Läßt man einen Mistkäfer (*Geotrupes*) auf einer horizontalen Fläche einen bestimmten Winkel zum Licht laufen (den er selbst einstellt), dann überträgt er diesen auf die Geotaxis, wenn die Lichtorientierung ausgeschaltet und die Lauffläche geneigt werden.

Winkeleinstellungen sind auch bei einer Orientierung

mittels einer gerichteten Luftströmung möglich (Windorientierung). Diese Orientierung wird Anemotaxis genannt, kann also auch als Anemomenotaxis auftreten. Sie ist besonders bei Insekten weit verbreitet, wobei nach Befunden von Linsenmair (1973) Käfer für die menotaktische Einstellung nur die Windrichtung, nicht aber die Windstärke bewerten. Der wichtigste Reizempfänger ist dabei die Antenne, speziell das Gelenk zwischen dem 2. Antennenbasisglied (Pedizellus) und der Antennengeißel. Hier tritt ein intramodales Transponieren auf, so kann es beispielsweise zu winkelgleichen Rechts- oder Linksabweichungen von der bevorzugten Laufrichtung kommen. Diese intramodale Transposition ist bei Arthropoden weit verbreitet, sie wurde auch bei Skorpionen nachgewiesen. Linsenmair hält sie daher für eine Grundleistung des menotaktischen Orientierungsmechanismus. Die Hauptfunktion dieses Verhaltens wird in einer chemischen Reizsuche gesehen (olfaktorisches Appetenzverhalten I); die Anemomenotaxis kann aber auch das Einhalten einer Laufrichtung gewährleisten oder eine Rückorientierung zu dem Ausgangspunkt einer Wegstrecke ermöglichen. Hierbei können auch Empfindlichkeitsänderungen bei Wiederholung des Verhaltens Einfluß nehmen, wie das wohl erstmals für die geotaktischen Orientierungseinstellungen von Rupprecht (1973) für verschiedene Wasserinsekten nachgewiesen wurde. So kam es bei Taumelkäfern (*Gyrinus*), Libellenlarven (*Aeschna cyanea*) und Wasserwanzen (*Nepa rubra*) im Verlauf von Tagen (20—23) zu deutlichen Leistungsverbesserungen und Empfindlichkeitssteigerungen. Diese Steigerung auf schwach geneigten Flächen wirkt sich dann auch bei stärker geneigten Flächen in einer geringeren Streuung der Laufrichtungen aus. Dabei sind bei den Insekten verschiedene Rezeptoren an der Schwerkraft-Orientierung beteiligt, wobei vielfach einzelne Körperteile über Sinnesborstenfelder an den Gelenkstellen in ihrer schwerkraftabhängigen Verlagerung registriert werden (vgl. Zusammenfassung Horn 1975).

4.1.4. Komplexe Orientierungsleistungen

Bei den komplexen Orientierungsleistungen der Tiere handelt es sich um Vorgänge im Dienst der Raumorientierung, die KÜHN seinerzeit teilweise unter dem Begriff „Mnemotaxis“ (Wegfinden nach der Erinnerung) erfaßt hatte, die aber auch aktuelle Informationsaufbereitung mit Gedächtnisleistungen verrechnen, sich verschiedener Verrechnungsmechanismen bedienen, meist auch Bezugsreize verschiedener Modalität auswerten und nicht selten wohl auch noch über genetisch determinierte Mechanismen verfügen, die man mit dem Begriff des „angeborenen Wegfindens“ zu umschreiben versucht hat. Die Forschung ist gerade in diesem Zusammenhang noch weitgehend mit der Klärung der grundsätzlichen Mechanismen befaßt, so daß wir von einer Aufklärung der hier auftretenden Leistungen, wie etwa der Orientierung über große Wanderstrecken (Vogelzug usw.), noch weit entfernt sind. Dabei sind zwei funktionell (pragmatisch) verschiedene Orientierungsleistungen zu unterscheiden: (a) Die „Territorialorientierung“ und (b) die „Migrationsorientierung“. Im ersten Fall handelt es sich um ein Wegfinden im individuellen Lebensraum (bzw. Territorium); hier müssen Gedächtnisleistungen beteiligt sein. Jedes Individuum muß seinen persönlichen Lebensraum kennenlernen. Hierzu besteht eine spezielle Verhaltensmotivation, die mit dem Begriff „Erkundungsverhalten“ umschrieben wird, wobei zu berücksichtigen ist, daß hier nicht nur quantitative, sondern auch qualitative Ereignisfelder der Umgebung erfaßt werden (vgl. S. 97). Dabei ist „Erkundungsverhalten“ jedoch mehr als ausschließlich Raumorientierung; es schließt auch andere Bezugsgrößen für spezieller motiviertes Verhalten ein (vgl. JOHST 1975). Vielfach liegt im individuellen Lebensraum (home range) auch das Brutgebiet, zu dem das Tier auf verschiedenen Wegen zurückkehren kann. Da hier eine starke Ortsbindung vorliegt, können Verfrachtungsversuche aus dem

Brutrevier guten Aufschluß über die Territorialorientierung liefern. Bei der Migrationsorientierung dagegen werden (bei manchen Tierarten) bestimmte artgemäß mehr oder weniger festgelegte Wanderwege zurückgelegt, meist im Jahreszyklus (z. B. „Wanderinsekten“, verschiedene Fischarten, Zugvögel, aber auch Säugetiere). Hier kann ein angeborenes Wegfinden vorliegen, da Wege und Ziele für die einzelnen Arten geographisch einigermaßen fest umschrieben sind. Freilich sagt die Hypothese „angeborenes Wegfinden“ noch nichts darüber aus, wie diese Fähigkeit verwirklicht wird. Dies zu untersuchen ist die Hauptaufgabe zahlreicher Forschergruppen, nicht zuletzt auch unter der Vorstellung, hierbei für die Technik neue interessante Prinzipien zu finden.

Bei der Territorialorientierung kommt dem Wegfinden im Territorium auf Grund von Orientierungsmarken (meist stationären) und mittels Erkundung eine vorrangige Bedeutung zu; für Verfrachtungsversuche reicht diese Fähigkeit zur Erklärung der dabei gezeigten Leistungen jedoch offenbar nicht aus. Hier muß, wie bei der Migrationsorientierung, die Fähigkeit, aus einem unbekannten Gelände durch echte Navigation heimzufinden, entwickelt sein (Zielfinden nach KRAMER). Ferner kommt vor allem bei der Migrationsorientierung der Fähigkeit, bestimmte Kompaßrichtungen einzuhalten (auch in unbekanntem Gelände), eine besondere Bedeutung zu (Richtungsfinden). Diese Leistung kann aber auch bei der Territorialorientierung genutzt werden, nicht selten in Kombination mit der Erkundung von Orientierungsmarken (z. B. in Nestnähe zur Einprägung des genauen Neststandes). Treten hier Bedingungen auf, wie sie in der Natur eigentlich nicht zu erwarten sind, nämlich dergestalt, daß sich bestimmte Raummuster serial wiederholen, kann es zu Fehlleistungen kommen. So begann eine Amsel in einer horizontal hängenden Leiter an mehreren Stellen mit dem Nestbau; offenbar war nicht „eingeplant“, daß ein so typisches Raummuster zu wiederholten Malen nebeneinander auftritt.

Vorbildlich untersucht wurde die Orientierung im natürlichen Lebensraum bei der Honigbiene durch den Nobelpreisträger K. v. Frisch und seine zahlreichen Schüler und Mitarbeiter. Sie fanden dabei zwei Möglichkeiten: Die Insekten orientierten sich auf Grund von Peilmarken im Lebensraum (Waldränder, Bäume, Sträucher, Häuser, Steine usw.), oder aber sie wählen die Richtung, orientiert nach der Sonne. Die zweite Methode setzt einen Zeitsinn voraus: Nur bei Berücksichtigung der Tageszeit kann der Sonnenstand zur Richtungswahl herangezogen werden. Der Winkel bleibt damit nicht gleich. Diese Sonnenorientierung erfolgt „mnemotaktisch" auf den Brutplatz und den Zielpunkt (Tracht) bezogen. Diese Fähigkeit ist bei zahlreichen Arthropoden nachgewiesen worden (Insekten, Krebse, Spinnen), kommt vielleicht auch bei Schnecken vor und ist auch bei Wirbeltieren bekannt. In vielen Fällen können die betreffenden Arten den Sonnenstand durch die wechselnde Polarisation des Himmelslichtes ermitteln, also ohne die Sonne selbst sehen zu müssen (Mollusken, Arthropoden, Fische). Waterman und Forward (1972) sprechen in diesem Zusammenhang von einer „Polarotaxis", die sie auch in Feldversuchen an dem Fisch *Zenarchopterus* nachweisen konnten, der damit eine Bedeutung beim Richtungsfinden zugeschrieben wird. Da die Honigbienen nach den Entdeckungen von v. Frisch diese Orientierungsleistung (Richtung und Entfernung der Tracht) über Kommunikationsmechanismen („Tänze") Artgenossen übermitteln können, läßt sich hier ein einzigartiger Einblick in diese Vorgänge gewinnen (Abb. 39). Dabei verwenden sie die bereits erwähnte Fähigkeit der intermodalen Transposition: Sie übertragen die photomenotaktische Einstellung auf die geomenotaktische (auf der Wabe). Sie können den zur Sonne eingeschlagenen Winkel auf die Schwerkraft übertragen und zeigen auch hier die tageszeitliche Winkeländerung (kompensieren also die scheinbare Sonnenwanderung über eine Zeitverrechnung). Bei der Schwerkraftorientierung der Honigbiene auf der Wabe kann nach den neuesten Befunden auch das Magnetfeld Einfluß nehmen (vgl. MARTIN und LINDAUER 1973). Hierbei werden vorrangig die „Kraftlinien“ wirksam, die sich in eine Horizontal- und eine Vertikalkomponente zerlegen lassen und ortsspezifisch sind. Tanzt eine Biene ihren Schwänzellauf auf der senkrechten Wabe parallel zu den Magnetfeldern, treten keine „Fehler“ auf, wohl aber bei Abweichungen. Die Magnetfeldorientierung wird auch bei der Bautätigkeit der Honigbiene genutzt und bestimmt die Kompaßrichtung des Wabenbaus. Bei künstlicher Verdrehung des Magnetfeldes kommt es entsprechend zu einer Ablenkung der Baurichtung. Im übrigen ist die Fähigkeit einer Orientierung nach Magnet-

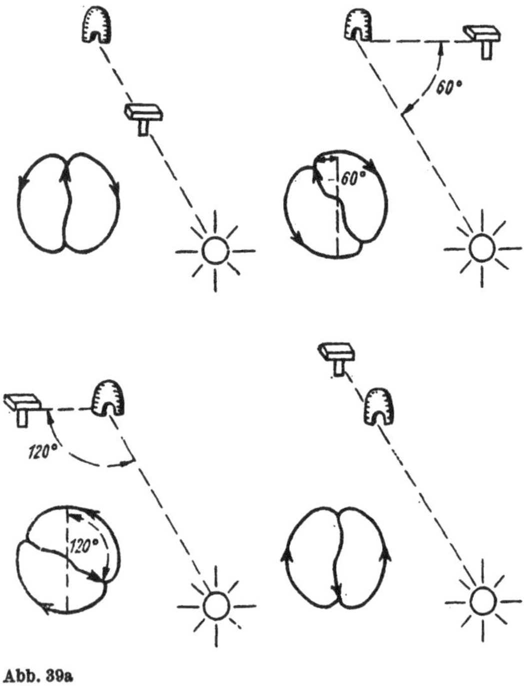

Abb. 39a →

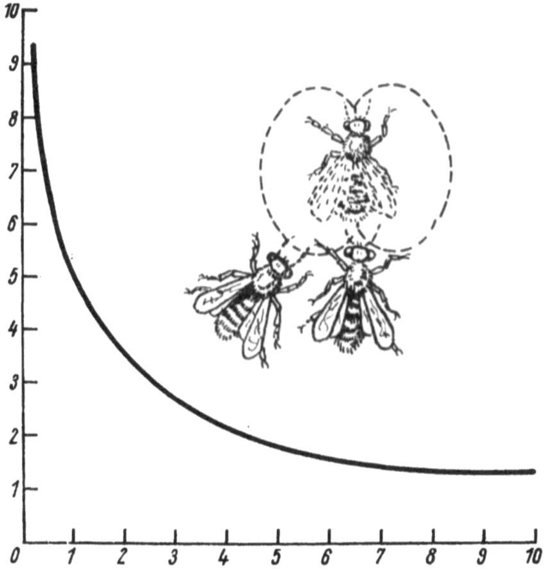

Abb. 39 b

Abb. 39a. und 39b. Orientierung, Richtungs- und Entfernungsweisung bei der Honigbiene (*Apis mellifera*). Bei guter Tracht tanzen die Bienen auf der vertikalen Wabe den Schwänzeltanz, der eine Achterkurve darstellt mit gemeinsamer Mittelstrecke. Auf dieser führt die Biene schwänzelnde Hinterleibsbewegungen aus. Sie regt andere Bienen an, ihr nachzulaufen. Die Schwänzelstrecke weist die Himmelsrichtung, in der die Tracht zu suchen ist, nach folgendem Schlüssel: Befindet sich die Tracht in einer Richtung, die um 0° vom Sonnenstand abweicht (also in Richtung Sonne), tanzt die Biene genau senkrecht nach oben. Hat sich der Sonnenstand um 60° verändert, weist die Biene eine entsprechende Winkelabweichung auf der Wabe (auf die Senkrechte bezogen). Ist die Tracht im Winkel von 120° rechts von der Sonne zu suchen, wird eine entsprechende Abweichung von der Senkrechten nach rechts auf der Wabe angezeigt. Und wenn die Biene auf der Wabe nach unten gerichtet tanzt, bedeutet dies, daß die Tracht genau entgegengesetzt zum augenblicklichen Sonnenstand zu suchen ist. Die Biene überträgt die Winkeleinstellung zur Sonne auf die Geotaxis (Winkeleinstellung zur Schwerkraft). Diese Fähigkeit zur Transposition ist bei vielen Insekten nachgewiesen. Der Tanz der Biene gibt außerdem die Entfernung an, wobei Abnahme der Schwänzelläufe pro Viertelminute (Ordinate) die Entfernung anzeigt (Abszisse: Kilometer) (nach Untersuchungen von v. FRISCH).

feldern im Tierreich weit verbreitet, und von Protozoen, Turbellarien (Strudelwürmern), Mollusken (speziell Schnecken), Insekten und Wirbeltieren bekannt. Becker (1974) fand bei Goldfischen (*Carassius a. auratus*) in Ruhe bevorzugte Stellungen der Körperachse in bestimmte Himmelsrichtungen. Bei leichter Beunruhigung verstärkt sich diese Tendenz noch, wobei eindeutig die Haupt-Magnetfeldrichtungen bevorzugt werden. Bei experimenteller Kompensation des gesamten Magnetfeldes hörte dieses Verhalten auf. Manteifel (1965) hat bei Fischschwärmen festgestellt, daß sie sich bei Fehlen anderer Orientierungshilfen vorwiegend in Meridian-Richtung bewegen, so daß auch hier eine Orientierung nach dem Magnetfeld der Erde vermutet wurde. Kholodov (1963) lokalisiert diese Leistung vor allem im Zwischenhirn. Hiermit werden jedoch bereits Fragen der Migrationsorientierung berührt.

Für die Territorialorientierung nach erlernten Umgebungssignalen stellt sich noch ein anderes Problem. Es betrifft die Auswahl und Bewertung der Signale, wenn mehrere gleichzeitig verfügbar sind. Diese Frage ist wiederholt experimentell, besonders an der Honigbiene, untersucht worden. Kriston (1973) bot Honigbienen an der Futterquelle Duft- und Farbsignale gleichzeitig an. Dabei ergab sich eine „transmodale“ Bewertung der Signale, also nicht eine grundsätzliche Bevorzugung einer Modalität (z. B. Duft) gegenüber der anderen (Farbe). Für die 6 getesteten Signale wurde folgende Reihenfolge ermittelt:

- Violett als stärkstes Signal,
- Gelb, Benzylacetat, Fenchel liegen in der Wertigkeit nahe beieinander,
- Isobornylacetat,
- Blaugrün als schwächstes Signal.

Die Duftkonzentration hatte keinen nennenswerten Einfluß auf diese Bewertungshierarchie.

Zahlreiche Verfrachtungsversuche erbrachten für viele Tierarten den Beweis für ein hochentwickeltes Heimfindevermögen, das aber auch im natürlichen Lebensraum wichtige Leistungen zu erfüllen hat: So bei Weinbergschnecken, die aus bis zu 100 m Entfernung alljährlich zu bestimmten Überwinterungsplätzen zurückkehren, bei Fischen, die in ihre Brutgewässer finden, bei Kröten, die jahrelang dieselben Laichgewässer aufsuchen, oder bei Fledermäusen, die alljährlich ganz bestimmte Überwinterungsorte benutzen, um nur einige wichtige Beispiele zu nennen. Strömung, Salzgehalt, andere chemische Eigenschaften, aber auch Magnetfeld oder Orientierung nach den Gestirnen können bei Fischen diese Leistungen ermöglichen. Die Sonnen-Kompaßorientierung wird bei Kröten, Fröschen und Salamandern ebenfalls als Orientierungsmittel eingesetzt, wie speziell die Untersuchungen von FERGUSON und Mitarbeitern gezeigt haben. Hierbei scheint die „extraretinale Lichtwahrnehmung" besonders bedeutsam zu sein, vor allem durch lichtempfindliche Gebiete im Dach des Zwischenhirns (und Mittelhirns).

Stare haben nach Verfrachtung aus dem Brutrevier aus Entfernungen bis zu 465 km zurückgefunden, Rauchschwalben kehrten aus mehr als 1800 km entfernten Orten zurück und Sturmtaucher überflogen sogar eine Strecke von gut 5000 km (von Venedig nach Boston).

Zahllose Verfrachtungsversuche an Brieftauben haben Aufschlüsse über die Orientierungsleistungen erbracht, obwohl eine Gesamterklärung für die dabei zugrunde liegenden Mechanismen noch aussteht. WAGNER (1972) konnte in der Schweiz durch Beobachtung vom Hubschrauber aus nachweisen, daß topographische Bedingungen (Seen, Siedlungen, Berge, Täler, Eisflächen) einen Einfluß auf das Flugverhalten nehmen, aber nicht als Orientierungshilfe. So werden Seen nicht überflogen, auch wenn die Heimatrichtung dies bei Einhaltung des kürzesten Weges erfordern würde. An einem Gewittertag flogen die Tauben völlig desorientiert (WAGNER 1974). Daher kommt er zu dem Ergebnis, daß für die Orientierung über große Entfernungen topographische Bedingungen eher erschwerend wirken. Man muß also auch hier echte Navigationsleistungen annehmen, die gegeben sind, wenn am Auflaßort kein sensorischer Zielkontakt besteht, der Vogel also zunächst eine Ortsbestimmung vornehmen muß. PERDECK (1958) konnte bei seinen Verfrachtungsversuchen an Staren feststellen, daß Jungstare und Altstare (also erfahrene Tiere) bei der Wanderung (Migrationsorientierung) sich unterschiedlich verhalten. Die Jungstare weisen eine vorgegebene Kompaßrichtung auf, wenn sie parallel zur Zugrichtung nach Süden verfrachtet wurden, während sich die Altstare trotz der Verfrachtung vorwiegend in ihren üblichen Winterquartieren einfanden. Es kann angenommen werden, daß die Richtungsorientierung auch in der Zielorientierung enthalten ist (Zusammenfassung WALLRAFF 1974). Für die Richtungsorientierung sind bei Vögeln bislang drei Kompaßsysteme nachgewiesen: (1) der Sonnenkompaß, (2) der Sternenkompaß und (3) der Magnetkompaß. Nach KEETON (1971, 1972) scheint auch bei Brieftauben der Magnetkompaß neben dem Sonnenkompaß an ihren Orientierungsleistungen beteiligt zu sein, während bei den nachts ziehenden Grasmücken (*Sylvia*) der Sternenkompaß und der Magnetkompaß verwendet werden (W. u. R. WILTSCHKO 1973). Nach KEETON et al. (1974) entspricht die Sensibilität der Tauben gegenüber Magnetfeldern etwa derjenigen, die für Honigbienen nachgewiesen wurde. Es gelang jedoch KREITHEN und KEETON (1974) nicht, Tauben auf Magnetfelder zu dressieren. Neuerdings ist noch eine andere Sinnesleistung für die Heimkehrleistung bei Tauben herangezogen worden: Der Geruchssinn. BALDACCINI und Mitarbeiter (1974) stellten fest, daß Tauben, die über keine visuelle Erfahrung verfügen, nur dann richtig heimkehren, wenn die Nasenöffnungen nicht abgedeckt wurden; andererseits können Tauben aber auch dann die richtige Abflugrichtung bei Verfrachtung einschlagen, wenn sie visuelle Erfahrungen sammeln konnten, aber keine olfaktorischen.

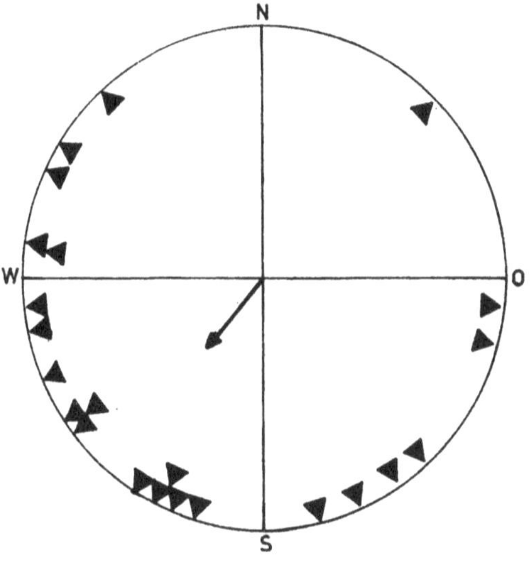

Abb. 40. Magnetfeld-Orientierung der Gartengrasmücke (*Sylvia borin*) während der herbstlichen Zugunruhe; die Tiere wurden isoliert unter Ausschluß der Sicht auf den freien Himmel aufgezogen; sie reagieren auf das örtliche Magnetfeld der Erde unter signifikanter Bevorzugung der „richtigen" Himmelsrichtung (SW); jedes Dreieck steht für einen nächtlichen Test, der Pfeil gibt den mittleren Vektor aller Versuche an (nach Wiltschko und Gwinner 1974).

Papi und Mitarbeiter haben diese Hypothese der Geruchsorientierung („olfaktorische Hypothese") erstmals 1972 aufgestellt und durch weitere Versuche (1974) bestätigt gefunden. Sie sprechen von einem olfaktorischen Navigations-Mechanismus.

Wallraff (1974) hat ein Grundmodell der Navigation entworfen, das von folgenden Prämissen ausgeht:

„Die Navigation der Vögel basiert auf dem Vergleich von je zwei am gegenwärtigen Standort der physikalischen Umwelt entnommenen Koordinatenwerten mit entsprechenden erinnerten Werten eines von früher her bekannten anderen Ortes."

Zahlreiche Befunde stehen der Vermutung entgegen, daß durch eine Verarbeitung der Weg-Information (bei der Verfrachtung) die Navigation ermöglicht würde. Wallraff hat zur Erklärung der Navigationsleistungen die „Null-Achsen-Hypothese“ vorgeschlagen, die besagt, daß ein verfrachteter Vogel einer Linie zustrebt, die durch den Heimatort verläuft (Null-Achse), da hier der Abweichungsbetrag von dem Navigationsparameter gleich Null sein sollte (dann müßte der Vogel auf der Achse den Heimatort erreichen). Hinzu kommt noch ein zweiter Richtungsparameter, der einen (im Idealfall) rechten Winkel zur Null-Achse aufweist. Matthews (1968) hält eine echte Astronavigation (Ortsbestimmung mit Hilfe der Gestirne) für möglich.

Die hier bereits genannten Möglichkeiten der Kompaßorientierung können auch für die Migrationsorientierung bei den jahreszeitlichen Wanderungen mit verantwortlich gemacht werden. Die von Emlen (1967) untersuchten Indigofinken (*Passerina cyanea*) zeigten sowohl unter natürlichem Sternenhimmel als auch im Planetarium die von Sauer erstmals nachgewiesene Sternenkompaßorientierung. Es traten mit der jahreszeitlichen Zugunruhe die typischen Richtungstendenzen (Frühjahr, Herbst) auf. Die Vögel kehrten diese Richtung um, wenn der Nachthimmel im Planetarium um 180° gedreht wurde, während die Orientierung verloren ging, wenn unter diesen Bedingungen die Sterne nicht gezeigt wurden und die Kuppel nur diffus ausgeleuchtet war. Hier wird nicht ein Zwei-Koordinaten-Navigationssystem vermutet, sondern eine komplexe Wahrnehmung der visuellen Muster („Sternbilder“); Wallraff (1968) konnte Stockenten (*Anas platyrhynchos*) auf derartige Muster dressieren. Bei Nachtziehern kann aber die bereits erwähnte und von Merkel und seinen Mitarbeitern seit Jahren untersuchte Magnetkompaß-Orientierung wirksam werden. Werden künstliche Magnetfelder von etwa doppelter Erdfeldstärke erzeugt, ist keine Zugorientierung (bei Rotkehlchen und Grasmücken) mehr nachweisbar. Auch Fledermäuse legen größere Zugstrecken zurück, manche amerikanische Arten bis zu 230 km. Bei Verfrachtungen vom Winterquartier fanden *Myotis lucifugus* und *M. sodalis* aus Entfernungen von bis zu etwa 100 km zurück (bei 46 km 91%, bei 96,6 km noch 10%).

4.1.5. Ortung

Die Raumorientierung mit Hilfe selbsterzeugter Bezugsreize wird auch aktive Ortung genannt im Unterschied zur passiven Ortung, bei der andere Organismen Ortungssignale senden. Bei der Ortung kann man wohl generell zwei Möglichkeiten unterscheiden:

— Ortung auf der Grundlage von Umweltänderungen als Folge der Eigenbewegung (= Ortung auf der Grundlage von Gebrauchshandlungen)
— Ortung auf der Grundlage von selbsterzeugten Signalen (= Ortung auf der Grundlage von Signalhandlungen).

Für den erstgenannten Typ selbsterzeugter Bezugsreize wäre der Ruderfußkrebs *Mixodiaptomus laciniatus* ein Beispiel. Er perzipiert reflektierte Wellen, die durch seine Schwimmbewegung erzeugt und von Gegenständen reflektiert werden; er kann damit Hindernissen ausweichen. Ähnliches gilt sicher für viele Wassertiere; bei den Fischen hat das Seitenliniensystem auch diese Funktion. Ferner kann durch die Eigenbewegung erzeugter und von Wänden zurückgestrahlter Schall bei Landtieren als Orientierungshilfe dienen. Dieser Mechanismus könnte zum Ausgangspunkt für eine Echo-Ortung durch eigens dafür gesendeten Schall geworden sein und damit das zweite oben genannte Ortungsprinzip entwickelt haben (Sonar-System). Auf der Grundlage quantitativer Umweltdaten entstand auf diesem Wege die Echo-Ortung (Raumorientierung 1. Ordnung), für die wieder die drei Grundkriterien gelten:

- Kinesen (vom Gradienten abhängige Bewegungsänderungen, meist auch mit einer Änderung der Signalfrequenz verbunden)

- Taxis (Richtungsorientierung)
- Elasis (Entfernungsorientierung)

Unter diesen Voraussetzungen wurde das Ortungssystem dann noch um eine Stufe weiter entwickelt, indem auch qualitative Daten aus der Umwelt gewonnen wurden (Raumorientierung 2. Ordnung):

— Echo-Identifizierung (Größe, Form, Materialbeschaffenheit und gegebenenfalls Bewegungsmuster der Objekte).

Diese Leistung hat dadurch eine besondere Bedeutung erlangt, weil bestimmte Tierarten die Ortung in den Dienst spezieller Verhaltensmotivationen, besonders des Nahrungserwerbs, stellen. Das gilt vor allem für die Fledermäuse, die hinsichtlich dieser Fähigkeit mit Abstand am besten untersucht sind, nachdem bereits JURIN 1789, SPALLANZANI 1793[1]) und HARTRIDGE 1920 bei ihnen eine solche Echo-Ortung vermutet hatten, die durch PIERCE und GRIFFIN 1938 erstmals experimentell untersucht und von GRIFFIN in GALAMBOS 1942 in den Grundzügen als Ultraschall-Echo-Ortung geklärt werden konnte. Fledermäuse verwenden zur Echo-Ortung fast ausschließlich Ultraschall-Laute (über 20 kHz), bei denen sich zwei Gruppen unterscheiden lassen (vgl. auch Zusammenfassung SCHNITZLER 1973, SALES und PYE 1974):

— Frequenzmodulierte (FM-Laute)
— Konstantfrequente (CF-Laute) (Abb. 41).

Im Fall der CF-Laute wird gewöhnlich ein FM-Schlußteil angehängt. Entsprechend der Funktion lassen sich bei den Ortungslauten im allgemeinen drei Phasen unterscheiden: (1) Suchflug-Laute (= orientierendes Verhalten = Appetenzverhalten I), (2) Annäherungsflug-Laute (= orientiertes Verhalten = Appetenzverhalten II), (3) Schlußphasen-Laute (= Zielhandlung, Orientierung am Ziel = Endhandlung). In vielen Fällen ist die Lautlänge mit diesen drei Phasen negativ korreliert; bei der

[1]) SGONINA wiederholte 1935 am Berliner Zoologischen Institut diese Versuche und hielt ebenfalls eine optische Orientierung für unwahrscheinlich.

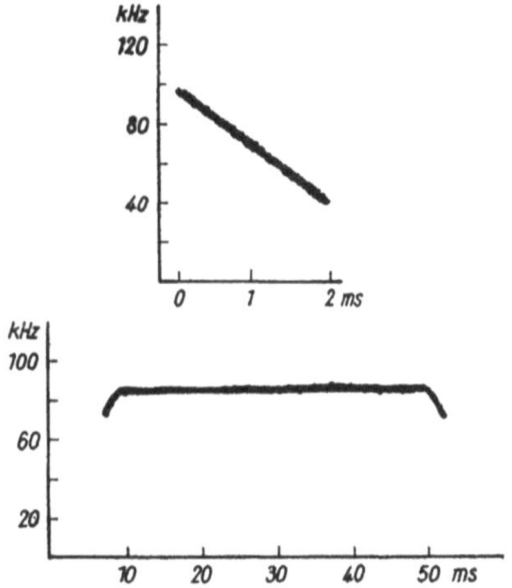

Abb. 41. Die beiden Haupttypen der Ultraschall-Peillaute bei Fledermäusen; oben der frequenzmodulierte Lauttyp (FM), unten der konstantfrequente Lauttyp (CM) (umgezeichnet nach SALES und PYE 1974)

Hufeisennase (*Rhinolophus ferrumequinum*) betragen die Werte:

1. Suchphase, 50—60 ms Lautdauer,
2. Annäherungsphase, 20—30 ms Lautdauer,
3. Schlußphase, 8—10 ms Lautdauer.

Die Laute werden im Kehlkopf erzeugt und durch den Mund oder durch die Nase geäußert, wobei zusätzliche Hilfseinrichtungen die Abstrahlung richten können. Auf Grund der Funktion dieser Laute bei dem Beutefang gibt es Zusammenhänge zwischen den physikalischen Parametern der Laute und den Haupt-Beutetieren (z. B. Insekten, Fische).

Über den Mechanismus der Ortung bestehen verschiedene Hypothesen, möglicherweise benutzen verschiedene Arten oder Gruppen unterschiedliche Ortungsverfahren. GLASER (1974) hat sich mit dem Problem des Optimalempfanges bei der Ortung der Fledermäuse befaßt und dabei die Signaltheorie zugrunde gelegt. Danach erfordert eine optimale Entfernungsmessung diskreter Ziele ein breitbandiges Ortungssignal mit einer Autokorrelationsfunktion, die nur ein schmales Maximum aufweist. Bei flächenhaften Zielen wird dagegen ein schmalbandiges Ortungssignal gefordert. Da bei den Fledermäusen beide Ortungsziele angenommen werden müssen, kann man (falls nicht einseitige Spezialisation vorliegt) „universelle Signale“ erwarten, die beiden Anforderungen gerecht werden, also CF-FM-Signale. Der häufig auftretende Frequenzabfall (negativer Frequenzhub der FM-Signale) kann als notwendiger Kompensationsmechanismus für Ortungsfehler aufgefaßt werden.

Die Fledermäuse vollbringen außerordentliche Ortungsleistungen. Drähte in einer Stärke von 0,05 mm können von manchen Arten noch geortet werden, aber auch Raummuster (Viereck, Dreieck, Kreis) können sicher unterschieden werden, wie KONSTANTINOV und AKHMAROVA (1968) durch Dressur nachwiesen. Echo-Ortung kommt auch bei anderen Säugetieren (z. B. Delphine, Insektenfresser) vor.

4.1.6. Orientierung mittels Signalquellen mit Eigenverhalten

Bei der passiven Ortung liegt das Grundprinzip darin, daß Organismen durch ihr Eigenverhalten Signale erzeugen, die von anderen Organismen als Bezugsreize für die Ortung verwendet werden. Auch hier lassen sich wieder zwei Grundtypen unterscheiden:

— Ortung auf der Grundlage von Umweltänderungen, die durch Gebrauchshandlungen anderer Organismen erzeugt werden,
— Ortung auf der Grundlage von Umweltänderungen, die durch Signalhandlungen anderer Organismen erzeugt werden; diese können (a) unadressiert und (b) adressiert sein.

Rückenschwimmer (*Notonecta*) orten Beutetiere auf der Wasseroberfläche mit Hilfe der durch sie erzeugten Wellen. Hochempfindliche Vibrationsrezeptoren befinden sich hierfür in den körpernahen Gelenken der Vorder- und Mittelbeine; auch Haarsensillen an der Hinterleibsspitze sind beteiligt. MARKL und Mitarbeiter (1973) haben diese Leistung genau untersucht. Sie fanden eine hohe Zielgenauigkeit, die jedoch von dem Winkel abhängt, der bei der Zielwendung erforderlich ist. Es ergab sich, daß die mittlere absolute Abweichung der Körperachse vom Ziel bei 0° (Ziel liegt in der Körperrichtung) 2° beträgt und mit dem Winkel zunimmt, so daß sie bei 180° einen Wert von 18° erreicht; spätere Nachkorrekturen verringern den Ortungsfehler, da die oben genannte mittlere absolute Abweichung sich auf die erste Wendebewegung zum Ziel hin bezieht; spätere Korrekturen gehen dann von entsprechend geringeren Winkelabweichungen aus und ermöglichen eine zunehmend genauere Zieleinstellung.

Eine besondere, aber noch wenig untersuchte Bedeutung hat die Ortung im Zusammenhang mit der Kommunikation, also auf der Grundlage nichtadressierter oder adressierter Signale, gleichviel ob chemische, optische oder akustische, ja selbst mechanische, beispielsweise die Körpereinstellungen im Kontakt (Kopulation) steuern und regeln. ADAM (1969) konnte erstmals bei Heuschrecken nachweisen, daß bestimmte Neurone sowohl der Identifikation als auch der Lokalisation des Senders dienen, der in diesem Fall akustische Signale erzeugt. Es ist anzunehmen, daß bei komplexen Verhaltensmustern bestimmte Zeichen speziell der Ortung dienen. Auch Entfernungsmessungen sind auf diese Weise möglich. Bei Schallereignissen erfolgt eine frequenzabhängige Schalldämpfung mit der Entfernung (höhere Frequenzen werden stärker gedämpft). Damit kann bei einem bekannten Frequenzgemisch aus dem tatsächlich gehörten Frequenzmuster in gewissen Grenzen der Abstand der Schallquelle ermittelt werden.

4.2. *Orientierung in der Zeit*

Von BETHE stammt der Satz, „daß man Rhythmizität und Periodizität zu den Grundeigenschaften der lebenden Substanz rechnen kann." Für biologische Vorgänge ist kennzeichnend, daß ihnen eine zeitliche Ordnung zugrunde liegt, bei der periodisch „Nulldurchgänge“ auftreten, sich also dieselbe Phase periodisch wiederholt. Derartige Zeitmuster werden als Biorhythmen bezeichnet, die Wissenschaft, die sich mit ihnen beschäftigt, kann Chronobiologie genannt werden. Biorhythmische Erscheinungen können der Zeitmessung und der Zeitbestimmung zugrunde liegen. Die Periodendauer liegt im allgemeinen zwischen 10^{-3} und 10^{5} s, seltener darüber (Monate, Jahre). Da bestimmte Periodenklassen häufiger auftreten, gibt es verschiedene Einteilungsversuche. Hier sei folgender vorgenommen (in Anlehnung an SOLLBERGER, HELLBRÜGGE u. a.):

1. Mikrorhythmen

1.1. Ultrasekundenbereich

Beispiele:	Flugmuskel der Insekten	20—2000/s
	Nervenimpulse	5—1000/s
	Hirn-Wellen	1—60/s
	Wimper- und Geißelrhythmen	2—40/s
	Mikrovibrationen der Warmblüterhaut	7—13/s

1.2. Circasekundenbereich

Beispiele:	Spontane Bewegungsrhythmen der quergestreiften Muskulatur	1—8/s
	Herzfrequenz vieler Tierarten	20—1000/min
	Atemfrequenz vieler Tierarten	4—250/min

1.3. Circaminutenbereich

Beispiel:	Leistungsschwankungen, Kurzzeitgedächtnis (Mensch)	Periodendauer 2—3 min

2. Makrorhythmen

2.1. Circahoranbereich (ca. 1 Stunde)

Beispiel:	Schlaftiefevariationen, kindliche Aktivität (Mensch)	Periodendauer ca. 1 Stunde

2.2. Ultradianbereich (< 20 Stunden Periodendauer)

Beispiele:	Leber-Glykogen-Rhythmen in Kücken-Embryonen	3–4/Tag
	Gezeitenrhythmen	12,4 Std.

2.3. Circadianbereich (Circadianrhythmen) Periodendauern

Beispiele:	Blattbewegungen	ca. 24 Std.
	Entleerung von Sporangien	
	Pigmentwanderungen	
	Lokomotorische Aktivität	
	Stoffwechselrhythmen	
	Photosyntheseleistungen	
	Temperaturschwankungen bei Warmblütern	
	Glykogenrhythmen (Leber)	
	Schlaf-Wach-Rhythmen	
	Diureserhythmen (Mensch)	
	Hormonale Rhythmen (speziell Nebennieren-Rinde)	

3. Langzeitrhythmen

3.1. Circalunarbereich

Beispiele:	Fortpflanzungszyklen	9,5 Tage Periodendauer (semilunar: 14–15 Tage)

3.2. Ultraannualbereich

Beispiele:	Brunftzyklus (Östrus)	0,2–6/Monat
	Periodische Psychosen	
	Periodische Erkrankungen	

3.3. Circaannualbereich (Circaannualrhythmen Periodendauer ca. 1 Jahr)

Beispiele:	Fortpflanzungsperiodik
	Mauser, Haarwechsel (z. T.)
	Wanderungen

3.4. Ultrasäkularbereich (Periodendauer mehrere Jahre)

Beispiel:	Fluktuationen in tierischen Populationen	z. B. 3–4/Jahrhundert
		8–10/Jahrhundert
		35/Jahrhundert

Für die Biorhythmen lassen sich grundsätzlich zwei „Ereignisfelder“ unterscheiden:

– Biorhythmen als Systemeigenschaft des Organismus auf der Grundlage der Beziehungen zwischen seinen Elementen

- Biorhythmen als Systemeigenschaft von Populationen und Ökosystemen auf Grund von Beziehungen zwischen ihren Elementen (Individuen usw.).

Im ersten Fall zeigen die Biorhythmen im allgemeinen keine eindeutigen Beziehungen zu äußeren Rhythmen, während im zweiten Fall diese meist als Tagesrhythmen (Circadianrhythmen), Lunarrhythmen oder Circaannualrhythmen nachweisbar sind. Die chronobiologische Systemeigenschaft verwirklicht sich dann entweder (a) in einer Zeitbestimmung (Festlegung einer Phasenbeziehung zur kosmischen Zeit) oder (b) in einer Zeitmessung, beispielsweise der Dauer der Hellzeit (Photoperiode). Da tierisches Verhalten die Wechselbeziehungen zur Umwelt steuert und regelt, sind in diesem Bereich Leistungen und Anpassungen der Organismen unter den zuletzt genannten Aspekten zu erwarten. Für das Verständnis des inneren Wirkungsgefüges, das am Aufbau des Verhaltens beteiligt ist, wird allerdings auch das Studium der internen rhythmischen Vorgänge unerläßlich. Die moderne Rhythmusforschung, seit etwa 40 Jahren betrieben, befaßt sich jedoch vorrangig mit den Umwelt-bezogenen biorhythmischen Erscheinungen und geht dabei von folgenden Fragestellungen aus:

- Analyse und Kennzeichnung biologischer Schwingungen
  - Sind Biorhythmen selbst- oder fremderregte Schwingungen?
  - Auf welchen Grundlagen beruhen die selbsterregten Schwingungen?
  - Welche Faktoren beeinflussen die physikalischen Parameter der Schwingungen?
- Einfluß von Umweltgrößen auf das Zeitmuster der Schwingungen,
- Wechselseitige Einflüsse gleichzeitiger Schwingungen,
- Funktionen der Schwingungen,

- Wie reagieren die Systeme auf äußere Einwirkungen in Abhängigkeit von der jeweiligen Phasenlage der Schwingungen (z. B. Toxine, Röntgenstrahlen, Schall)?
- Welche Funktionen haben Schwingungen in Populations- und Ökosystemen?
- Welchen Einfluß haben Frequenz, Amplitude und Phasenlage der Biorhythmen auf sensorische und motorische Leistungen?
  - Lernprozesse,
  - Anforderungen mit Zeitprogramm,
  - Physische Leistungen.

Die wichtigsten Parameter biologischer Schwingungen sind die Periodenlänge τ (oder Frequenz $1/\tau$), die Amplitude A sowie die Phase φ. Als Gleichwert (oder Niveau) wird das arithmetische Mittel aller Augenblickswerte einer Schwingung bezeichnet (C_0 = level).

Eine prinzipielle Möglichkeit für das Zustandekommen biologischer Schwingungen (Oszillationen) besteht bei Regelkreisen, auf die Störungen oder Änderungen des Bezugswertes einwirken (Abb. 42). Im Idealfall folgt eine asymptotische Annäherung an den Ausgangswert (oder einen neuen Bezugswert), es liegt eine aperiodische Dämpfung vor. Bei der periodischen positiven Dämpfung kommt es bei Rückkehr auf den Ausgangswert zu einem Überschießen (overshoot); es folgen einige gedämpfte Schwingungen (transients). Die ungedämpften Schwingungen liegen an der Stabilitätsgrenze, während die negativ gedämpften Schwingungen schließlich „entarten", das System wird instabil. Biorhythmen können auf diesem Wege entstehen und im Falle der ungedämpften Schwingungen auch bestehen bleiben. Auch für die Tagesrhythmen gibt es nachweislich Beispiele, bei denen unter Dauerdunkel aufgezogene Individuen keinen Rhythmus zeigen, jedoch eine einmalige Belichtung von Sekundenbruchteilen genügt, um das System „anzustoßen", das dann unter konstanten Bedingungen weiterläuft (schwach gedämpft oder auch ungedämpft). Die Oszillationen können linear oder nichtlinear sein. Lineare Oszillatoren liefern Sinusschwingungen, nichtlineare „Sägezahnschwingungen" oder „Kippschwingungen". Synchronisationen sind dann auf drei Wegen möglich: (1) Phasen-Synchronisation,

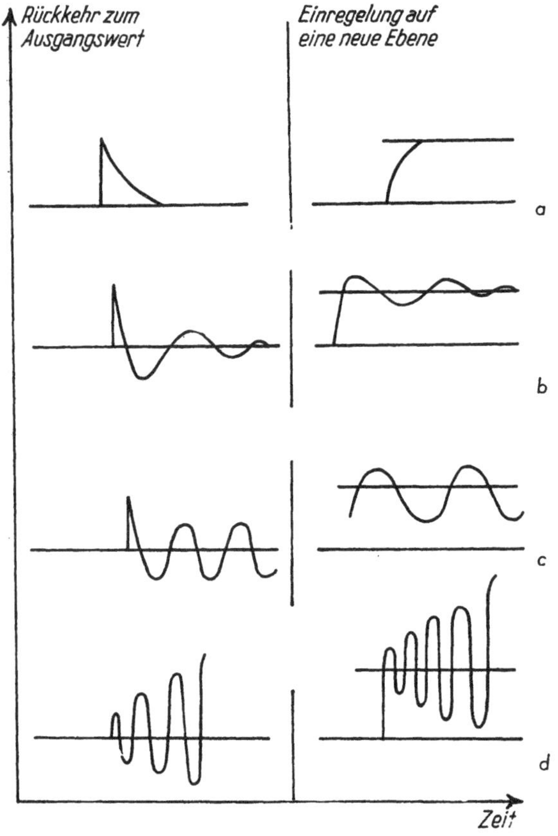

Abb. 42. Antworten von Servomechanismen auf Störungen oder Änderungen des Bezugswertes. a) Asymptotische Einregelung oder b) „Überschießen“ mit Oszillationen, b) positive Dämpfung, c) ungedämpft, d) negative Dämpfung (a, b = stabil, c = Stabilitätsgrenze, d = instabil) (nach SOLLBERGER 1965).

(2) Frequenzsynchronisation, (3) „harmonische“ Synchronisation (z. B. Input zu Output = 1 : 3). Umgebungsfaktoren, die eine solche Synchronisation mit periodischem Umweltänderungen ermöglichen, werden mit ASCHOFF als „Zeitgeber“ bezeichnet. Zeitgeber für 24-Stunden-Rhythmen (auch diurnale Rhythmen oder circadiane Rhythmen genannt) können Differential-Zeitgeber sein (der Organismus wertet die sukzessiven Änderungen der Intensität aus), oder Proportional-Zeitgeber (der Organismus wertet z. B. den Licht-Dunkel-Quotienten aus).

In zahlreichen Fällen konnte nachgewiesen werden, daß die Tagesperiodik nicht durch Außenfaktoren aufgezwungen wird („exogene Rhythmik“), sondern auch dann weiterläuft, wenn die äußeren Bedingungen (Licht, Temperatur usw.) konstant gehalten werden („endogene Rhythmik“). Dabei ist der Hinweis auf eine Spontanfrequenz dann gegeben, wenn die biologische Tagesperiodik von der kosmischen Zeit (Erddrehung) abzuweichen beginnt und zum „freilaufenden Rhythmus“ wird. Die Spontanfrequenzen werden als selbsterregte Schwingungen aufgefaßt; entspricht ihre Periode etwa 24 Stunden, bezeichnet man sie mit HALBERG als „circadian“ (= circa diem). Unter natürlichen Bedingungen synchronisieren die Zeitgeber die Spontanfrequenz mit der kosmischen Zeit, so daß die „Innere Uhr“ (= physiologische Uhr) dann „richtig“ geht. Der wichtigste und bislang am besten untersuchte Zeitgeber ist der Hell-Dunkel-Wechsel. Im Experiment stehen LD für Licht-Dunkel-Wechsel, wobei dann die jeweiligen Zeiten einzusetzen sind (z. B. LD 12 : 12), LL für Dauerlicht und DD für Dauerdunkel. Viele Tierarten haben ihre Hauptaktivität in einer der beiden Phasen, sind also hell- oder dunkelaktiv. Allerdings kann diese Beziehung durch einen Jahresrhythmus periodisch verändert werden; auch ökologische Faktoren nehmen darauf Einfluß. Reh und Wildschwein sind eigentlich vorwiegend hellaktiv, die Jagd hat zu einer „Inversion“ geführt, also einer Phasenverschiebung um 12 Stunden. Ähnliches kann man auch im Experiment erreichen, wenn man das Lichtregime umkehrt (tags dunkel, nachts hell). Bei vielen Arten dauert diese Inversion allerdings einige Tage (etwa eine Woche). Der Mensch ist primär hellaktiv, unter Dauerbedingungen ohne Zeitgeber zeigt er einen freilaufenden Rhythmus mit einer mittleren Periodendauer von 25,9 Stunden (ASCHOFF, WEVER 1962). Die Beleuchtungsstärke hat sich bei den meisten bisher untersuchten Organismen als der wichtigste physikalische Umweltfaktor erwiesen, der auf die Circadianperiodik einwirkt. Bei manchen Arten sind auch Einflüsse der Temperatur sowie unspezifischer arteigener Geräusche nachgewiesen.

Bei der circadianen Aktivitätsperiodik bezeichnet man die Periode zwischen dem Einsetzen von zwei aufeinanderfolgenden Aktivitätszeiten als τ (Periodendauer). Diese Periode kann in eine Aktivitätszeit α und eine Ruhezeit ϱ unterteilt werden. ASCHOFF hat nun eine „Regel" aufgestellt, nach der diese drei Parameter positiv korreliert sind und in Relation zum Lichtangebot stehen. Die „circadiane Regel" besagt folgendes: Bei hellaktiven Tieren sind alle drei Meßgrößen positiv und etwa linear mit dem Logarithmus der Beleuchtungsstärke korreliert, bei dunkelaktiven ist diese Korrelation negativ. Zwischen der biologischen Periodik und der Periodik des Zeitgebers kann eine Differenz bestehen; vielfach setzt die Aktivität beispielsweise kurz vor oder nach dem Hell-Dunkel-Wechsel ein. Diese Differenz wird als „Phasenwinkeldifferenz" bezeichnet und läßt sich in entsprechenden Schwingungsmodellen leicht darstellen. Bei lichtaktiven Tieren ist die positive Differenz im Sommer größer als im Winter, bei dunkelaktiven umgekehrt. Dies hängt mit der Korrelation der drei Meßgrößen mit der Lichtintensität zusammen. Bei einem (tagaktiven) Buchfinken ist das Verhältnis von $\alpha : \varrho$ bei 5 Lux merklich größer als bei 0,2 Lux; gleichzeitig nimmt die Aktivitätsmenge zu und verkürzt sich die Periodendauer.

Den Zusammenhang zwischen Aktivitätsmenge und α/ϱ versucht ein von WEVER (1965) entworfenes Modell zu erklären. Es geht von der Annahme einer kontinuierlichen Sinusschwingung im System aus; demgegenüber verläuft der Wechsel zwischen Ruhe und Aktivität unstetig. Die Lage der Schwelle (Abb. 43) ist lichtabhängig, niedrige Schwelle bedeutet im Modell hohes Niveau. Bei Werten über der Schwelle ist das Tier aktiv, bei solchen unterhalb dieser inaktiv. Damit bestimmt die relative Höhe des Niveaus die Länge der Aktivitäts- wie der Ruhezeit. Wenn der Flächeninhalt der Kurve oberhalb der Schwelle der Aktivitätsmenge proportional ist, dann nehmen bei Erhöhung des Niveaus α/ϱ und die Aktivitätsmenge zu, sofern die Amplitude der Schwingung konstant bleibt. Belichtung soll die Spontanfrequenz und das Niveau nicht unabhängig voneinander beeinflussen, wobei das Licht nur eine Größe direkt verändert. Die Spontanfrequenz ist temperaturkompensiert.

Werden Warmblüter unter konstanten Lichtbedingungen (LL) gehalten, können stärkere Temperaturänderungen zu gerichteten Wirkungen führen. Beim Buchfinken (*Fringilla coelebs*) folgt bei Senkung der Temperatur von 25 °C auf 10 °C im LL von 10 Lux eine Verminderung der lokomotorischen Aktivität und eine Verlängerung der Spontanperiode, während umgekehrt bei einer entsprechenden Temperaturerhöhung (10° auf 25°) die Spontanperiode verkürzt und die Aktivität erhöht werden. Die Aktivitätssteigerung liegt bei 15—20%, die Periodenlänge ändert sich um etwa 0,3 Stunden. Beim Siebenschläfer (*Glis glis*) (dunkelaktiv) tritt eine gegensätzliche Beeinflussung auf (POHL 1968).

Verschiedene Untersuchungen an Insekten deuten an, daß hier die circadiane Regel nicht ohne weiteres in jedem Fall angewandt werden kann. Nach WEBER (1968) stehen bei den Insekten die Parameter der lokomotorischen Periodik nicht in dem von der ASCHOFF-Regel geforderten Zusammenhang und können sich auch unabhängig voneinander ändern. Allerdings ist hier zu berücksichtigen, daß nach den Vorstellungen von TRUMAN (1972) zwei Typen circadianer „Uhren“ vorkommen. Bei Typ I erfolgt die Lichteinwirkung nicht über das Auge; dieser Fall soll speziell bei der Verpuppung, dem Schlüpfen aus dem Ei, dem Freisetzen von Neurosekreten (bzw. Hormonen) im Gehirn und der Photoperiodik gegeben sein. Bei Typ II erfolgt die Lichteinwirkung über das Auge; hier werden vor allem die lokomotorische Aktivität, die Kompaßorientierung und der Zeitsinn gesteuert. Hinzu kommt, daß zusätzliche Lichteinwirkungen über das

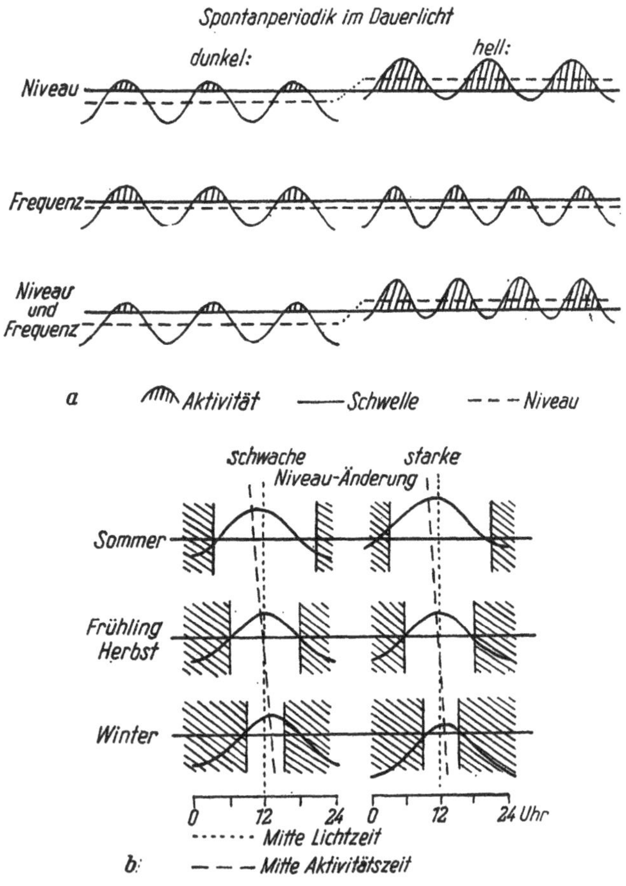

Abb. 48

→

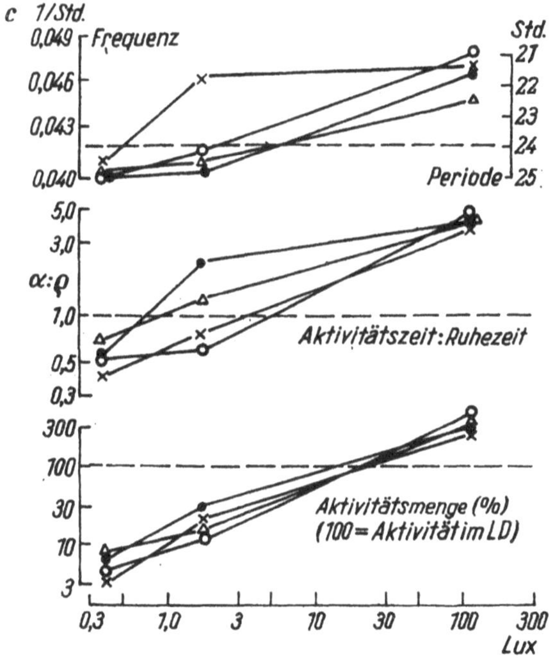

Abb. 43. a) Schema der Aktionsperiodik eines Buchfinken (*Fringilla coelebs*), links im Dunkeln, rechts im hellen Dauerlicht. Gezeichnet für drei Modellfälle mit der Annahme, daß entweder nur das Niveau der Schwingung (oben), nur die Frequenz (Mitte) oder Niveau und Frequenz (unten) eine Funktion der Beleuchtungsstärke sind (nach ASCHOFF und WEVER 1962). b) Schematische Darstellung der Aktivitätsperiodik zweier lichtaktiver Organismen und ihrer Phasenbeziehung zum Zeitgeber in verschiedenen Jahreszeiten. Weit schraffiert: Dunkelzeit. Für beide Organismen ist gleiche Abhängigkeit der Frequenz von der Beleuchtungsstärke angenommen, jedoch verschieden starke Abhängigkeit des Niveaus (nach ASCHOFF 1964). c) Drei Meßgrößen von Buchfinken in Abhängigkeit von der Beleuchtungsstärke unter konstanten Bedingungen, gemessen über jeweils 23 Tage. Mittelwerte für 4 Tiere (nach ASCHOFF 1963).

Auge einen „Maskierungseffekt“ haben können, wodurch der tatsächlich gezeigte Rhythmus nicht mehr mit dem identisch ist, der durch die inneren Zentren gesteuert wird.

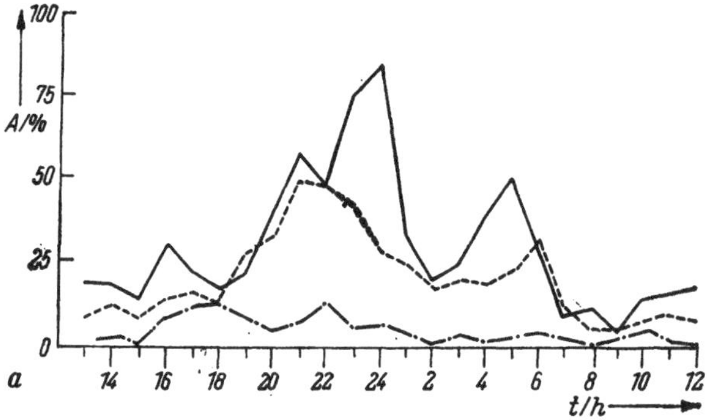

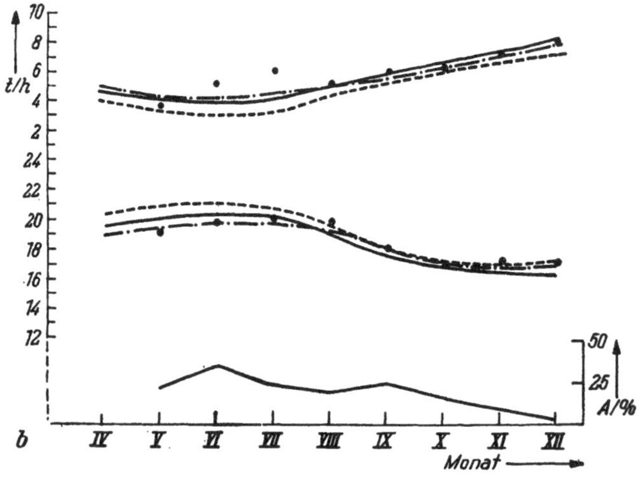

Abb. 44 →

Die circadiane Regel wird auch bei solchen Wirbeltieren durchbrochen, bei denen das Licht ausschließlich über die Augen wirksam wird (z. B. die meisten Säugetiere), da hier durch Schließen der Augen ein selbstgewählter Hell-Dunkel-Wechsel auf die Periode einwirken kann (ebenfalls ein Maskierungseffekt). Bei geblendeten Fischen (Abb. 45), Amphibien, Reptilien oder Vögeln kann dagegen Licht auch „extraretinal" (nicht über die Netzhaut des Auges) wirken, speziell über das Dach des Zwischenhirns. Maskierungseffekte der Lichteinwirkung konnten auch für dunkelaktive Arten unter Einfluß des Mondlichtes festgestellt werden. So sind Nachtaffen (*Aotes*) bei Neumond nur in der Abend- und

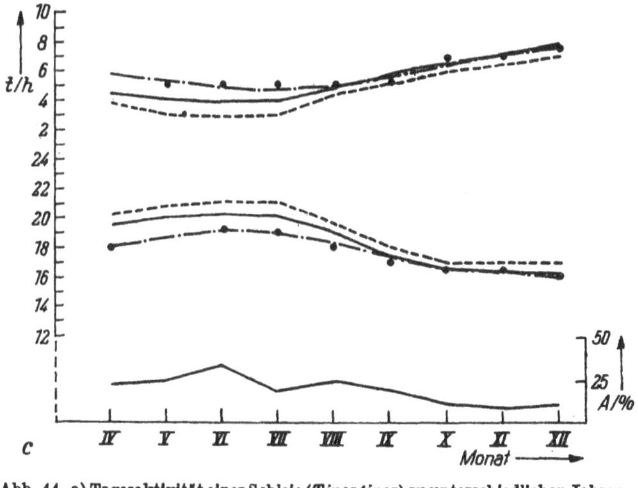

Abb. 44. a) Tagesaktivität einer Schleie (*Tinca tinca*) zu unterschiedlichen Jahreszeiten.

———— Juni
------------ September
-·-·-·-·-·-· Januar

b, c) Korrelation von Sonnenauf- bzw. -untergang mit den Morgen- und Abendgipfeln im Jahresverlauf. Darunter ist die Gesamtaktivität aufgezeichnet.

———— Sonnenunter- bzw. -aufgang
------------ Morgen- bzw. Abenddämmerung
-·-·-·-·-·-· Morgen- bzw. Abendgipfel der untersuchten Tagesaktivität (gemittelt)

b – Schleie, c – Barsch (*Perca fluviatilis*) (nach SIEGMUND 1969).

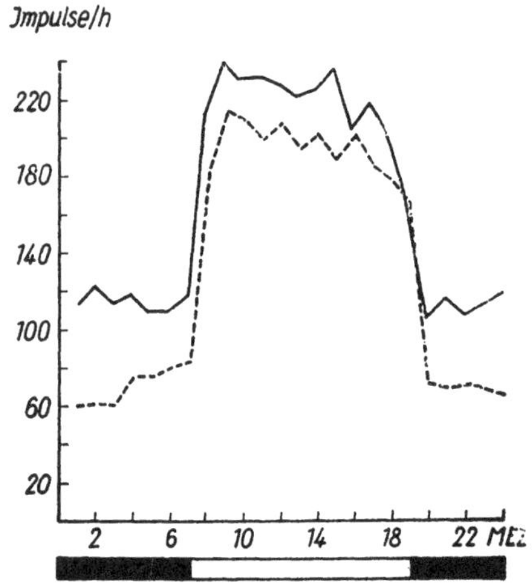

Abb. 45. Vergleich der Schwimmaktivität von sehenden und augenlosen Gruppen des Moderlieschen (*Leucaspius delineatus*) im Lichtdunkel-Wechsel 12 : 12, 140 : 0 lx. Augenlose Gruppe: ausgezogene Linie; Mittelwerte über Januar-März (nach SIEGMUND und WOLFF 1973).

Morgendämmerung aktiv, bei Vollmond aber die ganze Nacht; bei der in Südamerika beheimateten Fledermaus *Artibeus* dagegen wirkt Mondlicht hemmend, während Goldhamster (*Mesocricetus*) keinen Einfluß erkennen lassen (ERKERT 1974). Zugleich kann auf diese Weise eine Lunarperiodik zustande kommen. Nach ERKERT kann die Aktivitätsmenge nicht als eindeutige Funktion der Beleuchtungsstärke aufgefaßt werden, vielmehr gibt es (bei bestimmten Arten) „Optimumfunktionen".

Während nicht selbsterregte Schwingungen sich mit jeder beliebigen Frequenz der Erregungsschwingung synchronisieren lassen, ist der „Mitnahme-Bereich" bei der biologischen selbsterregten Schwingung begrenzt. Eine Maus, die man einem 20-Stundentag aussetzt, zeigt keine klare Aktivitätsperiodik mehr, obwohl latent die circadiane Eigenperiodik weiterläuft. Bei manchen Arten fällt das Circadianmuster der Bewegungsaktivität bei niedrigen Temperaturen aus (manche Insekten), bei anderen setzt es nach der Geburt nur dann ein, wenn sie einem

Licht-Wechsel ausgesetzt werden (wenigstens kurzfristig), bei wieder anderen Arten entwickelt sich der autonome Rhythmus auch, wenn sie im Dauerdunkel schlüpfen und aufwachsen (z. B. Eidechsen).

Die Beziehungen zwischen biorhythmischen Vorgängen und dem tierischen Verhalten sind vielfältig. Im Verhaltensaufbau sind zahlreiche Teilsysteme des Organismus beteiligt, denen wieder eigene Zeitmuster zugrunde liegen. Hinzu kommt, daß bestimmte Verhaltensmotivationen eine unterschiedliche Abhängigkeit von äußeren Zeitgebern aufweisen können. So zeigen Organismen nicht selten zur Zeit der Fortpflanzung eine stark veränderte Phasenbeziehung zum Hell-Dunkel-Wechsel, Dunkeltiere werden dann oft hellaktiv, weil das zugrunde liegende Hormonsystem in hohem Maß „photosensibel" ist. Das wird besonders eindrucksvoll, wenn zu dieser Zeit wenig oder keine Nahrung aufgenommen wird und durch eine andere elementare Motivation, die andersartige Phasenbeziehungen zum Zeitgeber (als ökologische Anpassung) aufweisen kann, stark gedämpft ist. Auch der Schlaf-Wach-Rhythmus ist durch spezielle Phasenbeziehungen zum Zeitgeber gekennzeichnet, und noch komplexer wird das Gefüge, wenn die verschiedenen Motivationen unterschiedliche Zeitgeber aufweisen. Das wird bei unseren Nutztieren deutlich, bei denen die Fütterung zum „aktuellen Zeitgeber" werden kann, daneben jedoch der Hell-Dunkel-Wechsel auf den Schlaf-Wach-Rhythmus verhaltenswirksam bleibt. Dann muß das „Multioszillator-System" des Organismus die eigene Zeitstruktur einregeln, gelingt dies nicht, kommt es zu Instabilitäten, ja zu Stresswirkungen. Im übrigen besteht auch die Möglichkeit, daß nur die Dauer der Ruheschübe programmiert ist. Auch dann kann, wie Kaiser und Lehmann (1975) im Modell-Versuch überprüft haben, ein periodisches Muster entstehen. Abbildung 46 zeigt ein solches Modell, bei dem Zeitgeber-Zyklen das interne Aktivitätsmuster beeinflussen, so daß die Übergangswahrscheinlichkeiten von Ruhe (R) auf Aktivität (A) und umgekehrt

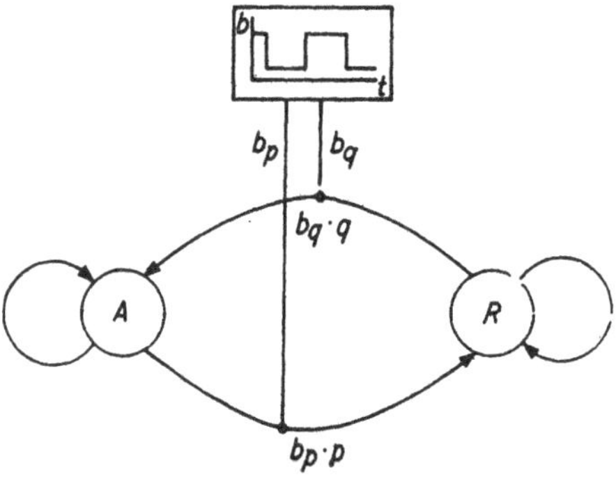

Abb. 46. Zeitgeber-Modell zur Simulation zyklischer Einflüsse auf das „spontane“ Aktivitätsmuster. Die Übergangswahrscheinlichkeiten p und q werden mit den Faktoren b_p und b_q multipliziert, deren Werte entsprechend den Zeitgeberzyklen zu- und abnehmen (nach KAISER und LEHMANN 1975).

mit den Faktoren b_p und b_q multipliziert werden, deren Werte entsprechend dem Zeitgeber-Zyklus zu- oder abnehmen. Die Autoren untersuchten in diesem Zusammenhang Winkerkrabben (*Uca*) und stellten fest, daß die tidalen Zeitgeber die Dauer der Ruheschübe über eine vermutlich interne Instanz kontrollieren, während die Dauer der Aktivitätsschübe bei vielen Tieren dagegen unbeeinflußt blieb. Der Tidenhub betrug 1 m, der Zyklus 12,5 Stunden; die tidalen Muster der Substratvibrationen erwiesen sich als besonders wirksame Zeitgeber. Zu den ökologisch determinierten Zeitgebern können auch noch „soziale Zeitgeber“ kommen, die dem Verhalten der Population entstammen. Verschiedene Untersuchungen haben nachweisen können, daß Messungen der lokomotorischen Aktivität (quantitative Erfassung aller Ortsveränderungen) unterschiedliche Ergebnisse erbringen, wenn ein Einzeltier allein oder in der Gruppe gemessen wird.

Die Vielfalt der hier genannten Faktoren führt zu einem gewöhnlich auch recht komplizierten Muster der Motorik; erst diffizile Verfahren der Datenauswertung

(Autokorrelation, Fourier-Analyse, Cosinor nach Halberg, Bestimmung von Dichtespektren usw.) erlauben, Einsichten in die Gesetzmäßigkeiten beim Aufbau dieser Zeitmuster zu gewinnen, die zudem im Jahresgang sich noch verändern können. Alle am Verhalten beteiligten Leistungen weisen aber derartige Zeitmuster auf, einschließlich der Informationsverarbeitung und -speicherung, so daß ihre Kenntnis unerläßlich ist. Daubert (1968) konnte auch für optische Reaktionszeiten des Menschen (die einen Tagesgang aufweisen) einen Jahresgang nachweisen; aus seinen Kurven kann man etwa folgende Werte ablesen:

Januar:	192,2 ms	Juli:	180,0 ms
Februar:	192,4 ms	August:	180,0 ms
März:	195,0 ms	September:	179,0 ms
April:	188,5 ms	Oktober:	181,0 ms
Mai:	185,0 ms	November:	185,0 ms
Juni:	182,0 ms	Dezember:	192,0 ms

Die Amplitude dieser Schwingung beträgt 16 ms (etwa 8,6%). Im übrigen verläuft diese Kurve dem Jahresgang der Sterblichkeit fast parallel. (Eine Übersichtsdarstellung der Biorhythmen bietet der WTB-Band Nr. 132, Tembrock/Siegmund, in Vorbereitung.)

4.3. Obligatorisches und fakultatives Lernen

4.3.0. Aufbau arteigenen Verhaltens

Beim Aufbau arteigenen Verhaltens während der Individualentwicklung stellt der Organismus die zum bestmöglichen Vollzug seiner Lebensfunktionen notwendigen Umweltbeziehungen her. Sie werden bestimmt durch die arttypischen, aber auch individuellen genetischen Dispositionen und durch die arttypische, aber auch individuelle Umwelt. Die Verhalteneinpassung erfolgt über den Informationswechsel. Voraussetzung hierfür ist die Fähigkeit zur Informationsspeicherung. Sie scheint sich in der Stammesgeschichte über fünf Stufen vollzogen zu haben, wobei die letzten Stufen nur von Organismen mit hochorganisierten (zentralisierten) Nervensystemen erreicht worden sind:

1. Stufe: Permanentspeicher (Festspeicher, Genom); „Artgedächtnis", evolutives „Lernen", führt zu permanenten populationsspezifischen Zustandsformen, die nur durch Evolutionsmechanismen („Evolutionsstrategie") verändert werden können.

2. Stufe: Langzeitspeicher (Altgedächtnis, Langgedächtnis); (meist) lebenslanges Individualgedächtnis, daher an permanente (oder periodisch wiederkehrende) individuelle Zustandsformen des Verhaltens („Bedürfnisse 1. Ordnung") und artspezifische Verhaltensprogramme gebunden. Die hierfür erforderlichen Lernvorgänge sind zur Lebenserhaltung bzw. zum umweltgerechten Verhaltensvollzug unerläßlich, sie können daher als „obligatorisches Lernen" bezeichnet werden.

3. Stufe: Zeitspeicher (Kurzgedächtnis, Neugedächtnis); gebunden an zeitlich begrenzte innere Zustandsformen („Bedürfnisse 2. Ordnung"), für deren Zielfunktionen Lösungsvarianten zur Verfügung stehen können (begrenzte Speicherkapazität = „Vergessen"), oder ihre Inhalte werden in den Langzeitspeicher überführt. Das zugeordnete Lernen kann als „fakultativ" bezeichnet werden.

4. Stufe: Minutenspeicher (Minutengedächtnis, Kurzzeitspeicher, Kurzspeicher); arbeitet im Minutenbereich (maximal einige Stunden beim Menschen), wird meist als Übergangsform aufgefaßt im Sinn einer Konsolidierungsphase.

5. Stufe: Immediatspeicher (Kurzspeicher, „Augenblicksgedächtnis“, im Sekundenbereich); Voraussetzung zur informationellen Verarbeitung zeitlich strukturierter Gegenwartsereignisse.

Die in der Literatur uneinheitlich gehandhabten Einteilungen der Gedächtnisformen (vgl. PETERS 1969, SINZ 1973) entstammen der Humanpsychologie. Sie werden stets in umgekehrter Reihenfolge aufgezählt, obwohl sich zweifelsohne die einzelnen Formen in der hier aufgeführten Weise voraussetzen: Ohne Festspeicher sind keine Individualspeicher möglich, ohne Langzeitspeicher keine Zeitspeicher, die wieder für die Minuten- und die Immediatspeicher vorauszusetzen sind. Der phylogenetische oder allgemeiner, der Entwicklungs-Aspekt, ist unerläßlich für das Verständnis der Leistungen der Informationsspeicherung, wobei wir bei vielen Tierarten noch nicht sicher nachweisen können, ob die Speicherprozesse sich in solche Zeitklassen einteilen lassen. Beim Menschen verwischen sich die Übergänge, und dem Langzeitspeicher kommen Aufgaben zu, die offenbar neuartig sind, nämlich individuelle Varianten zu speichern, so daß fakultative Lerninhalte zeitlebens erhalten bleiben können, allerdings dann auch zur Gewährleistung notwendiger Verhaltensprozesse. Jedoch fällt auch hier vieles dem „Vergessen“ anheim, bleibt also im „Neugedächtnis“; frühkindliche Erfahrungen jedoch bleiben vielfach zeitlebens (nicht immer abrufbar) im Gedächtnis, weil meist stark über bestimmte Verhaltensmuster und in „sensiblen Perioden“ angeeignet. Darüber wird noch zu reden sein. Wie auch immer die Gedächtnisformen im einzelnen klassifiziert werden (von der Zeitbasis her), Immediatspeicher und Minutenspeicher nehmen dabei eine Sonderstellung ein, weil sie offenbar für die Qualität der Informationsverarbeitung und Gedächtnisüberführung verantwortlich sind, während die anderen Speicherformen wohl nur noch quantitative Eigenschaften bestimmen (z. B. Zeitdauer). Wird sogleich (bei einmaligem Reizangebot) in den Langzeitspeicher überführt („Prägung“ und ähnliche Vorgänge), dann liegt die qualitative Entscheidung im Verhalten, das diesen Prozeß steuert und regelt, ein typisches obligatorisches Lernen, dessen Inhalte vom Verhalten her vorgegeben sind. Doch deckt sich das obligatorische Lernen nicht mit dem Langzeitgedächtnis (wird aber von ihm determiniert); auch periodisch wiederkehrende Lernanforderungen, deren Gedächtnisdauer dann aber vorgegeben ist, gehören hierher, wie das alljährliche Behalten des Nestplatzes, dem allerdings wohl meist eine Langzeiterinnerung an den Brutplatz zugrunde liegt, die zeitlebens besteht, so daß hier nur periodisch eine „Aktualisierung“ vorgenommen wird (spezieller Neststand).

Der genetische Speicher ist durch den individuellen Langzeitspeicher erweitert worden, dieser wieder durch das Neugedächtnis, die Voraussetzung zum fakultativen Lernen. Je differenzierter (unwahrscheinlicher) der Organismus ist, desto komplexer sind auch die Informationen, die zu seiner Erhaltung bzw. Entwicklung (Differenzierung) während der Ontogenese erforderlich sind. Dieser Zusammenhang ist an der Leistungsfähigkeit der Rezeptoren sowie der ihnen zugeordneten informationsverarbeitenden Systeme (Nervensysteme) gut abzulesen. Lernen dient dabei der Verhaltensoptimierung unter individuellem Einbau von Erfahrung; die Lernprozesse selbst haben Zielzustände oder schaffen solche (sind zielbildend). Der Versuch, obligatorisches und fakultatives Lernen zu unterscheiden, geht von den folgenden Prämissen aus:

- Obligatorisches Lernen ist gegeben, wenn eine Motivation über ein artspezifisches Verhaltensprogramm verwirklicht wird; obligatorisches Lernen hat Zielzustände, die vom Lernsystem vorgegeben sind;
- beim obligatorischen Lernen ist Verhalten gegeben, gesucht Information;
- obligatorisches Lernen optimiert über den Ausgangsvektor (Verhalten) den Transformationsvektor (interne Übergangsfunktionen);
- obligatorisches Lernen steigert die „Objektivität“;
- obligatorisches Lernen erfordert „Bewährungsproben“;
- Fakultatives Lernen ist gegeben, wenn Verhaltensvariable eingesetzt oder verhaltensunabhängige Zustandsänderungen angestrebt werden;
- Fakultatives Lernen schafft Zielzustände zur Erhöhung der Freiheitsgrade gegenüber der Umwelt;
- beim fakultativen Lernen ist Information gegeben (und zu erweitern), gesucht ist das Verhalten;
- fakultatives Lernen optimiert über den Transformationsvektor (mit Hilfe des Inputs) den Outputvektor (das Verhalten);

— fakultatives Lernen erhöht die „Subjektivität";
— fakultatives Lernen erfordert „Wahrheitsproben".

Strukturell wäre für das obligatorische Lernen das Vorhandensein „fester Verdrahtungen" zu fordern, also deutlich differenzierter neuraler Strukturen; das fakultative Lernen dagegen setzt möglichst wenig strukturierte, aber komplexe „homogene Schichten" voraus, die eine Vielfalt von Abbildungsmöglichkeiten bieten, jedoch ohne tiefere strukturierte Schichten nicht arbeitsfähig sind. Fakultatives Lernen ist daher stets vom obligatorischen unterlagert, im Extrem zumindest noch in der „Lernbegierde", meist aber doch in den Lernrichtungen von daher determiniert. Alles das ist natürlich Arbeitshypothese, die sich in der Anwendung zu bewähren hat. Dabei ist zu berücksichtigen, daß es verschiedenartige Lernmechanismen gibt, die ebenfalls über die Stammesgeschichte entwickelt wurden, teilweise aber auch grundsätzlicher Natur zu sein scheinen, wie das etwa für das Prinzip der klassischen bedingten Reflexe gilt. Stark vereinfachend lassen sich vielleicht drei Lernformen unterscheiden:

— Lineares Lernen (Lernen von Signalen, klassische Konditionierung, Formen der Zuordnung und Speicherung, Prägungslernen),
— Kreis-relationales Lernen (Lernen am Erfolg),
— Lernen durch Einsicht (plötzliches Auftreten der Kannphase, Beibehalten der Kannphase auch unter veränderten und unbekannten Bedingungen; hierher gehört auch als Sondertyp das „latente Lernen" oder Beobachtungslernen).

Das obligatorische Lernen gehört der ersten Lernform an, ist aber nicht mit dieser gleichzusetzen, da auch fakultatives Lernen auf diesem Wege (bedingte Reflexe!) möglich ist. Lernen durch Einsicht setzt die höchsten Speicherformen voraus (Minuten- und Immediatspeicher), da hier qualitative Informationsprozesse entscheidend sind (interne Strukturierung). Nach den vorliegenden experimentellen Daten scheinen folgende Optimierungsprozesse den Vorrang zu haben: (1) Daten-Reduktion (Senkung der Dimensionszahl), (2) Informationskompression, (3) Verringerung der Belehrungs- bzw. Lernschritte und (4) Verkürzung der Belehrungs- bzw. Lernzeit. Dabei ist zugleich ein weiterer Zusammenhang angedeutet: Es haben

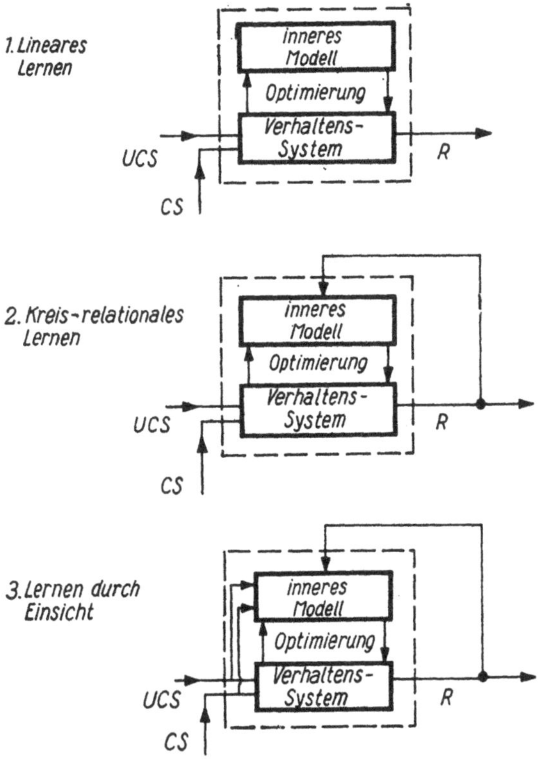

Abb. 47. Strukturdiagramme der drei grundsätzlichen Lerntypen (nach TEMBROOK 1973).

sich in der organismischen Kommunikation Lern- und Lehrsysteme herausgebildet. Ursprünglich gab es nur ein informationelles Lernen (Selbstinstruktion), später hat sich zusätzlich ein kommunikatives Lernen (Fremdinstruktion) entwickelt.

Von entscheidender Bedeutung sind bei den höheren Lernformen die Bekräftigungsmechanismen, die wohl ursprünglich auf die beiden Grundeinstellungen der Appetenz und der Aversion beschränkt sind; eine Positiv-Dressur bekräftigt über die Appetenz, eine Negativ-Dressur über die Aversion und eine Differenz-Dressur über beide. Der Komplexgrad der Lernleistungen, durch vielfältige Tierversuche bestätigt, läßt sich vielleicht in

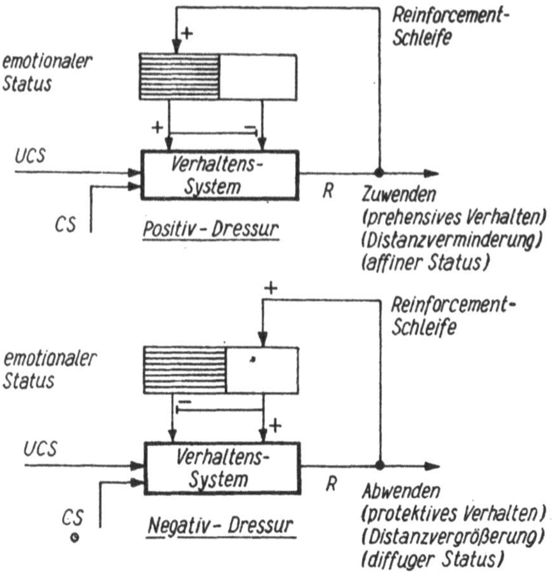

Abb. 48. **Kreisrelationales Lernen in Negativ- und Positiv-Dressur über den Status der Appetenz (schraffiert) oder Aversion bekräftigt (nach Tembrock 1973).**

Umrissen durch folgende Kriterien andeuten (vgl. TEMBROCK 1973):

— Ein System kann nur dann lernen, wenn es Eingangsgrößen gibt, die bereits Antworten auslösen, die über den Ausgangskanal laufen.
— Zwischen derartigen semantisch belegten Eingangsgrößen und lernbaren zunächst bedeutungsneutralen Daten muß innerhalb einer engen Toleranzgrenze eine zeitliche Koinzidenz bestehen.
— Es muß eine Disposition im System vorgegeben sein, bestimmte zunächst bedeutungsneutrale Merkzeichen der Umwelt auf dem genannten Wege zu „konditionieren" (als bedingten Reflex), und es gibt Hinweise auf genetische Dispositionen hierzu; so unterscheiden sich bespielsweise bestimmte Mäusezuchtstämme, aber auch Rassen der Honigbiene hinsichtlich derartiger Lerndispositionen (BOVET et al. 1969; LINDAUER 1970).
— Durch das ZNS werden bei der Informationsverarbeitung unabhängig von der Reizwirksamkeit der Lernsignale Merkzeichen rangmäßig bewertet und ausgewählt.
— Konditionierte Signale, die nicht isoliert, sondern simultan mit anderen eingespeichert werden, haften besser im Gedächtnis.
— Es sind elementare Prozesse der Invariantenbildung, der Klassifizierung und der Generalisation zu fordern. Eine Biene, der in der Dressur wechselnde Farben angeboten werden, jedoch stets mit der Zweierkombination als positives Signal und mit einer der beiden Farben als negatives, reagiert dennoch richtig, indem sie die Invariante „Buntscheckig" als Positiv-Signal bildet (MAZOKIN-PORSHNIAKOW 1969).
— Die Abrufbarkeit kann zeitabhängig sein. Vergessenskurven zeigen bei Honigbienen deutliche Abhängigkeit vom 24-Stunden-Rhythmus (KOLTERMANN 1970).
— Die Abschirmung anderer Informationsangebote über den Lernkanal kann die Vergessenskurve verbessern (Fische, die optische Signale erlernt haben, vergessen im Dunkeln „langsamer", DÜCKER, RENSCH 1968).
— Der Abruf von Information nach einem Lernprozeß ist von der vorangegangenen Konsolidierung, die den Lernvorgang begleitet, abhängig. Diese Phase kann durch experimentelle Eingriffe beeinflußt werden, wobei elektrische Felder störend

wirken, während chemisch aktive Substanzen den Vorgang teils beschleunigen, teils verzögern oder auch hemmen können.

Für den Abruf der Information hat PRIBRAM (1969) vier Voraussetzungen genannt:

— Die Repräsentation (räumliches Verschlüsseln), Herstellung einer inneren Struktur, vergleichbar der Herstellung von Hologrammen.
— Die Rekonstruktion: Filterung der relevanten Merkzeichen (der „Behaltenswerte"), Bildung struktureller Gedächtnisinhalte, das Richten der Aufmerksamkeit durch Regeln der Redundanz der Eingänge, ein Prinzip, das nach vorliegenden Versuchen für Krebse wie Affen gilt.
— Die Registrierung, die durch Bekräftigung gefördert werden kann; der Informationsempfänger muß sich aktiv auf den Nachrichtenempfang einstellen, etwas Bestimmtes zu sehen oder zu hören („Lauschen"), vergleichbar der „Zentrierung" im Sinne von PIAGET (wozu allerdings Insekten offenbar nicht befähigt sind).
— Die Neuordnung, das Ordnen, Gliedern und Umstellen; so lernen Rhesusaffen eine Folge von Rechts- und Linkswendungen leichter, wenn zwischen ihnen Pausen von 15 s liegen als bei Pausenlängen von nur 5 s.

Das obligatorische Lernen hat eine feste Zeitbasis, ein durch definierte Wahrscheinlichkeiten festgelegtes Verhalten und eine schon vorgegebene Synentropie (Mittelwert der wirklich übertragenen Information), durch die der abschließende Vollzug des Lernvorganges bereits in Richtung und Geschwindigkeit weitgehend vorbestimmt ist. Das Bestehen einer Synentropie vor Beginn des eigentlichen Lernprozesses setzt eine systemspezifische Reizauswahl voraus (Merkmalsauslese). Die im Verhaltensprozeß sich daraus ableitenden Zeitabschnitte werden auch als „sensible Perioden" bezeichnet. Dabei sollte man diese Zeitabschnitte erhöhter spezifischer Lernbereitschaft in zwei prinzipielle Gruppen unterteilen:

— Sensible Entwicklungsperioden während der Reifung des Verhaltens,
— sensible Realisierungsperioden während der Aktualisierung eines Verhaltensprozesses.

Die erste Gruppe sensibler Perioden bezieht sich auf das „Prägungslernen“ während der Verhaltensontogenese, während die zweite Gruppe erhöhte Lernbereitschaften bei periodisch wiederkehrenden Verhaltensabläufen meint, wie dies etwa für die Lernbereitschaft der Honigbiene in den verschiedenen Phasen der „Tracht“ gilt; sie ist anders beim Verlassen des Stockes als beim Anfliegen der Futterstelle. Auch, wenn man das Verhalten als eine allgemeine Sequenz von Appetenzverhalten I (orientierendes Verhalten), Appetenzverhalten II (orientiertes Verhalten) und Endhandlung beschreibt, können für jede der Phasen selektive Lernbereitschaften vorliegen, im allgemeinen wohl negativ korreliert mit der Folge. Dabei ist jedoch die Tendenz zum obligatorischen Lernen positiv korreliert, also im Zusammenhang mit der Endhandlung am stärksten ausgeprägt; sie wird hier meist bereits in der Ontogenese durch Lernvorgänge stabilisiert (z. B. räumliche Ordnung des Tötungsbisses), besonders dann, wenn (wie zumeist) die Endhandlung zuerst reift. Die Lernmotivation ist durch das Erfordernis eines optimalen Vollzugs arteigener Verhaltensprogramme gegeben.

Über sensible Perioden während der Verhaltensreifung ist vor allem unter der Anregung der klassischen Prägungsversuche von K. Lorenz sehr viel gearbeitet worden, wie die Zusammenfassung von Sluckin (1972) und Hess (1973) ausweisen. Hess hat dabei vorgeschlagen, bestimmte Klassen sensibler Perioden zu unterscheiden, die sich auf verschiedene Verhaltensphänomene beziehen und wohl auch unterschiedliche Zeitbasen aufweisen:

1. Kritische Periode (critical period): Irreversible Erfahrungsbildung, die eigentliche Prägung im Sinne von Lorenz; speziell als soziale Prägung untersucht.
2. Empfängliche Periode (susceptible period): Von vielen Forschern auch als „sensible Periode“ bezeichnet. In dieser Phase ist der Organismus besonders sensibel gegenüber bestimmten Reizen und führt ererbte Ver-

haltensmuster auf sie bezogen aus. Es kommt zu einer konkreten Objektbindung angeborenen Verhaltens, wie beispielsweise der Nahrungsaufnahme (Hühnerkücken müssen das Futterpicken in den ersten zwei Lebenswochen „lernen“, sonst können sie es nie mehr richtig, POULSEN 1951).

3. Optimale Periode (optimal period): Hohe Sensitivität gegenüber Umgebungsbedingungen, erhöhte individuelle Lernbereitschaft, beim Menschen die Phase des Erlernens der Muttersprache. Nach dem 9. Lebensjahr lernt kein Mensch mehr eine Sprache nach Art der Muttersprache, sondern als „Fremdsprache“. Bei Tieren stellen sich in dieser Phase die individuellen Mutter-Kind- (oder Eltern-Kind-) Bindungen her und werden individuelle Verhaltenseigenschaften und gegebenenfalls Lautmuster tradiert.

Übrigens hat bereits THOMAS MORE in seiner „Utopia“ (1517) die Prägung beschrieben. „Sie nehmen eine große Anzahl von Eiern, wärmen sie mit einer entsprechenden Temperatur und bringen sie so zum Schlüpfen. Sobald die Kücken die Eier verlassen haben, folgen sie den Menschen und betrachten sie, als ob sie ihre Mutter wären.“

GUITON (1958) hat die Prägungsperiode für das Haushuhnkücken genauer bestimmt:

Alter	Folgebereitschaft
5—20 Stunden	100%
30—36 „	67%
52—58 „	57%
68—74 „	22%

Die höchste Empfindlichkeit liegt dabei im Alter von 14—19 Stunden; in dieser Zeit kommt es bei visuellem Reizangebot im Vorderhirn zu einer gesteigerten Aminosäuren-Inkorporation (durch Lysin markiert: BATESON et al. 1969), vollzieht sich also eine verstärkte Proteinsynthese. Die Prägung ändert zugleich das Verhalten gegenüber anderen Reizbedingungen, erhöht vor allem die Fluchtbereitschaft signifikant. Nach SALZEN und TOMLIN (1963) zeigen die Kücken vier Prägungsreaktionen:

— Kontaktrufe (sie nennen sie „plaesure calling"),
— Orientierung zur Reizquelle,
— Intentionen zum Folgen (bewegte Attrappe als Prägungsobjekt),
— Folgen.

Viele Untersuchungen haben sich mit den speziellen prägungswirksamen Reizkonstellationen befaßt. So konnten HESS und seine Mitarbeiter (1969) bei der Futterprägung von Hühnerkücken eine erfahrungsunabhängige Musterwahl nachweisen, die folgende Bevorzugungsreihe zeigte: Kreis mit Zackenkranz, Oval, Kreis, Sechseck, Stern, Fünfeck, Quadrat, Rechteck, Rhombus. Wurden diese Zeichen auf etwa $^1/_4$ verkleinert (3 mm Durchmesser), so blieb die Reihenfolge gleich, nur der Stern stand an letzter Stelle, doch lösten die kleinen Muster mehr Pickschläge aus als die großen. Die Pickzahl nahm bis zum 5. Lebenstage zu und blieb dann unverändert; ein bis eineinhalb Tag später zerfiel die Präferenz. Das entspricht dem Ende der empfänglichen Periode, womit bestätigt wird, daß die Reizwirkung die verhaltensgebundene Voraussetzung (Futterpicken) für obligatorisches Lernen ist, es führt zur gerichteten Koinzidenz zwischen Reizentropie und Verhaltensentropie. Anders gesagt: Sie sorgt dafür, daß die Reizkonstellationen erlernt werden, die für das spätere Leben die angemessene Futteraufnahme gewährleisten.

Ziegenmütter werden nach der Geburt auf ihr Junges geprägt (kritische Realisierungsperiode), Junge auf den Artgenossen (kritische Entwicklungsperiode); zu trennen davon ist der spätere Vorgang, der (über Geruchsreize) die Unterscheidung des eigenen Jungen von Fremden festlegt (optimale Realisierungsperiode). Hier zeichnet sich ab, daß für die Realisierungsperiode bereits ausgebildeter Verhaltensformen vergleichbare sensible Perioden unterschieden werden können wie für die Entwicklungsperioden. Wird der Ziege das Lamm gleich nach der Geburt fortgenommen, akzeptiert die Mutter nach 5 minütigem Kontakt auch ein 1—28 Tage altes fremdes Jungtier (KLOPFER 1968). Beim Rind fällt die optimale Periode (für Mutter und Kind) in die Zeit vom 4. bis 8. Lebenstag des Kalbes.

Auch bei den Nesthockern gibt es zeitfixierte Vorgänge der Bindung, nur sehr viel langsamer verlaufend. Buchfinken lernen in ein Grundgerüst ihres Gesanges schon in den ersten 2—3 Lebenswochen Artspezifisches hinein (bevor sie selbst rufen können), die endgültige Ausstattung lernen sie im nächsten Frühjahr (etwa 13. Lebensmonat), danach nicht mehr (Abb. 49). Auch für den Menschen werden sensible Perioden (außer der optimalen Periode) vermutet, selbst das Phänomen möglicher sexueller Prägung wird diskutiert (vgl. HASSENSTEIN 1973). Sexuelle Prägung hat SCHUTZ (1965) bei Stockenten nachgewiesen. Sie fällt in die Zeit zwischen den 1. und 7. Tag nach dem Schlüpfen (optimale Periode). Dabei scheint zu gelten, daß bei sexualdimorphen Arten nur die Männchen prägbar sind.

Die Bedeutung obligatorischer Lernvorgänge während der Verhaltensentwicklung wird auch noch durch eine andere Gruppe von Versuchen eindrucksvoll belegt, die „Deprivation“-Experimente, bei denen ein extremer Reizentzug vorliegt. So liegt bei sozialen Arten eine „soziale Deprivation“ vor, wenn sie isoliert aufgezogen werden. Hier spricht man auch von KASPAR-HAUSER-Versuchen, nach dem 1828 in Nürnberg aufgetauchten KASPAR HAUSER benannt, dessen Herkunft ungeklärt blieb, der nach eigenen Aussagen (nachdem man ihm eine „Sprache“ beigebracht hatte) in einem dunklen Raum gelebt hatte.

Versuche unter Erfahrungsentzug sind besonders geeignet, den Einfluß obligatorischer Lernvorgänge auf das

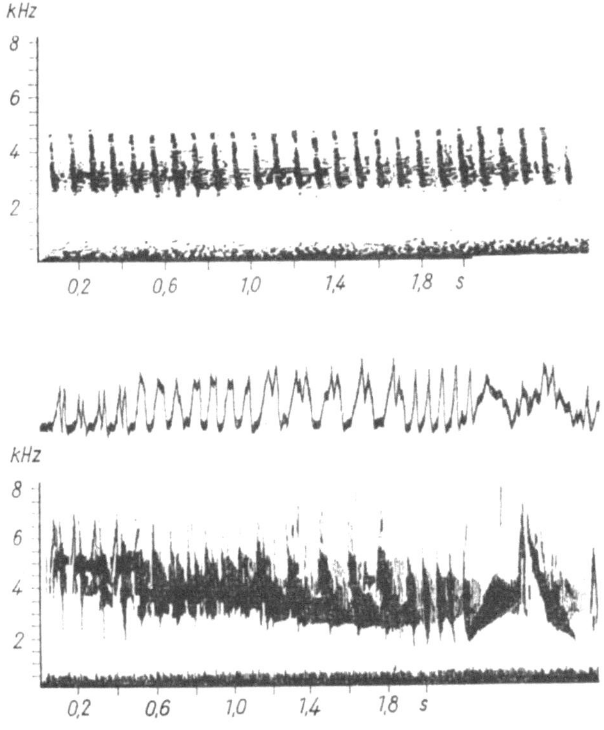

Abb. 49. Obligatorisches Lernen beim Buchfinken (*Fringilla coelebs*); (oben) „Pseudo-Kaspar-Hauser", Freilandaufnahme eines Exemplars als Sonagramm das nur eine genetisch determinierte Syntax aufweist (homotype Lautsequenz, rhythmisch); (unten) normal singendes Exemplar, darüber die Pegelschreibung; die zweite Phrase entspricht in Zeitmuster und Frequenz weitgehend der „Kaspar-Hauser-Strophe".

artgemäße Verhalten nachzuweisen. Sie zeigen, daß Ausfall bestimmter Informationen zu bestimmten Zeiten schwerwiegende Folgen nach sich ziehen kann. Schweinsaffenkinder (*Macaca memestrina*), die 4 Wochen ohne ihre Mütter lebten, zeigten eine starke Depression, die über eine Woche anhielt, ein Verhalten, das mit der

„anaklitischen Depression“ von menschlichen Kindern verglichen wird, die ihre Mütter verloren haben. Rhesusaffen, die isoliert aufgezogen wurden, zeigen während dieser Entwicklung, aber auch als erwachsene Tiere, erhebliche Verhaltensstörungen. Das Spielverhalten bleibt bei Jungen, die 4 Monate in totaler Isolation aufwuchsen, im Gesellschaftsraum 24 Stunden lang noch fast ganz aus und auch dann weit unter dem normalen Niveau. Soziale Drohreaktionen treten unter diesen Bedingungen überhaupt nicht auf, auch wenn Spielpartner die Versuchstiere bedrängen. 6 Monate totale Frühisolation scheint zu einer irreversiblen Störung des sozialen heterosexuellen Verhaltens zu führen. 1 Jahr Isolation bedingt einen vollständigen Ausfall des oralen Erkundungsverhaltens, auch Spielen und Beißversuche (im Sozialkomment) treten nicht mehr auf. Wurden 6 Monate alte, in totaler Isolation aufgezogene Rhesusaffen mit ebenso aufgezogenen, aber 12 Monate isolierten, zusammengebracht, griffen die jüngeren die älteren Affen in einer sehr heftigen und unkontrollierten Weise an. Werden die Kinder von ihrer eigenen Mutter aufgezogen, aber von etwa gleichaltrigen Jungen ständig isoliert gehalten, treten ebenfalls Abweichungen im Verhalten auf. Sie sind, mit Altersgenossen zusammengebracht, dann vorsichtiger und aggressiver als Normaltiere, die mit anderen Jungen Kontakt hatten (Ähnliches stellten wir bei einem „Einzelkind“ beim Rotfuchs fest). Kein Rhesusaffe, der in den ersten sechs bis zwölf Monaten isoliert aufgezogen wurde, zeigte später normales Sexualverhalten (Abb. 50) (Zusammenfass. F. u. M. Harlow 1972).

Held und Bauer (1967) haben einen interessanten adaptiven Mechanismus im Verhaltensaufbau beim Rhesusaffen untersucht. Sie zogen die Tiere in einem Apparat auf, der es ihnen unmöglich machte, die eigenen Hände zu sehen. 35 Tage nach der Geburt konnten sie eine Hand zum erstenmal sehen. Die Hand wurde daraufhin lange und eindringlich betrachtet, doch trat kaum ein vom Auge her geführtes Greifen auf; das besserte sich während der folgenden 10 Stunden. Aus den Versuchen wird geschlossen,

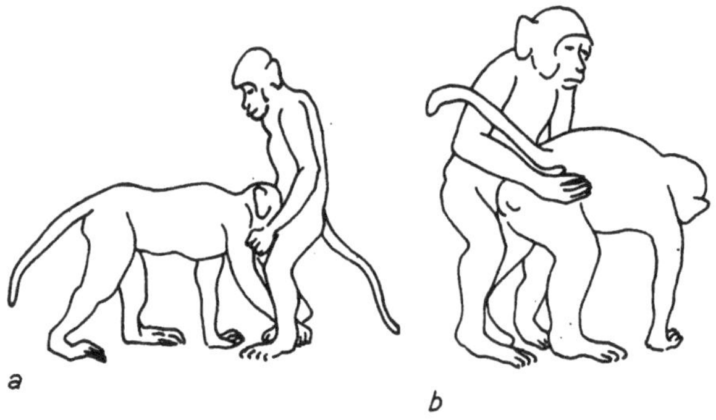

Abb. 50. Makaken im Sexualverhalten; a) Jungtiere, b) isoliert aufgezogenes Männchen in inadäquater Stellung (umgezeichnet nach H. u. M. HARLOW 1972).

daß die ersten Erfahrungen bei der Beobachtung der eigenen Extremitätenbewegungen eine wichtige Voraussetzung für die Anpassung der Richtungen der Greifbewegungen des Armes an die Kopfbewegung zum Objekt ist, weil dadurch die beiden Kontrollsysteme integriert werden. Können sich beide Systeme unabhängig entwickeln, wie in dem geschilderten Versuch, wird die Beobachtung der Hand die dominierende Aktivität, sobald die Hand zum ersten Mal sichtbar wird. Dieses Experiment weist auf dem obligatorischen Lernen zugrunde liegende Mechanismen hin. Die Bedeutung der Eigenbewegung mit dem daraus resultierenden visuellen feedback für die Entwicklung visuell geführten Verhaltens wurde von HELD und HEIN auch durch Versuche an Katzen bestätigt, die in einem Kasten fixiert waren, während sie passiv (durch Bewegung des Kastens) an verschiedenen Reizmustern vorbeigeführt wurden. Sie reagierten später nicht auf bestimmte visuelle Muster, während Katzen, die durch Eigenbewegung entsprechende visuelle Erfahrungen sammeln konnten, später in arttypischer Weise antworteten und beispielsweise im „visual cliff"-Experiment auch dann, wenn sie über eine Glasscheibe liefen, vor einem Abgrund Halt machten. Katzen, denen während der Entwicklung die Sicht auf die Vorderbeine entzogen war, konnten sie zwar später korrekt vorstrecken, dabei aber nicht genau zielen. Aus diesen Befunden läßt sich folgern, daß der Aufbau sensomotorischer Integrationen eine Grundlage für obligatorische Lernvorgänge liefert, wobei auch komplexe Informationsprozesse einbezogen sein können, wenn diese für den Vollzug des Normalverhaltens notwendige Informationen liefern. So ist nach TINBERGEN das Erreichen der Geschlechtsreife für manche Arten eine sensible Periode zum Erlernen von Territorialgrenzen. Diese Periode wäre als optimale Realisierungsperiode zu bezeichnen. SAUER (1963) konnte beim Goldregenpfeifer (*Pluvialis dominica fulva*) eine geographische Prägung nachweisen, die hier wie bei anderen Zugvögeln in sensitiven Phasen den individuellen Kurs festlegt. Auch im Nahrungs- und Schutzverhalten finden sich fast stets Elemente obligatorischen Lernens, verbunden mit angeborenen Mechanismen. Futterprägung wurde für Schildkröten (*Chelydra*) von BURGHARDT und HESS (1966) nachgewiesen; CAPRETTA (1969) kam bei Hühnerkücken zu ähnlichen Ergebnissen. Bei Labormäusen konnte zwischen dem 23. und 30. Tage eine sensible Periode für die Ausbildung einer später erhöhten Bereitschaft zum Erlernen von Meidereaktionen wahrscheinlich gemacht werden (HENDERSON 1967).

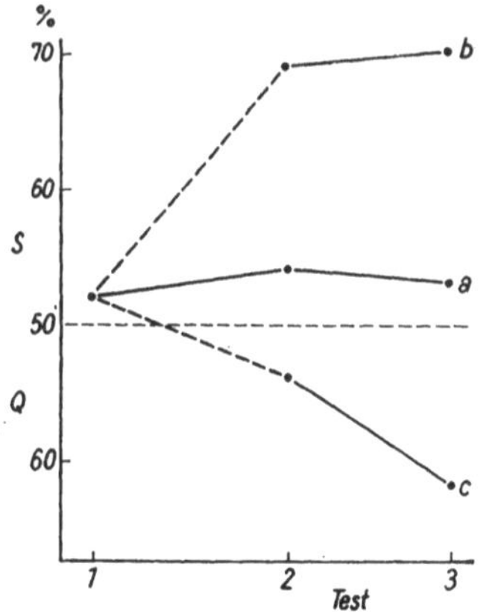

Abb. 51. Raumprägung bei Froschlarven (*Rana aurora*); S = Boden mit Streifenmuster, Q = Boden mit Quadraten; a) neutral aufgezogene Larven im Test (schwache Bevorzugung der Streifen, nicht signifikant); b) auf Streifenmuster aufgezogen; c) auf Quadratfelderung aufgezogen (nach WIENS 1970).

Gerade die obligatorischen Lernvorgänge späterer Entwicklungsabschnitte, die also hauptsächlich in die optimale Periode fallen, sind noch vergleichsweise wenig untersucht. Hier fand Sherrod (1974) bei Stockenten, die während ihrer Entwicklung in verschiedenen Gruppen (darunter auch mit Peking-Enten) zusammengehalten wurden, eine deutliche Bevorzugung der Vertreter, mit denen sie in der späteren Jugendzeit zusammengelebt hatten, wenn es homogene Gruppen waren, während bei gemischten Gruppen solche Bevorzugungen nicht auftraten. Offenbar sind Erfahrungen während der späteren Jugendzeit (bis 84 Tage) für den Aufbau sozialer und sexueller Bindungen von hoher Bedeutung, wobei als Testverhalten Versuche des (sexuellen) Besteigens eines Partners oder auf früheren Altersstadien soziale Präferenzen geprüft wurden.

Zusammenfassend kann man sagen: Angeborenes Verhalten stellt die stammesgeschichtlich entstandene Anpassung der Art an ihre Umwelt dar, obligatorisches Lernen liefert die lebensnotwendige Anpassung des Individuums an seine Umwelt. Spontanbewegungen auf bestimmte Umweltreize sind ein Hinweis hierfür. So ist weitgehend vorgegeben, wann was wie zu erlernen und wie lange zu behalten ist. Fakultatives Lernen erhöht die Entscheidungsfreiheit, seine Antriebe entstammen der Suche und Orientierung, der „Neugier“ (dem Probieren) und dem Spiel, das orientierende Verhalten liefert hier den Fundus, es liegt noch im Vorfeld der „zweckgebundenen“ Endhandlung, eine Optimierung ist hier auf ein inneres Modell der Umwelt gerichtet, das neue Verhaltensentscheidungen, also orientiertes Verhalten und funktionale Endhandlungen zuläßt. Viele Wege führen dahin, von ihnen wird im folgenden die Rede sein.

4.3.1. Bedingte Reaktionen

Bedingte Reaktionen sind Verknüpfungen bedingter Reize mit erfahrungsunabhängigen (unbedingten) Verhaltensformen (Reaktionen). Vielfach handelt es sich bei den bedingten Reizen um solche, die vorher indifferent waren. In der Schule von PAWLOW wurden die grundlegenden Untersuchungen zu den bedingten Reflexen (hier mit „Reaktion" gleichgesetzt) durchgeführt, wobei anfangs die auf einen unbedingten Reiz (Futter) auftretenden Speicheldrüsenreflexe als unbedingte Reaktionen, später aber auch viele andere Körperfunktionen untersucht wurden. PAWLOW arbeitete am Hund zahlreiche derartige bedingte Reflexe aus, wobei er vor allem als unbedingte Reize Fleischpulver, schwache Säurelösungen und Morphin benutzte, während als bedingte Reize Geräusche (Metronom, Klingel u. a.), Berührungsreize, Temperaturreize, Lichtreize und chemische Reize verwendet wurden (Abb. 52). Heute wird diese Lernform „klassisches Konditionieren", klassischer bedingter Reflex oder bedingter Reflex I genannt. In Anlehnung an den englischen Sprachgebrauch heißt der unbedingte Reiz meist UCS (unconditioned stimulus), während die unbedingte Reaktion als UCR (unconditioned reaction), der bedingte Reiz als CS (conditioned stimulus) und die bedingte Reaktion als CR (conditioned reaction) bezeichnet werden. Die bedingten Reflexe lassen sich im allgemeinen am leichtesten ausarbeiten, wenn der bedingte Reiz zeitlich kurz vor dem unbedingten Reiz geboten wird, aber erst endet, nachdem der UCS bereits eingesetzt hat. Durch diese Kombination wird der bedingte Reflex „bekräftigt". Ein fertig ausgearbeiter bedingter Reflex liegt vor, wenn das Tier auf den bedingten Reiz antwortet, ohne daß der unbedingte noch geboten wird (Abb. 53). Dabei gilt allgemein, daß der bedingte Reiz durch die Kombination mit einem unbedingten Reiz erregend wirkt, während er hemmt, wenn der unbedingte Reiz ausfällt;

es kommt zu einer Abschwächung seiner Wirkung bis zur Löschung. Zur Bekräftigung werden vor allem die beiden Grundeinstellungen des Organismus gegenüber unbedingten Umweltreizen gewählt, die Appetenz und die Aversion. Dementsprechend können erregende oder hemmende Reize angeboten werden. Ferner können auch „rückwärts bedingte Reaktionen“ erzeugt werden, nämlich dann, wenn der CS erst nach dem UCS angeboten

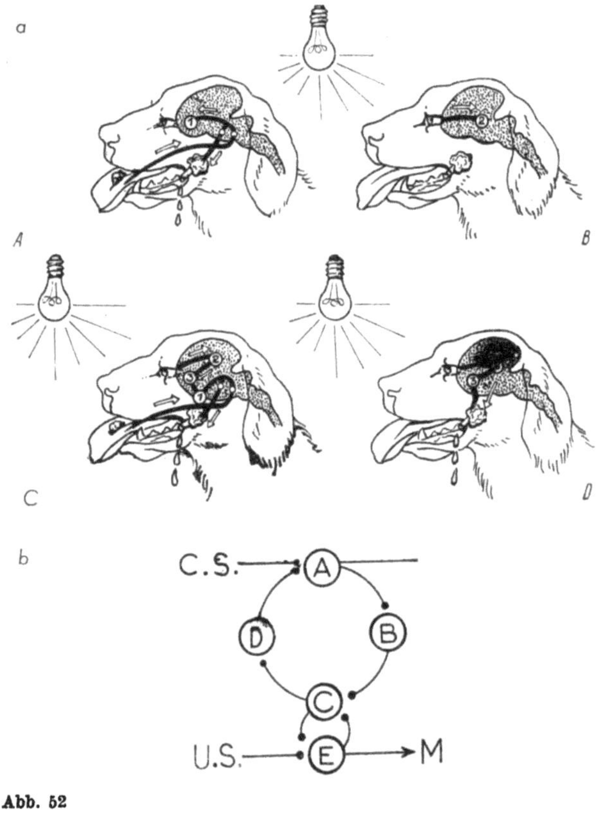

Abb. 52

→

wird. Solche Reaktionen sind aber schwer zu konditionieren und lassen sich auch leicht wieder abschwächen bzw. löschen. Werden die bedingten Reize in einer festgelegten Zeitfolge (mit vorgegebenen Intervallen) wiederholt angeboten, können die Zeitintervalle als CS wirksam werden, und man spricht von temporal bedingten Reaktionen (vgl. ANGERMEIER u. PETERS 1973).

Bedingte Reaktionen höherer Ordnung liegen vor, wenn nach Ausbildung einer bedingten Reaktion 1. Ordnung (wie oben beschrieben) mittels des CS_1 nun ein weiterer bedingter Reiz eingeführt wird. So kann beispielsweise die Speicheldrüsen-Reaktion durch einen Ton ausgelöst werden, der Ton ist dann der CS_1; wird jetzt gleichzeitig ein Lichtsignal geboten, so kann erneut ein bedingter Reflex aufgebaut werden, so daß schließlich bei alleinigem Lichtangebot (CS_2) die Speichelsekretion erfolgt. In diesem Fall wurde der Ton zu einem unbedingten Reiz 2. Ordnung. Dieser Prozeß kann durch sensorisches Vorkonditionieren beschleunigt

Abb. 52. a) Schema zur Bildung eines bedingten Reflexes für die Speicheldrüsen-Sekretion des Hundes. A) Futter löst über (1) Sekretion aus (unbedingter Reflex). B) Lichtsignal läuft über den Opticus zu (2). C) Futter löst über (1) wieder Speichelsekretion aus. Gleichzeitig wird Lichtsignal geboten und damit (2) aktiviert. Beginnende Bahnung zwischen (1) und (2) über (3). D) Lichtsignal wird allein geboten und aktiviert über (2) und (3) unmittelbar die Speicheldrüse: Bedingter Reflex. Diese Darstellung ist keine Interpretation der zugrunde liegenden neurologischen Vorgänge, sondern bietet nur das Prinzip nach den Grund-Konzeptionen der PAWLOW-Schule (verändert nach SIMPSON, PITTENDRIGH, TIFFANY, 1959). b) Ein neurologisches Modell für die Bildung bedingter Reflexe. C. S. = Bedingter Reiz; U. S. = Unbedingter Reiz; M = efferente Bahn (zur Motorik) des unbedingten Reflexes. A, B, C, D, E, stellen Zellkörper einer Modell-Einheit dar. Es werden zahlreiche solcher Einheiten in Parallelschaltung angenommen. Impulse, die nur von C. S. kommen, bedingen auf Grund starker Synapsen-Widerstände nur bei wenigen solcher Einheiten stark gedämpfte Schwingungen. Treffen auf diese Einheiten jedoch gleichzeitig Impulse von U. S., dann erfolgt eine zunehmende Aktivierung weiterer Einheiten. Ist eine bestimmte Grenze überschritten, bildet sich ein selbständiger Schwingungskreis, der eine Bahnung von C. S. über A, B und C nach E gewährleistet, womit die Handlung (M) allein von C. S. her aktiviert werden kann, der bedingte Reflex gebildet ist (nach MAINWOOD, 1961).

werden, wenn etwa bereits vor den Versuchen Ton und Licht wiederholt gemeinsam angeboten wurden. Dann kann im eigentlichen Versuch, bei dem auf Ton bereits eine bedingte Reaktion ausgearbeitet wurde, der Lichtreiz sofort — allerdings schwächer als durch das eigentliche Konditionieren — wirksam werden.

Insgesamt lassen sich für einen bedingten Reflex drei Abschnitte unterscheiden: Die Aneignung oder Acquisition, die Erhaltung (maintenance) und die Abschwächung oder Löschung (extinction).

Grundsätzlich gilt, daß die klassische Konditionierung zu einer Verknüpfung von Eingangsinformationen führt („lineares Lernen", s. S. 145). Die Reaktion selbst ist vorgegeben. Derartige Lernmechanismen wären daher speziell beim obligatorischen Lernen zu erwarten. Die

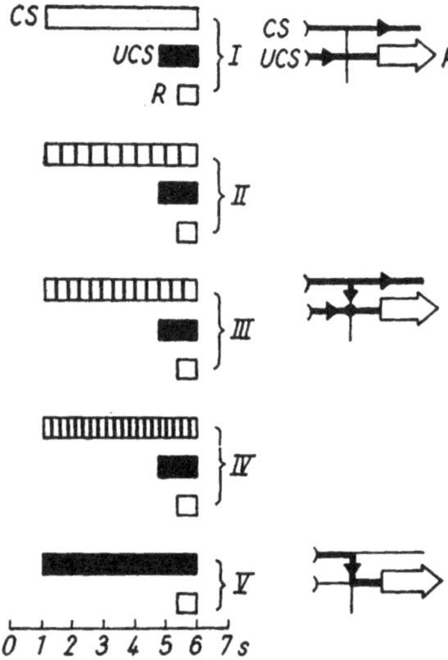

Abb. 53. Ausarbeitung einer bedingten Reaktion (I—V); CS = bedingter Reiz, UCS = unbedingter Reiz; R = Reaktion; rechts Funktions-Modell (in Anlehnung an ANGERMEIER-PETERS 1973 sowie HASSENSTEIN 1972, verändert).

Relevanz bestimmter Reize wird auch durch innere Zustände beeinflußt. Daher hat auch die Reizqualität einen Einfluß auf die Konditionierung. Ferner können auf obligatorische Lernvorgänge orientierte Lerndispositionen einen Einfluß auf die Konditionierbarkeit bestimmter Reize ausüben.

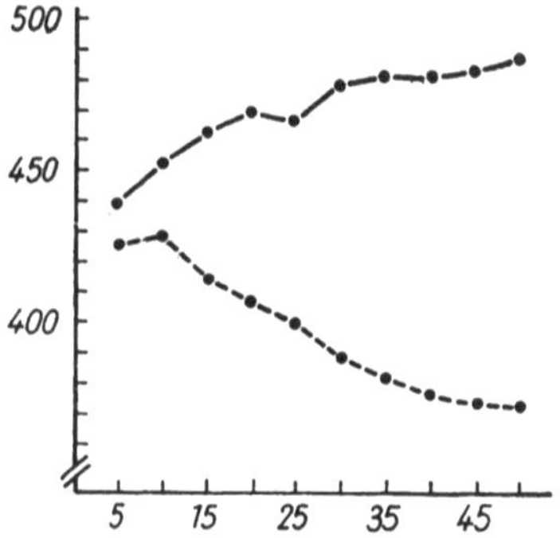

Abb. 54. **Bedingte Herzfrequenzänderungen bei der Ratte durch Belohnung, HF-Beschleunigung und HF-Verlangsamung (verändert nach MILLER und BANUAZIZI 1968). (Abszisse: Anzahl der Versuche, Ordinate: HF/min).**

Neuere Untersuchungen haben gezeigt, daß bedingte Reaktionen nicht nur auf der Ebene der Hirnrinde, sondern auch im Bereich des Hirnstammes entstehen können, ja selbst bedingte Rückenmarksreflexe möglich sind. Auch bei wirbellosen Tieren, die ganz anders aufgebaute Nervensysteme aufweisen, lassen sich bedingte Reflexe ausarbeiten. Die weite Verbreitung der Erscheinungen, die als bedingte Reaktion beschrieben werden können, läßt vermuten, daß ihnen allgemeine Funktionsprinzipien von Nervennetzschaltungen zugrunde liegen. Diese Vorgänge scheinen weitgehend unabhängig zu sein von der speziellen anatomischen Ausgestaltung des Nervensystems und keinesfalls in dem Maß, wie früher angenommen, an die Hirnrinde gebunden. Daher sind die Vorstellungen, die Prinzipien der Lernmatrix von STEINBUCH (1961) auf diese Leistungen des Nervensystems zu übertragen, durchaus bedenkenswert. DAVID HARTLEY hat in diesem Zusammenhang 1746 von „Assoziationen" gesprochen, und es wurden im Verlauf der Zeiten viele Hypothesen darüber aufgestellt, wie sie zustande kommen könnten. PAWLOW selbst hat eine neurophysiologische Interpretation seiner Versuche nicht gegeben. In jedem Falle muß man annehmen, daß gedächtnisbildende Vorgänge im Kurzzeit- (Sekunden- bis Minuten-) Bereich daran beteiligt sind, da zu den Grundforderungen bei der Ausbildung bedingter Reaktionen das Prinzip der Kontiguität gehört, also zeitliche Nachbarschaft von CS und UCS. Es kann vermutet werden, daß daher bioelektrische Vorgänge im Nervensystem den vielleicht entscheidenden Anteil an der Konsolidierung der Verknüpfung haben. In diese Richtung weisen auch die Befunde von PIRCH und BARNES (1972), nach denen bei Ratten während der Gewöhnung, der Konditionierung und der Auslöschung jeweils signifikante Veränderungen des Hirnrindenbestandspotentials (Gleichspannung) als Antwort auf Schallreize festgestellt

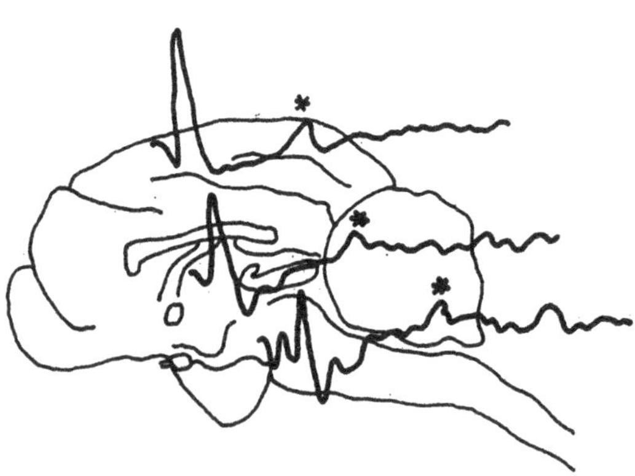

Abb. 55. Konditioniertes evoziertes Potential (*): Cortex (Verzögerung 400 ms), Thalamr , Formatio reticularis mesencephalica (nach ADAM 1973).

wurde. Es werden emotionale Komponenten angenommen, die sich in den Untersuchungen von HALL und MARK (1967) bei aversiver Konditionierung durch elektrische Strafreize gezeigt hatten. Hier traten systematische Änderungen in den späten Komponenten akustisch evozierter Potentiale in der Hörbahn und in der mesencephalen Formatio reticularis auf, die offenbar mit dem emotionalen Status (Furcht) und nicht mit der Verhaltensantwort korreliert waren. ROITBAK (1970) hält es für möglich, daß bei der Ausbildung bedingter Reflexe präsynaptische Nervenendigungen durch Gliazellen myeliniert werden und dadurch die Leitfähigkeit bei der elektrotonischen Ausbreitung verändert wird (Abb. 56). Diese Vorstellung gehört zu den „zellulär-konnektionistischen Theorien“, die Erkenntnisse der Neuronenlehre zugrunde legen und den Synapsen eine Schlüsselstellung bei der Bildung von Verknüpfungen geben. Ihnen gegenüber steht eine andere Gruppe von Theorien, die als „Aggregat-Feld-Theorien“ zusammengefaßt werden können, und die in räumlichen Konfigurationen (Erregungsmuster) die entscheidende Voraussetzung für die Bildung von Residuen im Zentralnervensystem sehen (Zusammenfass. DRISCHEL 1972). Diese Überlegungen müssen natürlich auch im Zusammenhang mit den Untersuchungen nach den biochemischen Grundlagen des Gedächtnisses gesehen werden (vgl. ADAM 1971; ZILLIKEN, ABDALLAH 1973, MATTHIES 1974). Dabei konnten in den letzten Jahren trotz kontroverser Befunde wohl doch einige „Gedächtnisübertragungen“ (transfer) erfolgreich vorgenommen werden (Zusammenfass. UNGAR 1970), die sich jedoch nur auf Grundeinstellungen (Aversion, Appetenz) gegenüber bestimmten Reizkonstellationen beziehen, wobei sich vielleicht Positivdressuren (Appetenz) etwas besser dazu eignen. Man glaubt, in dem synthetisch hergestellten „Skotophobin“ eine Substanz gefunden zu haben, die Meideverhalten gegenüber Dunkel auslöst (Aversion). Substanzen, die zu einer Übertragung einer bedingten Reaktion auf ein Tier, mit dem dieser Reflex nicht aus-

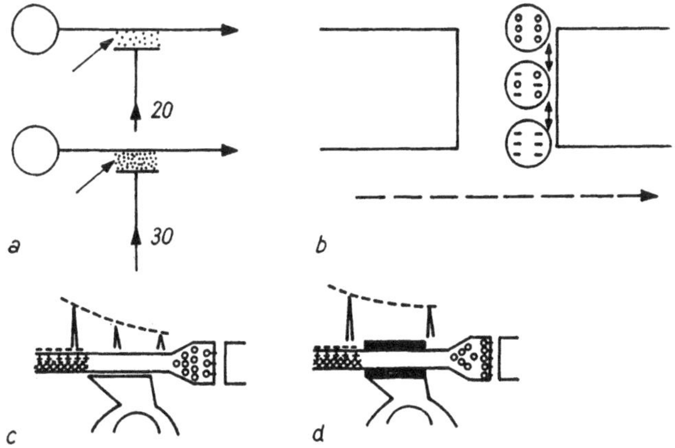

Abb. 56. Modellvorstellungen für lernabhängige Änderungen an Synapsen; a) synaptische Entladungsrate vor und nach dem Lernen; Zunahme der Spikes auf dem sensorischen Axon, korreliert mit Zunahme der Acetylcholin-Esterase (Enzym, das Transmitter abbaut); b) Änderungen der Acetylcholin-Esterase-Aktivität an der Synapse: (Mitte) Ausgangs-Situation, (oben) Zunahme bei Schnecken, (unten) Abnahme bei Schaben (nach KERKUT et al. 1973); c) praesynaptische Endung unmyelinisiert; d) nach zeitweiser Verknüpfung Bildung einer Myelinscheide durch einen Oligodendrozyten-Fortsatz, dadurch Verringerung des Dekrements des Aktionspotentials, Zunahme synaptischer Vesikel an der praesynaptischen Membran (nach ROITBAK 1970).

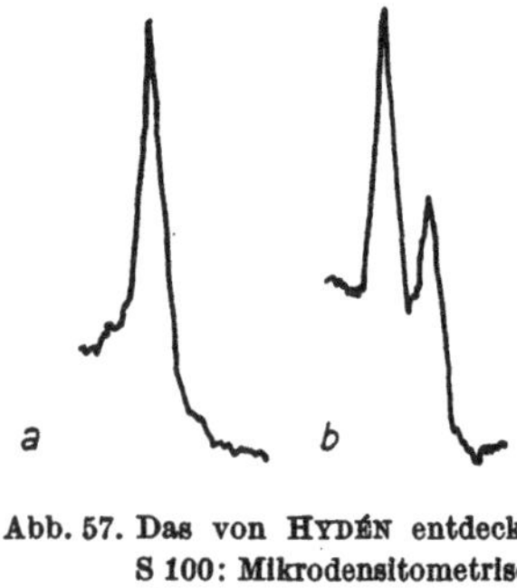

Abb. 57. Das von HYDÉN entdeckte mit Lernvorgängen korrelierte Protein S 100: Mikrodensitometrische Nachweise dieses Proteins vor und nach einem Lernprozeß (rechts) (nach HYDÉN 1972).

gearbeitet wurde, führten, enthielten stets Nukleinsäuren (RNA), Peptide und einige Zucker (in unterschiedlichen Konzentrationen). Übrigens gibt es Fälle, bei denen Inversionen auftraten: Der Spender war beispielsweise darauf dressiert, zum Licht zu laufen, der Empfänger suchte jedoch signifikant bevorzugt im Wahlversuch „Dunkel" auf.

HASSENSTEIN (1972) hat unter besonderer Berücksichtigung des teleonomischen Aspektes (systemspezifische Angepaßtheit) Modellvorstellungen für die verschiedenen Lernprozesse entwickelt, die sich vor allem an dem Verhaltensbezug orientieren. Ein umfassender Ansatz findet sich bei KLIX (1973), wobei nochmals auf die allgemeinste Eigenschaft von Lernvorgängen verwiesen wird, die als umgebungsbezogene Verhaltensänderung auf Grund einer individuellen Informationsverarbeitung gekennzeichnet ist. Manche Experimentalforschung erzwingt „artifizielle Lernprozesse", die diesen elementaren Zusammenhang, der lebendiges Ergebnis einer Stammesgeschichte ist, außer acht lassen.

4.3.2. Lernen am Erfolg

Das kreis-relationale Lernen ist dadurch gekennzeichnet, daß der Erfolg des Verhaltens die Optimierung in Richtung und Geschwindigkeit bestimmt. Dieses Lernen wird auch als bedingter Reflex II, operantes oder instrumentelles Lernen bezeichnet (vgl. ANGERMEIER 1972). Auch der Begriff „Lernen durch Versuch und Irrtum" (trial and error), wohl erstmals von HOLMES (1905) und JENNINGS (1906) eingeführt und zur Erklärung bestimmter Verhaltensformen niederer Tiere verwendet, deckt sich weitgehend mit diesem Lerntyp. Man spricht auch von einer „operanten Konditionierung". Es ist ein motorisches Lernen, so daß auch der Begriff „bedingte Aktion" anwendbar ist, ein Erlernen von Bewegungsmustern. Der Lernprozeß bezieht sich dabei auf

— die Frequenz
— die Amplitude (Intensität)
— die Raumorientierung
— die Syntax

eines Verhaltens. Kennzeichnend ist im allgemeinen, daß es sich um Verhaltensmuster handelt, die in die Phase der Endhandlung gehören, deren (erfolgreicher) Ablauf einen motivationalen Zustand beendet. Das gilt vor allem bei der experimentellen operanten Konditionierung. In der Natur können aber auch orientierte Verhaltensformen, eben auf Grund ihrer Zielbezogenheit, operantes Lernen motivieren, etwa das geeignetste Kletterverfahren, um einen Baum zu besteigen, falls die betreffende Tierart in diesem Funktionsbereich zu einem solchen Lernen überhaupt fähig ist. Dabei gilt, daß operantes Lernen vor allem bei Säugetieren vorkommt, wobei wohl die über die Pyramidenbahnen laufende Steuerung der Motorik eine wesentliche Voraussetzung darstellt. Doch ist diese Lernform nicht auf die Säugetiere beschränkt, wohl aber mit dem Grad der Ausgestaltung und Differenzierung der Motorik positiv korreliert.

Die Experimentalforschung bedient sich bei der Konditionierung verschiedenster Methoden, hierzu gehörten schon frühzeitig die „Problem-Boxes", bei denen beispielsweise durch Bedienung bestimmter Riegel in festgelegter Reihenfolge ein Kasten zu öffnen war (Riegelkästen), und die Labyrinthe, die zu einer eigenen „Labyrinthforschung" führten. Thorndike war hier der Pionier, wobei er den „Vexierkasten" (puzzle box) entwickelte, bei dem sich die als Versuchstier gewählte Ratte durch Holzmehl oder Papierstreifen hindurch zu scharren oder zu nagen hatte, um an das Futter zu gelangen. Seine grundlegenden Versuche veröffentlichte er 1898 in Buchform und bahnte damit die neue Arbeitsrichtung, den „Behaviorismus", an, als dessen Begründer jedoch J. B. Watson (1878—1950) gilt, dessen Grundkonzeption war, eine Psychologie ausschließlich aus dem beobachteten Verhalten abzuleiten. In der weiteren Folge entwickelte sich daraus vor allem eine Lerntheorie, die besonders durch ihre „Milieutheorie" viele Diskussionen und Widersprüche auslösen mußte. Dennoch konnten diese Schulen in der Experimentalforschung wichtige Faktoren erarbeiten, vor allem in der Labyrinthforschung sowie in der von SKINNER entwickelten Methode, der nach ihm benannten „SKINNER-Box“ (Abb. 58). Das Labyrinth wurde erstmals von SANFORD 1898 für Unterrichtszwecke eingesetzt, während es SMALL 1900 in die Experimentalforschung einführte. Angeregt wurde er dazu durch die Vorstellung, eine den natürlichen Lebensbedingungen der Ratte einigermaßen angemessene Versuchsanordnung zu schaffen. Dabei kam er auf den Einfall, das bekannte Labyrinth des Hampton-Court-Palastes in London nachzubauen (Hampton-Court-Labyrinth), das sich jedoch für die meisten Fragestellungen als zu kompliziert und besonders für niedere Tiere gar nicht anwendbar erwies, so daß andere „Irrgärten“ konstruiert wurden,

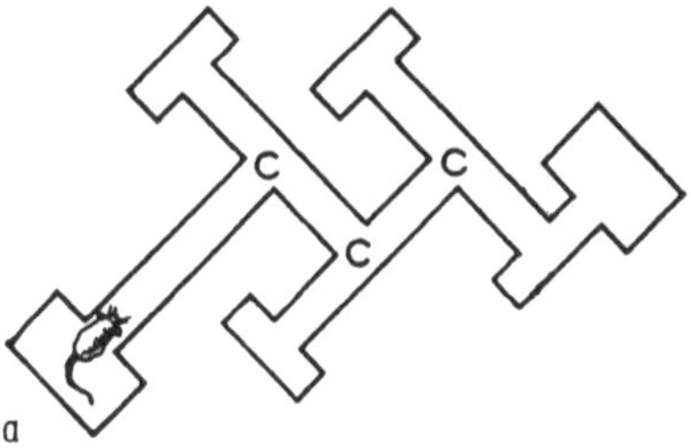

a

b

Abb. 58. a) Einfaches T-Labyrinth für Ratten, das aus zwei Einheiten und drei Wahlpunkten besteht. Der richtige Weg ist rechts-links-rechts-links. b) Die „Skinner-Box“. Die Ratte drückt einen Hebel nieder, womit kleine Futterstückchen in dem Behälter darunter freigegeben werden. Die Ratte lernt sehr schnell, etwa das Hebeldrücken mit einem Lichtreiz zu verknüpfen (nach SCOTT, 1958).

die den jeweiligen Aufgabenstellungen angepaßt waren. Dabei besteht das Labyrinthlernen zunächst darin, das Futter als Belohnung auf dem kürzesten Wege zu erreichen.

Zu den ersten Fragen, die bei der Labyrinthforschung genauer untersucht wurden, gehörte der Anteil der Kinästhetik beim Erlernen des Labyrinthweges. Unter Kin-

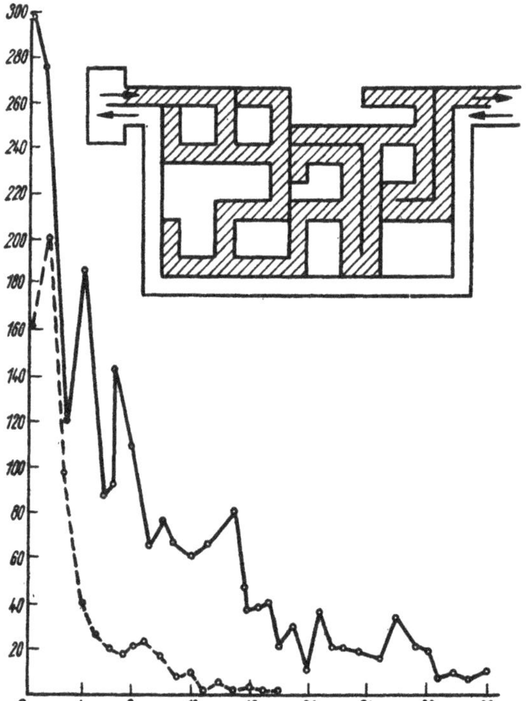

Abb. 59. Labyrinthlernen. Oben ein Labyrinth, wie es für Ratten und auch für Ameisen verwendet wird. Die graphische Darstellung zeigt (ausgezogene Linie) die Lernkurve einer Ameise und (gestrichelt) einer Ratte. Abszisse: Versuche, Ordinate: Fehler. Die Ratte brauchte nur 13 Versuche, die Ameise 31 bis zum vollen Lernerfolg (aus SIMPSON, PITTENDRICH, TIFFANY, 1959).

ästhetik oder Kinästhesie faßt man Wahrnehmungsprozesse zusammen, die über Sinnesorgane der Muskel, Sehnen und Gelenke (Propriorezeptoren) zustande kommen und auch Erinnern an vollzogene Bewegungsabläufe sowie die Messung von Wegstrecken (Elasis, s. S. 102) ermöglichen. Ratten, denen die Tasthaare entfernt, die geblendet und geruchsunfähig sind, können lernen, ein Labyrinth richtig und fehlerfrei zu durchlaufen. Auch der Hörsinn kann ausgeschaltet, und die Fußsohlen können unempfindlich gemacht werden. HUNTER ließ Ratten durch ein dreidimensionales Labyrinth laufen, das also auch noch einen Weganstieg enthielt. Wurden die Ratten dann geblendet, mußten sie den Weg neu einüben, aber sie lernten es wieder.

Die experimentelle Methodik hat verschiedene Wege eingeschlagen, um die Frage der sensorischen Kontrolle des Labyrinthlernens zu prüfen:

— Ausschaltung bestimmter Rezeptorentypen
— Eliminierung einzelner Reize
— Angebot bestimmter Reize
— Veränderung der Reizfolge
— Einsatz von Zeitlabyrinthen (vgl. MUNN 1950).

Die verwendeten Labyrinthe gehen von einfachen T- oder Y-Gängen, die nur eine Zweifachwahl zulassen, bis zu solchen mit über 20 Entscheidungspunkten. Tieflabyrinthe sind mit Seitenwänden ausgestattet, während Hochlabyrinthe 70 oder mehr cm über dem Boden stehen, so daß normalerweise Ratten oder Mäuse nicht hinabspringen. KÖHLER und DINGER (1970) konnten zeigen, daß Mäuse auch dann ein erlerntes Labyrinth fast fehlerfrei durchlaufen, wenn Winkel, Weglängen oder Drehsinn, nicht aber die Entscheidungsfolge verändert wurden. Sie schließen daraus, daß die Mäuse im Labyrinth ein wie unsere Schriftzeichen transponierbares Raummuster erlernt haben. Solche Leistungen waren Mäusen nicht möglich, denen die Area striata (ein Streifen in der Sehrinde des Vorderhirns) operativ entfernt worden war, obwohl sie nach dem Eingriff das erlernte Labyrinth, wenn es unverändert blieb, noch richtig durchlaufen konnten. Bei Entfernung anderer Vorderhirnteile traten solche Wirkungen nicht auf. Hier haben zahlreiche

Untersuchungen gezeigt, daß im allgemeinen ein Verlust der Lernleistung parallel mit der Menge des exstirpierten Materials auftritt, so daß sich die allgemeine Fähigkeit zum Erlernen solcher Wege nicht lokalisieren läßt, wenn auch bestimmte Hirnteile (besonders das Sehzentrum) offenbar höheren Anteil an der Lernleistung haben. Die Tatsache, daß Ratten mit Cortexläsionen, durch die 14% bis 50% der Hirnrinde zerstört wurden, noch lernen konnten, wenn auch deutlich vermindert, spricht für die Bildung von Erregungsmustern, und LASHLEY hat aus umfassenden Untersuchungen die — heute nicht ganz unbestrittene — Massen-Wirkungs-Regel abgeleitet, nach welcher der Grad der Rindenzerstörung das Ausmaß der Funktionsbeeinträchtigung bedingt. Offenbar weisen neuere Untersuchungen doch darauf hin, daß auch qualitative Wirkungen erzielt werden können, wenn bestimmte Hirnteile entfernt werden; so führen Eingriffe am Stirnlappen, besonders deren latero-frontalen Regionen, zu erheblich gesteigerter Aktivität und zum Verlust der Fähigkeit, aufgeschobene Reaktionen auszuführen. Präfrontal operierte Tiere zeigen oft eine merkliche Minderung der Aufmerksamkeit, so daß die verschlechterten Lernleistungen eher hierauf als auf wirkliche Gedächtnisminderung zurückzuführen sind. LASHLEY vertrat die Auffassung, daß erlernte Tätigkeiten nicht durch isolierte Verbindungen zwischen sensorischen und motorischen Elementen zustande kommen, sondern durch den Gesamtkomplex der Raum-Zeit-Koordination nervöser Tätigkeit, die allem Verhalten zugrunde liegt. Für das Verständnis dieser Zusammenhänge, heute noch viele Fragen offen lassend, wird eine vergleichende Betrachtung verschiedener Tierarten und -gruppen unerläßlich sein, da auch diese Leistungen über die Stammesgeschichte und als Umgebungsanpassung zustande gekommen sind.

Neben dem Labyrinth wurden verschiedene Verfahren für das operante Konditionieren entwickelt, wie die THORNDIKEsche Kammer für Katzen oder der Sprungstand für Ratten nach LASHLEY (Abb. 60). Eine operante Konditionierung kann unter diesen Bedingungen (a) motorisch und (b) sensorisch gesteuert werden. Im ersten Fall erfolgt das Einfahren der Bewegungsfolgen nach Versuch und Irrtum und wird durch den „Erfolg“, etwa das Erreichen von Futter, bekräftigt. Den Antrieb liefern die zentrale Motivation („Hunger“) und der Handlungs-

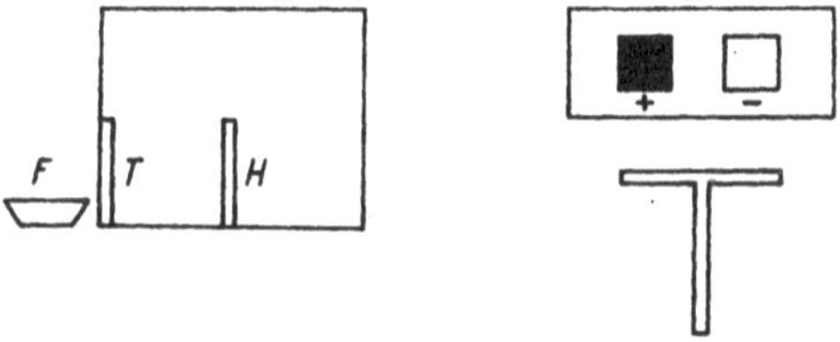

Abb. 60. Versuchsmethoden zum Lernen am Erfolg, THORNDIKE-Kammer und Sprungstand nach LASHLEY (verändert aus ANGERMEIER 1972).

erfolg, die Bekräftigung, die jedoch adäquat sein muß, also der Motivation angemessen. Im zweiten Fall dagegen müssen bestimmte Signalreize gegeben sein. Während das Futter selbst als primärer Verstärker wirkt, dienen Signalreize einer sekundären Verstärkung. Die Situation entspricht jener in der Natur, bei der Tiere sich bestimmte Konstellationen merken, die regelmäßig in Verbindung mit Nahrung auftreten, obwohl sie nicht unmittelbar zu ihr gehören; so kann ein Mauseloch ein Signal für die Nähe einer Maus sein, also für eine hohe Auftrittswahrscheinlichkeit. Allgemeiner gesprochen: Randbedingungen, die als Invarianten mit hoher Wahrscheinlichkeit mit einem Verhaltensziel in der Umwelt raumzeitlich koinzidieren, können zu Signalen für das Auftreten der betreffenden Umweltkonstellationen werden. Dabei sind wohl zwei Möglichkeiten zu unterscheiden: (1) Der Organismus muß zwischen zwei oder mehreren Signalen entscheiden, um ein operantes Verhalten zu vollziehen, (2) der Organismus hat zwischen zwei oder mehr Signalen zu entscheiden, die über verschiedene Verhaltensoperationen zum Erfolg führen, der jedoch eine unterschiedliche Bekräftigung erfährt. Er muß nicht wählen, sondern (entsprechend dem Erfolg) auch unterscheiden. Die Experimentalforschung hat diese von Natur aus gegebenen Situationen gezielt einer Analyse unterworfen und in Verbindung mit den Futter-Signalen eine Vielfalt von Untersuchungen zum „Diskriminations"- oder Unterscheidungslernen unter einfachen und komplexen Wahlaufgaben durchgeführt (Zusammenfassungen: GILBERT, SUTHERLAND 1969; HINDE, STEVENSON-HINDE 1973; CORNING, DYAL, WILLOWS 1973; MACINTOSH 1974). Hier wird vielfach die Technik des operanten Konditionierens zu einem Mittel, grundlegende Fragen der Informationsverarbeitung und -speicherung anzugehen. Dieser Aspekt wird im Kapitel „Gnostische Leistungen, Generalisation" näher behandelt.

Beim Erlernen von Signalen für das operante Verhalten können zwei grundsätzlich verschiedene Wege unterschieden werden, die auch in der Natur gegeben sind. Einmal wird die Aktion durch ein positives Signal sekundär bekräftigt und durch ein negatives Signal abgeschwächt. Dies bezeichnet man als sukzessives Diskriminationslernen. Im anderen Fall werden beide Signale gleichzeitig geboten: Simultanes Diskriminationslernen. Komplexe Diskriminationsaufgaben gehen über das Unterscheiden von zwei Signalen hinaus. Hierher gehören (vgl. ANGERMEIER 1972):

— Umkehrversuche
— Oddity-Versuche (Ungleichheits-Wahlen)
— Wahl nach Muster
— Multidimensionale Diskrimination
— Konzeptlernen
— Serien multidimensionaler Diskriminationen
— Sprach-Lernen.

Diese Aufgabenstellung umfaßt alle wesentlichen höheren Lernleistungen überhaupt, die noch gesondert zu behandeln sind. Hier ist von Interesse, daß ihre Analyse weitgehend mittels des operanten Lernens vorgenommen und damit ein durch die Evolution des Wirkungsgefüges des Verhaltens vorgegebener funktioneller Zusammenhang genutzt wird.

Die wichtigsten Parameter des instrumentellen Lernens sind (vgl. MACINTOSH 1974):

— Motivation (Trieb), z. B. „Hunger"

— Stärke der Bekräftigung, z. B. jeweilige Futtermenge oder -qualität
— Wechselwirkungen zwischen Trieb und Bekräftigung
— Aufschub der Bekräftigung
— Verfahren der Bekräftigung.

Prinzipiell kann das instrumentelle Lernen durch Appetenz oder durch Aversion motiviert werden. Auch das liegt in dem natürlichen Verhalten begründet, da Situationen, die eine Distanzvergrößerung gegenüber dem Reiz erfordern, ebenfalls zum Aufbau entsprechender Verhaltensmuster, soweit sie nicht vorgegeben sind, führen können, etwa dem Finden und Beibehalten geeigneter Fluchtwege.

Im Experiment wird die primäre Bekräftigung durch Strafreize vorgenommen (z. B. Elektro-Schock). Es handelt sich um eine negative Bekräftigung. Die positive Bekräftigung wird durch das bedingte Verhalten herbeigeführt, die negative Bekräftigung wird durch das bedingte Verhalten vermieden. Im Prinzip gelten dieselben Parameter, wie oben genannt, im Falle des Aufschubes wäre hier die Möglichkeit gegeben, erst zu einem bestimmten Zeitpunkt nach Einsetzen der bedingten Aktion den Strafreiz auszusetzen. Die Stärke der Bekräftigung wird bei Ratten meist, umgerechnet auf das Körpergewicht, wie folgt gewählt (Angermeier 1972):

Gewicht	elektrischer Schock in mA (Milliampère)	
250 g	niedrig	0,4 mA
	mittel	0,8 mA
	hoch	1,2 mA

Hier sind noch zwei Wirkungsformen zu unterscheiden, die Flucht und das Meideverhalten. Im Falle des Meideverhaltens wird der aversive Reiz durch ein Signal angekündigt, so daß nach erfolgtem Lernen das Tier den aversiven Reiz nicht erfährt, also keinen Elektro-Schock mehr erhält, während beim Fluchtverhalten dieser Reiz bleibt, das Tier also nur seine Beendigung beeinflussen kann. Die aversive Konditionierung kann man wiederum zur Prüfung sensorischer Leistungen nutzen. Ein bekanntes Beispiel ist die „Shuttle-Box“: Das Tier wird einem elektrischen Feld ausgesetzt und kann bei Überqueren einer Barriere durch eine Lichtschranke den Strom ausschalten. Bietet man jetzt einen akustischen Signalreiz, kann das Tier lernen, das Feld rechtzeitig zu verlassen, ehe der Strom eingeschaltet wird (Meideverhalten). Auf diesem Wege lassen sich Untersuchungen über Hörbereiche und Hörschwellen durchführen (Wolff 1968, Schade 1971, Köhler 1973 an verschiedenen Fischarten).

Ein Sondertyp der Bekräftigung wurde unter Nutzung der Skinner-Box durch Olds und Milner gefunden: Sie implantierten Ratten Elektroden in bestimmte Hirnregionen und gaben den Tieren die Möglichkeit, durch Tastendruck sich selbst zu stimulieren. Je nach Hirngebiet kann es hier zu einer starken Verhaltensaktivierung kommen, es wurden bis zu 13000 Selbstreizungen in einer Stunde festgestellt (Angermeier 1972), während bei Hunger vielleicht 500—800 Bewegungsfolgen in dieser Zeit auftreten. Manche Autoren sehen allerdings in der Autostimulation ein Artefakt, das nicht mit der eigentlichen Bekräftigung gleichgesetzt werden kann. In Hinblick auf die Wirkung bestimmter Drogen, aber auch akustischer Reize, scheint hier eine Erscheinung berührt zu sein, die mit dem Begriff „Sucht" umschrieben wird, ein Systemverhalten mit positiver Rückkopplung und der Tendenz zur „Entartung".

Es gibt verschiedene Versuche, durch allgemeine Hypothesen die Grundvorgänge des Lernens am Erfolg einsichtig zu machen. So ging Thorndike vor allem von der Vorstellung aus, daß sich beim Aufbau operanten Verhaltens im Gehirn neue Verbindungen herstellen. Das berührt sich mit Interpretationen der bedingten Reflexe (vgl. Abb. 52). Auch der Pawlow-Schüler Konorski hat 1973 die Hypothese aufgestellt, daß die beiden Typen der bedingten Reflexe (I und II) auf „allgemeine Gesetze der Assoziation" zurückzuführen seien, da bei den klassischen Dressuren Reizverknüpfungen, bei bedingten Aktionen Verbindungen zwischen Handlung und Reiz gebildet würden.

THORNDIKE ging bei seinen Überlegungen auch vom „Gesetz der Auswirkung“ aus, nach welchem positive Verhaltensfolgen solche Verknüpfungen fördern, negative sie abschwächen. Zusätzlich formulierte er das „Gesetz der Bereitschaft“, also einer vorgegebenen neuralen Disposition, derartige Verknüpfungen zu bilden. Hier wäre im modernen Sinne die Frage der genetisch determinierten Verhaltensstrukturen angesprochen. GUTHRIE hat eine andere Interpretation vorgeschlagen, bei der innere Zustände grundsätzlich nicht berücksichtigt werden und die durch die Beschreibung „Assoziation und Kontiguität“ gekennzeichnet wird. Hier liegt eine generelle S-R-Psychologie (Stimulus-Reaktion) zugrunde, die für den Erfolg einer Verknüpfung die raumzeitliche Koinzidenz von Reiz und Reaktion zur Voraussetzung macht. Bei diesen Vorstellungen kommt der Verstärkung oder Bekräftigung nicht die entscheidende Funktion zu, das Lernen ist stärker linear und nicht kreis-relational. TOLMAN dagegen war von der „Gestaltpsychologie“ beeinflußt. Seine „Orientierungstheorie“ impliziert Zielerwartungen als wichtigstes Element des Lernprozesses und postuliert cognitive Strukturen (interne Konzepte oder Hypothesen), die der Organismus im Verhalten validiert. Für ihn war daher wichtig, daß Tiere auch ohne Trieb-Entspannung lernen können (latentes Lernen, s. S. 178). TOLMAN gehört übrigens zu denen, die eine Zusammenstellung so verschiedener Phänomene wie Habituation (Gewöhnung), bedingter Reflex, instrumentelles Lernen, Einsicht usw. unter einem Begriff, eben den des „Lernens“, für fragwürdig halten. Viel diskutiert wurden auch die Überlegungen von HULL, die als „Theorie der Verstärkung der Reaktionstendenzen“ zusammengefaßt werden können. Danach bilden sich die Verknüpfungen zwischen Reizen und bedingten Aktionen auf Grund einer inneren Bedürfnisspannung und den bekräftigenden Verhaltensfolgen aus, die zugleich eine Verringerung des Antriebes, der Bedürfnisspannung, herbeiführen:

Reaktionspotential = Trieb + Reizstärke + Tendenz zur Verstärkung + Intensität der Gewohnheit auf Grund früherer Verstärkungen.

Nach HULL wird die Reaktion auf die zugeordneten Reize um so schwächer, je weiter diese von der Zielhandlung entfernt sind („Zielgradient"). Hier scheint eine Beziehung zu den Auffassungen über den Aufbau arteigenen Verhaltens zu bestehen, wonach ebenfalls im Bereich des Appetenzverhaltens eine größere Streubreite vorliegt und Verknüpfungen zwischen Reizen und Handlungen variabler und labiler sind als in der Phase der Endhandlung. Bei SKINNER ist entscheidend für das operante Verhalten die eigentliche Aktion selbst. Er unterscheidet Reaktionsstärke (Anzahl und Häufigkeit der bedingten Aktionen) als Folge der Bekräftigung und Reaktionsreserve (mit denselben Kriterien) als Widerstand gegen eine Abschwächung. Ähnlich wie bei GUTHRIE gehen innere Zustände als Kausalfaktoren in seine Interpretation nicht ein. SKINNER hat aus seinen Vorstellungen Lernprogramme mit vielen kleinen Teilschritten abgeleitet.

4.3.3. Latentes Lernen

KONORSKI und THORPE bezeichnen als latentes Lernen die Assoziation undifferenzierter Reize oder Situationen ohne erkennbare Belohnung. Das latente Lernen ist eine Art Präadaptation des Verhaltens, eine erworbene Bereitschaft zum biologisch sinnvollen Vollzug bestimmter Handlungen. Das latente Lernen hat damit Bezug zum Lernen durch Versuch und Irrtum, nur daß hier das Ganze zentral „durchgespielt" wird, nicht aber über die Motorik läuft. Demnach geht es hier nicht um eine Reiz-Reaktion-Assoziation (= S-R-Assoziation), sondern um das Problem der Natur der Assoziationen selbst.

W. KÖHLER charakterisierte Assoziationen als Nachwirkungen einer spezifischen Organisation oder Wechselwirkung. Dabei haben sich ein Teil der damit umschriebenen Phänomene als zentralnervöse Leistungen der Zeichen- und Mustererkennung erwiesen, gehören also nicht in den hier angesprochenen Zusammenhang. Wenn aber eine Ratte ohne Belohnung sich einige Zeit in einem Labyrinth aufhalten kann und später darin mit Belohnung am Ziel in eine operante Lernsituation versetzt wird, dann kann es sein, daß sie das Labyrinth bereits beherrscht, also zuvor latent erlernt hat. Schon BLODGETT (1929) sowie TOLMAN und HONZIK (1930) konnten eine signifikante Leistungsverbesserung im eigentlichen Lernversuch unter diesen Bedingungen nachweisen (Abb. 61). Die Untersuchungen von MUENZINGER und CONRAD (1954) gaben dann Hinweise darauf, daß die deutliche Verringerung der Fehler durch vorherige „Eingewöhnung" im Labyrinth auch durch die Herabsetzung der „Furcht", also der Fluchtbereitschaft, mit verursacht wird. Es findet demnach mit der Eingewöhnung auch ein Abbau der Aversion gegenüber einer unbekannten Umgebung statt. Generell liegt hier also eine Habituation oder Gewöhnung vor, die neben dem latenten Lernen einen Adaptationsfaktor darstellt, so daß KONORSKI und auch THORPE

Abb. 61. Latentes Lernen von Ratten im Labyrinth; (unterbrochene Linie) normales Labyrinthlernen, (ausgezogene Linie) Lernen nach vorangegangenem Aufenthalt im Labyrinth (Abszisse: Tage, Ordinate: Irrtums-%) (nach TOLMAN und HONZIK aus MACKINTOSH 1974, verändert).

diese Eigenschaft als eine eigene Klasse der Lernformen eingestuft haben. Einen Sonderfall stellt das „irrelevante Anreiz-Lernen“ dar; hier können gesättigte Ratten in einem Labyrinth die Futterbox (mit Futter) kennenlernen, obwohl das Futter zu diesem Zeitpunkt, da sie satt sind, keinen Anreiz bietet. Auch unter diesen Bedingungen tritt ein latentes Lernen auf. Generell gilt, daß ein starker Antriebsmechanismus, und dazu gehört der Hunger, die „Bandbreite“ des Lernens einschränkt, es kommt zu einer Abnahme der Wahrscheinlichkeit, daß irrelevante Reize assoziiert werden. Anders herum: Die Wahrscheinlichkeit zum latenten Lernen nimmt zu, wenn die Dominanz eines bestimmten Antriebes im Verhalten verringert wird.

Vielleicht gehört auch das „Lernen-Lernen“ (learning-how-to-learn oder learning set) hierher. Es wurde 1949 von Harlow erstmals untersucht und als eigenes Phänomen erkannt. Es zeigte sich, daß Tiere, die bereits über bedingte Aktionen gelernt hatten, Signalpaare zu unterscheiden (Diskriminationslernen), bei späteren Aufgaben immer schneller lernten, also gelernt haben, zu lernen. Dabei zeigen einzelne Tiergruppen und Arten deutliche Unterschiede in dieser Fähigkeit, die offenbar weitgehend mit höheren Lernleistungen und der Generalisation gekoppelt ist, und worin der Mensch mit Abstand alle Tiere übertrifft.

Zum latenten Lernen wird auch das Beobachtungslernen gerechnet. Es handelt sich um Vorgänge, die auch unter dem Begriff „Imitation“ oder Nachahmung zusammengefaßt werden (vgl. Davis 1973). Im weiteren Sinne werden sehr verschiedenartige Phänomene als „Nachahmung“ bezeichnet, und schon Morgan hat 1896 „instinktives“ und „intelligentes“ Nachahmen unterschieden, wobei er im zweiten Fall die bewußte einsichtige Form der Imitation meinte, die auch als „willkürliche“ bezeichnet wurde. In der Geschichte der Tierpsychologie und Ethologie entstanden für bestimmte Erscheinungen Bezeichnungen, die mit dem Phänomen der Nachahmung etwas zu tun haben: „Allelomimetisches Verhalten“, „mimetisches Verhalten“, „mutuelle Mimikry“, „Beobachtungslernen“, „Handlungsangleichung“, „sekundäres

Konditionieren“, „Kopieren“, „Gleichhandlung“, „stellvertretendes Lernen“ (vicarious learning) oder „echte Imitation“, um nur eine Auswahl zu nennen. Vielleicht liegt allen Phänomen dieser Art zugrunde, daß die Aufmerksamkeit eines Organismus auf eine bestimmte Konstellation der Umgebung „fokussiert“ wird, oder wie THORPE (1963) es ausgedrückt, auf ein bestimmtes Objekt oder einen bestimmten Teil der Umgebung gerichtet wird. Entscheidend ist dabei die Frage, wie das geschieht, und daß im Gefolge früher oder später solche Umweltereignisse in das Eigenverhalten übernommen werden, denn „Nachahmung“ ist letztlich als ein aktiver Vorgang definiert, als ein irgendwie durch „Vorbilder“ gerichtet beeinflußtes Verhalten. THORPE hat noch zwischen „sozialer Förderung“ (social facilitation) und „wahrer Nachahmung“ unterschieden. Dabei könnte die soziale Förderung „im Vorfeld“ der eigentlichen Nachahmung liegen und sich als eine wichtige Voraussetzung erweisen. Soziale Einflüsse können die verschiedensten Verhaltensweisen beeinflussen, wobei das Ursachengefüge sehr unterschiedlich sein kann. So erweist sich auch das bekannte Phänomen der „Stimm-Imitation“ als recht komplex, da auch bei Ausgestaltung normaler artspezifischer Lautmuster speziell bei Singvögeln obligatorische Lernvorgänge nach Vorbildern notwendig sind (s. S. 153). THORPE hat daher auch vorgeschlagen, „vocal imitation“ und „vocal mimicry“ zu unterscheiden, wobei der zweite Fall sich auf die Nachahmung von „nicht-funktionellen“ Lauten bezieht, wofür er die „sprechenden Vögel“ als Beispiele nennt. Diese Unterscheidung ist aber fragwürdig, da auch solche Imitationen bestimmte Funktionen haben können, etwa die, innerhalb einer Gruppe bestimmte Individuen „ansprechen“ zu können durch Nachahmung von Lauttypen, die nur ihnen zukommen. Und wenn die „Spötter“ unter den Vögeln fremde Laute oder auch Geräusche in ihre Lautmuster einbauen, so können sie zwar innerhalb eines mehr oder weniger weiten Spektrums, dessen Richtwerte noch weitgehend unbekannt sind, wählen, daß sie aber solche Elemente einbauen, ist artspezifisch. Dieser Nachahmung liegen Regeln zugrunde, die sich in der Art des Einbaus dieser Laute in ein komplexes Klanggerüst ausdrücken. Dennoch ist der Vorgang im herkömmlichen Sprachsinn eine „Nachahmung". Ihm liegt hier eine spezifische Bereitschaft zugrunde, die sich mit einem bestimmten Eigenverhalten verknüpft und an spezielle Realisierungsphasen gebunden ist. Sie ist latentes Lernen, denn Realisierung und sensorisches Ereignis müssen nicht zusammenfallen. Operantes Lernen wäre es dann, wenn es in kleinen Schritten motorisch nachvollzogen werden müßte. NOTTEBOHM (1972) sagt sicher mit Recht, daß viele Wege zum stimmlichen Lernen führen. Der Begriff „Nachahmung" beschreibt einen bestimmten Umweltzusammenhang, aber er erklärt ihn nicht.

Ein besonderes Problem stellt in diesem Zusammenhang das „Beobachtungslernen" dar. Es betrifft die Frage, ob ein Tier allein durch Beobachtung eines anderen lernenden Artgenossen „mitlernen" kann. DAWSON und FOSS (1965) konnten bei Wellensittichen keinen Hinweis dafür gewinnen. Dagegen erhielten JOHN und Mitarbeiter (1968) bei Katzen positive Ergebnisse. Den Katzen war die Möglichkeit gegeben, Versuchen an anderen Katzen zuzuschauen, die über einen akustischen Reiz zu einem Meideverhalten (vor einem Elektroschock) dressiert wurden. Die Katzen, die diese Dressur beobachten konnten, lernten sie selbst sehr viel schneller. Entsprechendes wurde auch bei einem operanten Verhalten (Tastendruck mit Futterbelohnung nach Lichtreiz) nachgewiesen. Bei derartigen Versuchen handelt es sich um zwei abhängige durch das Beobachten veränderliche Variable: (a) die Acquisitionsrate, also die Anzahl der Lernschritte oder die Lernzeit und (b) die Wahl der Verhaltensantwort; im ersten Fall ein quantitativer Effekt, im zweiten ein qualitativer. Zum ersten Typ gibt es nur wenig Untersuchungen, bei denen auch vom „Profit durch Beobachtung" gesprochen wird.

Russo (1971) ermittelte bei Haubenratten eine kürzere Zeit bis zum Erreichen des Lern-Kriteriums (es wird meist bei 75 oder 80% richtiger Antworten angesetzt), wenn sie vorher Gelegenheit hatten, Ratten in der Dressur zu beobachten und bei deren richtigen Antworten ebenfalls Futter-Pellets erhielten. Ohne diese Bekräftigung ließ sich das Beobachtungslernen nicht erzielen. Gardner und Engel (1971) führten verbesserte Lernleistungen in Anwesenheit anderer Individuen auf gesteigerte Aktivität und geminderte Furcht zurück; das wäre wohl eine „soziale Förderung".

Kücken, die im Alter von 7 Tagen andere Kücken durch eine Scheibe beobachten konnten, als diese nach einem bestimmten Bekräftigungs-Schema (schedule of reinforcement) lernten, ein Farbsignal beim Futterpicken zu wählen, zeigten, danach selbst in den Versuch genommen, deutlich bessere Lernleistungen, und zwar im Sinne eines schnelleren Lernens (Cronhelm 1970).

Verschiedene Beobachtungen und Versuchsreihen belegen die Fähigkeit, durch Beobachtungslernen die Wahl der Antwort (choice of response) vom „Akteur", also dem beobachteten „Vorbild" zu übernehmen. Das gilt besonders im Zusammenhang mit dem Nahrungsverhalten. In diese Richtung weisen die Untersuchungen von Galef und Mitarbeitern (1971, 1972) an Ratten; bestimmte Giftködertypen, die auf Grund von Erfahrungen von den Müttern gemieden werden, nehmen auch die Jungen nicht an. Dabei spielt der Faktor eine Rolle, daß die Jungen anfangs nur in räumlicher Nähe der Mütter Nahrung aufnehmen. Hierzu Beziehung haben tradierte „Erfindungen", wie sie bei freilebenden Makaken nachgewiesen wurden. So begann in einer solchen auf einer Insel lebenden Versuchsgruppe ein Weibchen Nahrung vom Sandboden aufzunehmen und im Wasser zu waschen. Später tat dies auch sein Spielgefährte, dann die eigene Mutter, und langsam breitete sich das Verhalten in der Kolonie immer weiter aus; vier Jahre nach dieser „Erfindung" wuschen immerhin schon 15 Affen bestimmtes Futter. Später zeigten nur einige alte Männchen dieses Verhalten nicht, aber nach 10 Jahren war es für die ganze Kolonie zum üblichen Nahrungsverhalten geworden.

Bei Schimpansen könnte der Gebrauch von Stäben, die zum Fangen von Termiten in ein Nest gesteckt werden (die Termiten-„Soldaten“ verbeißen sich daran) auch auf Tradition zurückzuführen sein.

Hall und Goswell (1964) sehen in dem sozialen Lernen eine Anpassung der Affen und Menschenaffen, die sich aus der Mutter-Kind-Beziehung ableiten läßt und dann auf die Gruppe übertragen wird. Schon Hildegard von Bingen hat 1150 erkannt: „…, und da er dem Menschen ähnlich ist, beobachtet er ihn immer, um seine Handlungen nachzuahmen. Er teilt auch das Verhalten von Tieren, aber beide Aspekte seiner Natur sind unvollkommen, so daß sein Verhalten weder vollständig menschlich, noch vollständig tierisch ist …“. Junge Husarenaffen, die ihre Mutter beobachteten, als sie nach Öffnen eines Kastens zurückschreckte (er enthielt eine Schlange), mieden daraufhin diesen Kasten (Hall und Goswell 1964).

Bei der Übernahme von Verhaltensmustern ist schließlich noch ein weiterer Schritt möglich, der ein echtes „Lehr-Lernsystem“ schafft, bei dem der Akteur den Beobachter „unterrichtet“, wie es etwa Barnett (1968) mit Hinführen zu einem Termitenhaufen und Handauflegen beschrieben hat. Es wird im einzelnen sehr schwer, nachzuweisen, ob ein echter „Unterricht“ vorliegt oder nur gezielte Vorbildwirkung. Schaller (1967) beobachtete Tigermütter in freier Wildbahn, die ihre Beute anfielen, aber nur festhielten, bis das Junge den richtigen Tötungsbiß angesetzt hatte. Hier spielten wieder Lernperioden der Entwicklung hinein. So stellte auch Menzel (1970) bei Schimpansen fest, daß Tiere, die in freier Wildbahn aufgewachsen sind, beim Werkzeuggebrauch zum Heranholen von Nahrung bessere Leistungen zeigen als in Gefangenschaft aufgewachsene. Lernprozesse dieser Art sind eng mit dem Sozialverhalten verknüpft; sie setzen eine stabile und strukturierte Sozietät voraus und werden durch diese entscheidend gefördert. Objekte können dadurch eine Wertigkeit für das Verhalten bekommen, daß sie von Angehörigen der Sozietät manipuliert werden, auch wenn eine „Funktion“ nicht gleich einsichtig ist

(Abb. 62). So entwickeln freilebende Rhesusaffen in Indien völlig unterschiedliche Objektbeziehungen, wenn sie in Gruppen aufwachsen, die in menschlichen Siedlungen leben, gegenüber solchen, die Wälder bewohnen. Die „Stadt-Affen“ zeigen eine ungleich höhere Aktivität und Bereitschaft, sich mit Gegenständen zu beschäftigen, nicht zuletzt auch gerade solche, mit denen Menschen manipulieren. Auch der Gebrauch von Wurfgegenständen oder Stöcken, wie ihn KORTLANDT (1967) bei Savannenschimpansen beobachtet hat, kann auf derartige Wechselwirkungen zwischen Sozialleben und ökologischen Faktoren zurückgeführt werden. MAINARDI und PASQUALI (1968) sprechen sogar bei der Hausmaus von einer „kulturellen Transmission“, die auf der Grundlage von Beobachtungslernen zustande kommen kann. Auch JOLLY (1975) gebraucht bei Primaten den Begriff „Kultur“ für tradiertes Können. So lernen Makaken Bonbons auszuwickeln und zu essen (ITANI 1958). Sie lernten, Süß-

Abb. 62. Schimpansenkind mit Stock spielend (in freier Wildbahn) (umgezeichnet nach Foto von H. v. LAWICK aus JOLY 1975).

kartoffeln durch Waschen vom Sand zu reinigen, ähnlich auch Weizen zu behandeln, MIYADI (1967) fand dabei einen Zusammenhang mit den hierarchischen Sozialstrukturen: Was die herrschende Hierarchie annimmt, wird zur Standardpraxis der Truppe (zit. nach JOLLY 1975). MARAIS (1969) beobachtete eine Pavianherde, bei der sich die Tradition herausgebildet hatte, die Früchte des Affenbrotbaumes mit Hilfe von Steinen auf einer Felsunterlage aufzuklopfen. Solche Traditionen sind nicht zu verwechseln mit genetisch determinierten Werkzeuggebrauch als arttypisches Verhalten, wie die Verwendung von Steinen beim Schmutzgeier zum Öffnen von Straußeneiern. STRUHSAKER hat unlängst auch bei einer westafrikanischen Schimpansenpopulation den Gebrauch von Steinen als Hammer nachgewiesen. MARAIS (1961) konnte Bärenpaviane beobachten, die das Wasser einer heißen Quelle über selbstgezogene Rinnen so ableiteten, daß es zum Trinken hinreichend abgekühlt wurde. KAWAI (1975) spricht in diesem Zusammenhang von einem „präkulturellen Verhalten" und definiert dieses Verhalten so: „Eine Lebensweise, die zu einer Verhaltensweise wurde, die erworben, geteilt, sozial vererbt und unter den Mitgliedern derselben Gesellschaft fixiert wird." KAWAMURA hatte zuvor dieses Verhalten bereits als „Subkultur" oder „Protokultur" bezeichnet. KAWAI unterscheidet drei präkulturelle Phänomene:

— den ökologischen Bereich
— den Bereich sozialen Verhaltens
— den Bereich instrumentellen (oder erfindenden) Verhaltens.

Hiermit im Zusammenhang steht der Versuch von NAPIER (1962) für den erlernten Werkzeuggebrauch sechs Stufen anzunehmen:

1. Zufälliger Gebrauch natürlicher Hilfsmittel = ad-hoc-tool-using
2. Zweckmäßiger Gebrauch natürlicher Hilfsmittel = purposeful tool-using
3. Hilfsmittel für direkten Gebrauch verändert = tool-modifying for immediate purpose

4. Hilfsmittel für zukünftigen Gebrauch verändert = tool-modifying for future eventuality
5. Zufällige Verfertigung von Werkzeugen = ad-hoc-toolmaking
6. Systematische Verfertigung von Werkzeugen = cultural toolmaking.

Abb. 63. Manipulationen eines Schimpansen (aus LADYGINA-KOHTS, 1959).

Werkzeuge sind primär ökologisch determiniert; sie dienen zur Nahrungsbeschaffung, Nahrungsaufbereitung oder zum Schutz. In diesem Falle scheinen die Umweltvariablen die Tendenz zum Lernverhalten im Zusammenhang mit dem individuellen Gebrauch zu fördern. Das betrifft die Stufen (1) und (2). Bei Primaten erfolgte ursprünglich die Werkzeugbearbeitung durch das Gebiß; erst später wurden seine Funktionen durch entsprechende Werkzeuge ersetzt.

Kawai fand auch Hinweise darauf, daß die japanischen Makaken (*Macaca fuscata*) in einzelnen Trupps spezifische Rufsysteme entwickelt haben und sieht das im Zusammenhang mit Befunden von Takeda (1965), wonach in Gefangenschaftsentwicklung individuelle Modifikationen der Lautentwicklung auftreten. Auch bei der Begattungshaltung konnten Unterschiede zwischen verschiedenen Trupps nachgewiesen werden, so fehlte einem Trupp die sonst so typische Aufreithaltung (a tergo-Haltung). In einem Trupp entwickelte sich Bade-Verhalten als neue Verhaltensweise.

Delphine haben eine starke Tendenz, Verhaltensweisen des Menschen zu übernehmen. Abbildung 64 zeigt Pegelschreibungen von 10 Silben, die ein Mensch vorgesprochen hat und von der „Antwort" eines Delphins. Dabei erwies sich die 10 als die höchste Anzahl, die vom Vorbild übernommen werden konnte (s. auch S. 200).

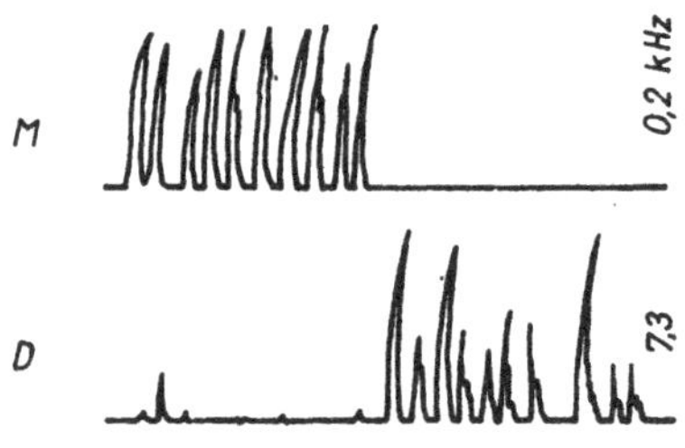

Abb. 64. Pegelschreibung von 10 Silben, die ein Mensch (M) vorspricht und die „Antwort" eines Delphins (D) (nach Lilly aus Rensch 1973).

Es wird deutlich, daß die vielfältigen Erscheinungen, die hier unter dem Begriff des „latenten Lernens" zusammengefaßt werden, sich nicht im Sinne eines Lerntyps klassifizieren lassen, sondern nur durch sehr allgemeine Merkmale interner Organisation gekennzeichnet sind. Diese dürfte in erheblichem Ausmaß an die Leistungen der Gedächtnisbereiche im Sekunden- und Minutenbereich gebunden sein, die sich in der modernen Forschung offenbar zunehmend als ein System der Informationsverarbeitung mit bestimmten Zeitbasen erweisen, weniger als echtes Prinzip der Informationsspeicherung, so daß es fragwürdig erscheint, sie als „Gedächtnis" zu bezeichnen. Ihre Leistungen verbinden sich über das latente Lernen, das in jedem Fall auch die Mitwirkung von Zeitspeichern voraussetzt, mit den höchsten Lernleistungen, die wir bei Tieren überhaupt antreffen, und die gewöhnlich als „Einsichtslernen" bezeichnet werden. In diesem Zusammenhang ist jedoch noch auf eine wichtige Gruppe von Verhaltensbeziehungen zur Umwelt hinzuweisen, die auch das latente Lernen sehr fördern kann:

— Das Erkundungsverhalten (exploratives Verhalten),
— das Neugierverhalten,
— das Spielverhalten.

Diese Einteilung hat hypothetischen Charakter, versucht aber, Unterschiede in der Art der damit verbundenen Umweltbeziehungen auszuweisen. Erkundungsverhalten betrachten wir als ein eigenmotiviertes artspezifisches Verhalten, dem auch bestimmte motorische Muster zugeordnet sind, wiederum für die einzelnen Arten unterschiedlich. Seine Appetenzphase ist das orientierende Verhalten (Appetenzverhalten I), während das Appetenzverhalten II, das orientierte Verhalten, hier zur Endhandlung wird und damit die Erkundungsbereitschaft hemmt. Die Einwirkung unbekannter Reize kann aber auch in einem bekannten Raum die Handlungskette erneut anstoßen. Erkundungsverhalten hat nach dieser Kennzeichnung die Funktion, die Raumansprüche 2. Ordnung (s. S. 97) zu „befriedigen". Es ist demnach auf qualitative Daten bezogen, es verwirklicht sich entsprechend über ein komplexes Verhaltensprogramm, dem eine wechselnde Hierarchie der Rezeptoren zugeordnet sein kann, etwa Dominanz des Auges in einer Phase, in einer weiteren des Hörorgans und dann vielleicht auch des Geruchsinnes oder auch noch anderer Kanäle (taktil-mechanisch usw.). Die dem Erkundungsverhalten zugeordneten Lernvorgänge haben in diesem Sinne obligatorischen Charakter.

Anders liegt es bei dem Neugierverhalten. Dieser sicher etwas fragwürdige Begriff soll eine Umweltbeziehung beschreiben, die auf einen nicht-essentiellen Informationsinput gerichtet ist, also auch Ereignisfelder oder Faktorenkonstellationen einspeichert, die keine primäre Verhaltensvalenz besitzen, mit denen der Organismus also gewissermaßen noch nichts anfangen kann. Sie können aber beim operanten Selbstkonditionieren eine Signalfunktion erhalten, sie fördern den Aufbau eines inneren Modells der Umwelt, sie steigern die Vigilanz, sie können auch emotionale Zustände erzeugen, sie fördern latentes Lernen, sie begünstigen Generalisationen und kognitive Leistungen sowie das Einsichtslernen, sie erhöhen die Entscheidungsfreiheit für das Verhalten gegenüber der Umwelt. Neugierverhalten ist in diesem Sinne ein typischer Antrieb für fakultatives Lernen, das auch zu den aus der Humanpsychologie bekannten Phänomenen, die mit Begriffen, wie „Anregungsbedingungen", „Reizwechsel" oder „Zielorientierung" umschrieben werden, Beziehungen hat. Kiekheben (1965) spricht von einer „Wahrnehmungsneugier" und testete sie wie folgt:

Die Versuchsperson konnte sich geometrisch geformte, kaleidoskopisch wandelbare Schattenbilder vorführen und die sich in der Folge wandelnden Figuren durch willkürliches Anhalten beliebig lange betrachten. Die Befunde zeigen ein Maximum der Aktivität, wenn optimale Ordnungen unmittelbar vor ihrer Verwirklichung stehen („Unprägnanz"), ein Minimum, wenn sich optimale figurale Ordnungen entwickelt haben (Prägnanz). Diese werden häufig angehalten und betrachtet, sie sind als das Ziel des „Erkundens", während unprägnante selten angehalten werden; sie motivieren demnach weiteres „Erkunden". Gerichtete intrafigurale Entwicklungsverläufe erweisen sich als „motivierende Strukturen". Hier scheint mir ein Kern des von uns als „Neugierverhalten" bezeichneten Phänomens angesprochen zu sein, das anscheinend darin liegt, interne Wahrnehmungsstrukturen aufzubauen, die ja letztlich Bausteine eines inneren Umweltmodells sind, „kognitive Einheiten" im Sinne von Konorski (s. u.).

Während das Neugierverhalten, ähnlich wie seine phylogenetische Vorstufe, das Erkundungsverhalten, in erster Linie über sensorische Vorgänge verwirklicht wird, liegt beim Spielverhalten der Schwerpunkt auf der motorischen Seite. Hier werden mittels Motorik „Sensationen“ erzeugt. Dabei werden vielfach noch Bruchstücke der motorischen Programme eingesetzt, die als arttypisches Verhalten andere Umweltbeziehungen verwirklichen, bei den höheren Säugetieren nimmt auf Grund der zentralen Steuerung der „Willkürmotorik“ der Anteil erlernter motorischer Muster zu. Das Spielverhalten empfängt seine sensorischen Bekräftigungen entweder aus dem Ökosystem s. str., wie das vor allem für die Solitärspiele gilt, oder aus dem Populationssystem, wie es für die Sozialspiele zutrifft. Aber auch der eigene Körper als Umwelt ist Handlungsziel, so daß alle drei Umwelten (vgl. S. 99) einbezogen werden können. Hier gilt im allgemeinen wohl diese Reihenfolge:

— Eigenkörper-Spiele (Solitärspiele I)
— Objektspiele (Solitärspiele II)
— Partnerspiele (Sozialspiele)
— kollektive Objektspiele.

Spiele bahnen und erweitern den informationellen und kommunikativen Zusammenhang mit den drei Umwelten. Auch das Spiel fördert fakultatives Lernen, vor allem im Bereich der Motorik.

Informationstheoretisch scheint das verhaltensgebundene Erkundungsverhalten der Identifikation zu dienen, der Kontext ist genetisch vorgeformt und wird durch obligatorisches Lernen erweitert, während das Neugierverhalten klassifikatorisch-abstrahierendes Lernen fördert. Die Valenz ist nicht mehr primär an das Verhalten und seine Motivationen gebunden, sondern wird durch bereits vorliegende Lerninhalte bestimmt, wobei der Zwang zu interner Strukturierung (Prägnanz) die Wahrnehmungsneugier wesentlich bestimmt (motiviert) und der „emotionalen Tönung“ vielleicht eine besondere Bedeutung zukommt.

Emotionen beeinflussen aber auch das Erkundungsverhalten, wobei die Interpretationen der vielfältigen Experimentalbefunde zu diesem Verhaltenskomplex allerdings weit auseinander gehen und oft sehr widersprüchlich sind. So entwickelte LESTER 1967 die Vorstellung, daß zwischen der Explorationsbereitschaft und der Furcht eine Korrelation derart besteht, daß bei schwacher Furcht exploratives Verhalten verstärkt, bei starker Furcht jedoch gehemmt würde. Durch entsprechende Labyrinthversuche fand er bei Ratten eine umgekehrt U-förmige Korrelation (1969) und damit diese Hypothese bestätigt. HALLIDAY (1966) hält die Furchtmotivation als Antrieb explorativen Verhaltens sogar für wichtiger als den „Neuheitsgrad“. AITKEN (1974) neigt dagegen auf Grund seiner Untersuchungen zu einer „Zwei-Faktor-Theorie“, die eine inverse Beziehung zwischen Erkundung und Furcht im Sinne von Annäherung und Rückzug (Approach/Withdrawal) postuliert, deren grundlegende Annahmen sind:

— Neuheit ruft sowohl Annäherung (Erkundung) als auch Meiden oder Rückzug auf Grund von Furcht hervor;
— Meide-Tendenzen nehmen mit der generellen Fluchtbereitschaft (Furcht) zu;
— die tatsächliche Stärke der Exploration hängt von der Stärke der Annäherungs-Tendenzen in Relation zu der Stärke der Meide-Tendenzen ab.

Werden Ratten helle und dunkle Areale zur Wahl angeboten, so könnte bei den hellen Arealen eine gesteigerte Aversion vorliegen. So wird ein helles Areal, wenn es neu ist, zwar zunächst genau so leicht aufgesucht wie ein dunkles, im weiteren Verlauf ist die Bindung aber weit geringer als bei dunklen Arealen, wenn diese als neue angeboten werden (helle also schon bekannt sind).

Versuche mit derartigen Fragestellungen werden vielfach nach dem „open-field“-Verfahren durchgeführt. Hierbei handelt es sich gewöhnlich um einen durch Wände abgegrenzten Versuchsraum, der wenigstens diese drei Raumklassen enthält: Wandfelder, Eckfelder, Innenfelder. Beim erzwungenen open-field-test wird das Versuchstier zentral eingelassen oder eingesetzt, beim

Abb. 65. Beispiele für Verhaltensnormen, die für Mäuse im openfield-Test verwendet werden (freies Aufrichten, Aufrichten an Wand und Beschnuppern von Objekten) (umgezeichnet nach Fotos aus v. ABEELEN 1974).

freiwilligen open-field-test befindet es sich in einer angrenzenden Box, deren Tür geöffnet wird, womit der Zutritt freigegeben wird. In diesem Fall kann die „Latenzzeit“ bis zum ersten Betreten des fremden Raumes mitgemessen werden, während im Raum selbst die Aufenthaltsdauer in den verschiedenen Raumklassen und die Zeitfolge der Aufenthalte bestimmt werden können. Ferner können bestimmte Verhaltensklassen (Abb. 65) festgelegt werden, ihre Sequenz, ihre Korrelation mit dem Aufenthalt in den verschiedenen Raumklassen erlauben weitere Aussagen. Vielfach wird die Defäkation als Kriterium für die emotionale Belastung oder die Furcht registriert. Für besondere Untersuchungen und Fragestellungen kann das open-field noch strukturiert werden. Durch zusätzliches Reizangebot, etwa Schall oder Lichtblitze, können weitere Einflußgrößen geprüft werden (Abb. 66).

SOMMER (1975) untersuchte Schaben (*Blattella germanica*) im erzwungenen open-field. Während der Aufenthalt an den Wänden und in den Ecken der Fluchtmotivation zugeordnet wurde, sah er im Aufenthalt auf den Innenfeldern ein Kriterium für das Erkundungsverhalten während der ersten 30 min im open-field. Wie Abbildung 67 zeigt, besteht zwischen beiden eine negative Korrelation.

Auch für die Wahrnehmungsneugier oder das Neugierverhalten gibt es Tierversuche. So wurden in der Schule von Rensch (Zusammenfass. Rensch 1973) Experimente hierzu angestellt, wobei automatisch die Beobachtungsdauer bekannter und neuer visueller Muster registriert wurde. Der Vergleich zwischen Fischen, Vögeln und Schimpansen ergab, daß weder Karauschen noch Karpfen ein nachweisbares Neugierverhalten zeigten, wohl aber drei Vogelarten (Wachtel, Haushuhn, Dohle), und daß dieses Verhalten bei einer jungen Schimpansin einen sehr hohen Grad erreichte. Diese Versuche bestätigen die Differenzierung zwischen Erkundungsverhalten und Neugierverhalten = Wahrnehmungsneugier, denn selbstverständlich ist auch bei Fischen das Erkundungsver-

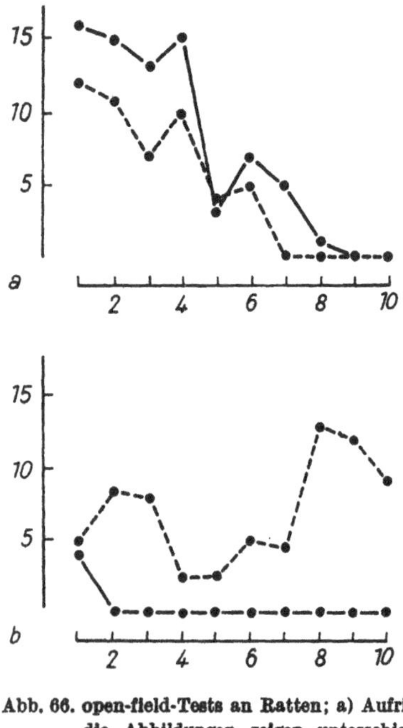

Abb. 66. open-field-Tests an Ratten; a) Aufrichten, b) Wittern in Höhlungen; die Abbildungen zeigen unterschiedliche Wirkungen gleichzeitigen Angebotes von Geräusch (ausgezogene Linien) (nach Bolles 1973).

halten gut entwickelt. Das Neugierverhalten hat enge Beziehungen zur „Orientierungsreaktion“, die durch Neuheit, Unerwartetheit oder Widersprüchlichkeit der Reizbedingungen aktiviert wird.

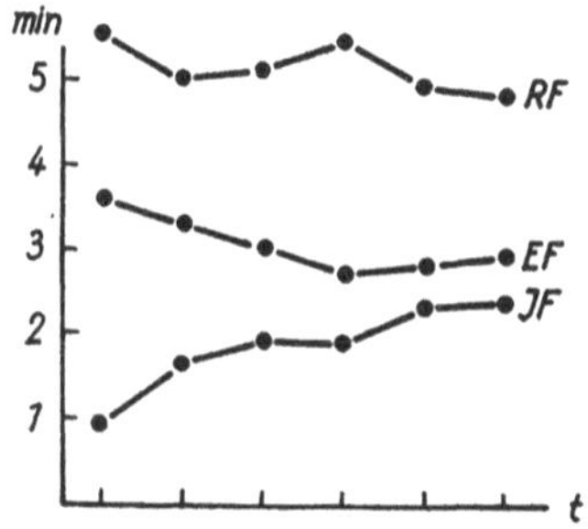

Abb. 67. Open-field-Test bei der Schabe *Blattella germanica* ♂; Aufenthalt in den drei Raumklassen: RF = Randfelder, EF = Eckfelder, JF = Innenfelder, Abszisse: 5-min-Einheiten (nach SOMMER 1975).

4.3.4. Gnostische Leistungen, Generalisationen

JACKSON hat einmal die Metapher gebraucht: Das Gehirn „denkt“ in Bewegungen, nicht in Muskelkontraktionen. Analog dazu meint KONORSKI (1967), das Gehirn „denkt“ in Objekten, die wahrgenommen wurden, nicht in deren Elementen. Man kann diese Leistungen unter dem Begriff „sensorische Formkriterien“ zusammenfassen, analog zu den „motorischen Formkriterien“, die „Bewegungsgestalten“ liefern. Nach KONORSKI sind diese Leistungen auf der sensorischen Seite an „gnostische Einheiten“ geknüpft, womit ein anatomisch-substantielles Substrat im Zentralnervensystem gemeint ist. Für derartige Wahrnehmungseinheiten gelten nach ihm folgende Kennzeichen:

1. Das Prinzip der Unmittelbarkeit — das Auftreten der Perzeption als einheitlicher Akt der Aufmerksamkeit
2. Das Prinzip der Integrität (analog zur chemischen Integrität von Molekülen)
3. Das Komplementär-Prinzip der Elemente, die an einer Wahrnehmungseinheit beteiligt sind
4. Das Prinzip der Modell-Perzeption: der essentielle Charakter einiger Elemente gegenüber der Irrelevanz anderer
5. Das Optimalisierungsprinzip, die Veränderung eines sensorischen Musters, das auf ein rezeptorisches Feld projiziert wird in Annäherung an das Standard-Reiz-Objekt für dieses Feld
6. Das Prinzip der Klassifizierung von Wahrnehmungseinheiten
7. Das Prinzip des Antagonismus zwischen Einheiten auf Grund der lateralen Inhibition (s. S. 60).

Durch dieses Konzept möchte KONORSKI die Antinomie zwischen Assoziationspsychologie und Gestaltpsychologie aufheben. Damit ist zugleich das Phänomen der Zeichen- und Mustererkennung angesprochen (vgl. KLIX 1974). Ihm liegt eine Zerlegung der Reizverbindungen in Merkmale zugrunde, die durch eine anschließende hierarchische Verknüpfung diese Wahrnehmungseinheiten liefern. Das sind Vorgänge, die mit dem Immediatspeicher verknüpft sind, womit eigentlich nur die Zeitbasis dieser Vorgänge bezeichnet wird. Eine solche interne Struktur kann nun mit bereits eingespeicherten verglichen werden. Diese Vorgänge können als ein neurophysiologisches Phänomen beschrieben werden, sie sind aber zugleich die Voraussetzung kognitiver Leistungen, die eben auf solchen Wahrnehmungseinheiten beruhen. Diese Leistungen sind ein „internes Verhalten", der Organismus „arbeitet" mit diesen Einheiten ohne ein externes Verhalten. Sein Verhalten vollzieht sich am inneren Modell der Umwelt, oder genauer: bestimmten Umwelt-Repräsentationen. Afferenzen und Efferenzen „spielen" im Zentralnervensystem mittels dieser Einheiten Möglichkeiten durch (Internalisiertes Verhalten).

Durch Herausfilterung relevanter Merkmale können Objektmengen bestimmten Klassen zugeordnet werden.

Diese Klassen werden „Begriffe“ genannt (Klix). Die Begriffsbildung ist die elementare gnostische Leistung. Sie ist zunächst averbal, also noch nicht an eine sprachliche Benennung gebunden. Wir hatten bereits für die Honigbiene (S. 148) ein Beispiel hierfür erbracht. Durch Klassifikation und Invariantenbildung können Wahrnehmungsinhalte oder gnostische Einheiten „verallgemeinert“ werden. Dieser Vorgang wird als Generalisation bezeichnet. Ihm liegen gnostische Strukturen zugrunde. Sie sind auch Voraussetzung für verschiedene Lernformen, die vorstehend bereits besprochen wurden. Zu ihnen gehört auch die sog. „Hypothesenbildung“, die Verhaltensentscheidungen vorangehen kann. Krechevsky sprach wohl 1932 erstmals von einem „hypothesis behaviour“ während des Diskriminationslernens. Zugrunde liegt dabei die Feststellung, daß die Versuchstiere offenbar imstande sind, Eigenschaften relevanter Reize zu erlernen, während sie systematisch auf einen anderen Satz von Stimuli dressiert werden, so daß ein interner Prozeß weiterläuft, obwohl der aktuelle Reizbezug dazu irrelevant ist. Derartige interne Lernstrukturen können „Hypothesen“ für eine Verhaltensstrategie bilden, etwa in dem Sinne, daß nur eine bestimmte Klasse von Signalen zum Ziel führt, oder daß in einem Labyrinth der Zielweg durch regelmäßigen Wechsel von rechts nach links gefunden werden könnte.

Vielleicht sind „Seitenstetigkeiten“, wie sie bei manchen Versuchen registriert werden, auch das Ergebnis einer solchen Hypothesenbildung, die eine aus der Vorerfahrung als möglich abgeleitete Entscheidung dem weiteren Verhalten zugrundelegt: Das Futter wurde einmal im linken Versteck gefunden (wird jedoch zufallsverteilt), doch das Versuchstier bildet die Hypothese: „Futter links suchen“. Eine gewisse Beziehung hierzu haben die Suchbilder (searching images), deren biologische Bedeutung durch eine Studie von Croze (1970) eindrucksvoll belegt wurde. Beute wird auf Grund bestimmter Eigenschaften klassifiziert, so daß nun gesucht wird, was zu dem Begriff paßt (set perception). So lernte auch der Schimpanse von Frau Ladygina-Kohts (1923) eine „Wahl nach Muster", ein Prinzip, das schon auf LUBBOCK (1889) zurückgeht.

Der Begriff „Generalisation" wurde ursprünglich im Zusammenhang mit der Untersuchung bedingter Reflexe abgeleitet und auf das von PAWLOW als „Irradation" bezeichnete Phänomen bezogen, eine „Erregungs-Ausbreitung". Der Vorgang selbst ist in der Fähigkeit der Organismen begründet, etwa nach Bildung eines Reflexes auf einen 1000-Hz-Ton auch auf andere Frequenzen zu reagieren, die niemals als bedingte Reize (CS) eingesetzt wurden. Es gibt offenbar Dispositionen zu solchen Verallgemeinerungen, die bei verschiedenen Tierarten und in bezug auf Reizmodalitäten und -qualitäten unterschiedlich sind. So unterscheiden Wespen spontan aufgelöste und geschlossene visuelle Muster und bevorzugen Kreis vor Stern oder schwarzes Quadrat gegenüber Schachbrettmuster. Werden sie nun auf einen Stern als positives Signal bei Futterbelohnung gegenüber einer schwarzen Kreisfläche dressiert, so wählen sie auch bei anderen Paarungen, auf die sie nicht dressiert wurden, stets die aufgelöste bzw. stärker gegliederte Figur (JANDER et. al. 1970). KLÜVER (1933) hat auf Grund seiner Affen-Versuche von Sinnesreizen gesprochen, die einer eindimensionalen Reihe angehören. Dazu gehören (vgl. RENSCH 1973): „heller-dunkler", „derber-feiner gestreift" (= unterschiedliche Raumfrequenz), „größer-kleiner", „mehr-weniger", „regelmäßig-unregelmäßig", „rauher-glatter", „schwerer-leichter", „lauter-leiser", „höher-tiefer im Ton", „schneller-langsamer" usw. Hier werden Relationen erlernt auf Grund von Merkmalsextraktionen und Verallgemeinerungen. Während bei der oben genannten Wespe diese Fähigkeit offenbar als Leistung der visuellen Informationsverarbeitung vorgegeben ist, wenn man so will ein „angeborener Begriff", liegt den aus Lernvorgängen abgeleiteten Verallgemeinerungen eine echte Begriffsbildung zugrunde. Diese beiden Mechanismen sollte man unterscheiden; auch bei der Honigbiene könnte die Generalisation bereits vorgegeben sein. Bei Lernvorgängen erstreckt sich über das Reizkontinuum ein „Generalisationsgradient", das Reaktionspotential nimmt mit der Ähnlichkeit zwischen dem angebotenen Reiz und dem CS zu. Abbildung 68 zeigt einige Generalisationsgradienten.

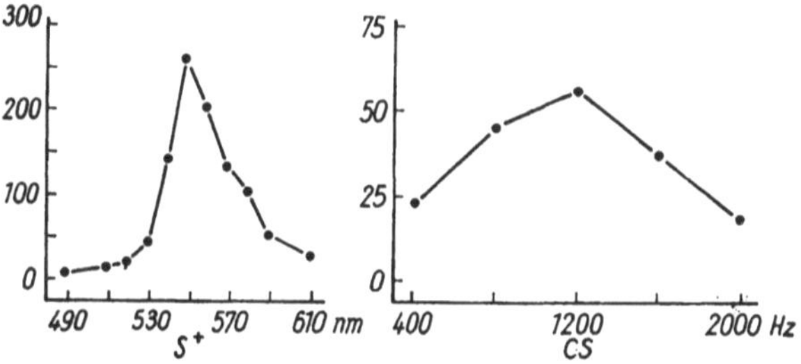

Abb. 68. Generalisierungsgradienten bei Taube (links) und Kaninchen; die Taube ist auf 550 nm Wellenlänge dressiert, das Kaninchen auf einen Ton von 1200 Hz (nach verschiedenen Autoren aus MACKINTOSH 1974).

Leistungsunterschiede in diesem Bereich können sowohl auf spezielle Bedingungen im Wahrnehmungsfeld während der Konditionierung zurückzuführen sein wie auch auf artspezifische Dispositionen bei der Bildung gnostischer Einheiten, was uns veranlaßte, hypothetische „Angeborene Gestaltbildende Mechanismen" zu postulieren, die vielleicht besser „Angeborene Klassifikations-Mechanismen" (AKM) heißen sollten, genetisch determinierte Begriffsbildner. Sie könnten als gnostische Einheiten erfahrungsunabhängig wirksam werden, zugleich als „Lernakzeptoren", die bestimmten motorischen Systemen zugeordnet sind. Nach Einschränkung der motorischen Bindung wurden sie zunehmend verfügbar, transponierbar, Mittel fakultativen Lernens, innerer Modellierung, averbaler Begriffsbildungen. O. KOEHLER hat bestimmte Formen gnostischer Leistungen auch als „Grundvermögen" bezeichnet. Er unterscheidet dabei zwei Formen:

— Erstes Grundvermögen: Unterscheidung von zwei

Gruppen allein nach der Anzahl ihrer Glieder (Simultanvermögen)
— zweites Grundvermögen: Abhandeln von Anzahlen (Sukzessivvermögen) (vgl. Abb. 64).

Das erste Grundvermögen ist durch den Simultanvergleich gekennzeichnet. Es wird durch Wahl von Mustern, deren einzige Invarianten die Anzahl ihrer Glieder sind oder durch Wahl der einzig abweichenden Anzahl geprüft. Bei der Musterwahl werden gleichgroße Punkte in wechselnder Lage oder verschieden große Punkte angeboten. Beim zweiten Grundvermögen wird entweder (a) jeweils eine bestimmte Anzahl unregelmäßig verteilter Köder aufgenommen, oder (b) auf eine gesehene oder gehörte Anzahl eine entsprechende Anzahl von Ködern aufgenommen, oder (c) nach Aufnahme einer bestimmten Anzahl von Ködern ein Zeichen mit der entsprechenden Anzahl aufgesucht (Sehen abgehandelter Zahlen).

So wählte ein Eichhörnchen, nachdem es 7 Köder aufgenommen hatte, unter mehreren Schalen jene aus, die auf ihrem Deckel 7 Punkte aufwies. Bei dieser Zahl 7 liegt sowohl für den Menschen wie auch für fast alle Tierarten die obere Grenze des „unbenannten Zählens", nur der Delphin (Abb. 64) hat mit 10 diese Leistung noch deutlich übertroffen. Diese Fähigkeit wurde in der Schule von Koehler nicht nur für den optischen, sondern auch für den akustischen Bereich nachgewiesen. Ein Graupapagei konnte vom akustischen Bereich auf den optischen transponieren.

Ferster (1964) brachte Schimpansen bei, die Zahlen 1 bis 7 binär zu kodieren. Sie lernten einen Versuchsapparat zu bedienen, bei dem das Aufleuchten einer Lampe 0, der ausgeschaltete Zustand jeweils 1 bedeuten. Sie kodierten nach Befehl dann 001, 010, 011, 101 und 111 und konnten schließlich die jeweilige Musterzahl auf diese Weise anzeigen. So konnten sie zwar diese Zahlen bis 7 umsetzen, aber es gelang nicht, sie zu einem Abzählen im arithmetischen Sinn zu bringen.

Mit der Fähigkeit, mehr als 120 Symbole der amerikanischen Taubstummensprache zu lernen und richtig anzuwenden, haben Schimpansen erneut bestätigt daß ihnen gnostische Leistungen möglich sind, die an der oberen Grenze des bei Tieren vorkommenden liegen. Davon wird im folgenden Abschnitt noch zu reden sein.

4.3.5. Einsichtiges Lernen

Von McDougall stammt der Ausspruch „Einsicht ist Voraussicht", und Fischel spricht in diesem Zusammenhang von der „Fähigkeit zu zukunftsbedingter Entscheidung zwischen Handlungsmöglichkeiten". Das Einsichtslernen stellt eine averbale Systemleistung auf der Grundlage von Begriffen dar. Es setzt die bereits besprochenen gnostischen Grundleistungen voraus, es ist ohne die zentralnervösen Fähigkeiten einer temporalen Informationsverarbeitung unter Mitwirkung von Speichervorgängen im Sekunden- und Minutenbereich nicht möglich, es erfordert hierarchische Strukturierung von Wahrnehmungsinhalten, systematische Merkmalsextraktionen, Zuordnungen, und daher sind gerade solche Verhaltensleistungen von besonderem Interesse, die eine Fähigkeit ausweisen, neuartige gnostische Einheiten zu bilden, Zuordnungen zu erlernen, Ereignisfelder der Umwelt zu „interiorisieren" und über ein internes Verhalten für ein systematisches Handeln verfügbar zu machen. Wolfgang Köhler (1917) war mit seinen klassischen Schimpansenversuchen auf Teneriffa der erste, der diese Leistungen in ihrer Eigenwertigkeit erkannte. Wir wollen es mit seinen Worten sagen: „Die Schimpansen zeigen einsichtiges Verhalten von der Art des beim Menschen bekannten. Nicht immer ist, was sie Einsichtiges vornehmen, äußerlich Menschenhandlungen ähnlich, aber unter geeignet gewählten Prüfungsumständen ist der Typus einsichtigen Gebarens mit Sicherheit nachzuweisen." Als er seine Befunde veröffentlichte, kannte er die Untersuchung von Yerkes (1916) noch nicht, die auf Grund teilweise ähnlicher Experimente an einem Orang Utan zu einer entsprechenden Aussage geführt hatten.

Eine wesentliche Bedeutung bei dem Zustandekommen einsichtiger Lernvorgänge hat die „manipulative Wahrnehmungsneugier“, wie wir dieses Verhalten nennen möchten. Eine emotionale Wurzel hierfür liegt wohl in der Tendenz, fremde Objekte in die Eigenwelt des Körpers zu überführen, etwa durch Umhängen oder Auf-den-Kopf-setzen. Es ist weniger eine Wirkung nach außen als die „Steigerung des eigenen Körpergefühls“ (Köhler), eine „Personalerweiterung“. Die Beschäftigung mit der Eigenumwelt, die der eigene Körper bildet, kann bei den Menschenaffen offenbar zu einer eigenen Begriffsbildung führen, die wir mit dem Wort „Ich“ umschreiben. Lethmate (1974) stellte durch Spiegelversuche bei den Menschenaffen ein solches Verhalten fest, während Gibbons und „niedere Affen“ gegenüber dem Spiegelbild Artgenossen-Reaktionen zeigen, die bei Menschenaffen zunächst auch auftreten können. Die Abbildung 69 zeigt zwei Beispiele für das Sichselbsterkennen im Spiegelbild beim Orang und beim Schimpansen.

Die manipulative Wahrnehmungsneugier, die Beschäftigung mit Objekten ist eine Voraussetzung für das Entdecken von Invarianten und Funktionsgesetzmäßigkeiten von Umgebungsstrukturen ohne Eigenverhalten. Das individuelle Eigenverhalten bezieht diese Objekte mit ein; sicherlich liefert dabei der Begriff „Ich“ eine neue Qualität in diesem Verhaltensbezug. Die ursprünglich „eigenwertige“ Umwelt wird „fremdwertig“ (Tembrock 1949), die Bewertung wird jetzt zunehmend durch das handelnde Individuum determiniert; sie wird von den funktionalen Möglichkeiten abhängig, die das Objekt im eigenen Handeln wahrnehmen kann. Daß Schimpansen eine solche Bewertung erlernen können, ist wiederholt nachgewiesen worden. Sie lernten Spielmarken zu bewerten, die sich auf Grund ihrer Farbe unterschieden und gegen jeweils anderes Futter eingelöst werden konnten. Kapune (1966) gelang dieser Nachweis auch bei einer Rhesus-

Abb. 69. Orang Utan und Schimpanse im Spiegelversuch. Eigenkörperbezogenes Verhalten; Orang „dekoriert" Salatblatt auf den Kopf, Schimpanse versucht, einen aufgetragenen Farbfleck zu beseitigen (umgezeichnet nach Fotos aus LETHMATE 1974).

äffin, die sogar 34 Monate lang die Wertabstufung Gelb—Weiß—Grün—Blau behalten hatte. PREMAK (1972) spricht von Symbolisierung und geht dabei von folgenden Prämissen für cognitive Leistungen aus:

1. Mentale Bilder
2. Analyse eines Objektes hinsichtlich seiner Merkmale
3. Konzepte der physikalischen und funktionellen Verschiedenheiten, beispielsweise „Farbe“ als physikalisches Konzept, belebt—unbelebt als funktionelles
4. Ersetzung: Bildung einer internen Repräsentation eines Objektes in seiner Abwesenheit und Nutzung der internen Repräsentation
5. Subjektive Strukturierung des Gedächtnisses
6. Verdichtung und Zusammenfassung von Gedächtnisinhalten
7. Einführung von Regeln, Erzeugungsregeln
8. Präsumptive linguistische Operationen, speziell Umformungen.

PREMAK sieht zwei Wege zum Aufbau eines präsumptiven linguistischen Verhaltens:
— Der Organismus lernt, zu symbolisieren
— Symbolisation ist eine integrale Fähigkeit vielleicht aller Lernvorgänge und macht daher Sprache möglich.

A. und D. PREMAK (1972) lehrten ihre Schimpansin „Sarah“ mit Hilfe verschieden geformter und gefärbter Plastikmarken, die an eine Magnetwand geheftet wurden, zu „lesen“ und zu „schreiben“, wobei jedes Element ein Wort repräsentiert. Die Schimpansin verfügte schließlich über ein Vokabular von 130 Bezeichnungen, die sie mit einer korrekten Zuordnung von 75—80% verwendete. Sie konnte etwa einen schriftlichen Befehl „Sarah, lege Apfel Teller Banane Eimer“ richtig befolgen (Abb. 70).

Die Schimpansin „Washoe“, die bei dem Ehepaar GARDNER (1969, 1971, s. auch FOUTS 1975) die amerikanische Taubstummensprache ASL lernte, beherrschte schließlich 73 Hauptwörter, darunter 14 Personennamen, 12 Bezeichnungen für Gegenstände der Körperpflege, 12 für Nahrungsmittel, 5 für Tiere. Außerdem konnte sie 22 Verben, 19 Adjektive, darunter 4 Farben, sowie 5 Ad-

Abb. 70. Schimpansin „Sarah" handelt die Bedeutung der angebrachten Zeichen ab: „Sarah lege Apfel Schale Banane Eimer" (verändert nach PREMAK 1972).

verben und 4 Pronomina. Auch hier ist der „Ich"-Begriff vertreten, sowohl durch „me" wie durch „Washoe". FOUTS, der die Untersuchungen inzwischen auf verschiedene Schimpansen ausdehnte, konnte individuelle Unterschiede in der Art der „Sprach-Aneignung" nachweisen. Auch spontane Aneignung von Zeichen, selbst die Bildung neuer, vom Menschen nicht benutzter Zeichen, wurde beobachtet. Alle Schimpansen, die bisher untersucht wurden, konnten alle Zeichen lernen, jedoch gab es deutliche Unterschiede in der Fehlerquote bei der Anwendung der Zeichen. Die Lerndauer für ein Zeichen liegt zwischen 9,75 und 316 min.

Untersuchungen von FABRI an Affen haben gezeigt, daß eine reizarme Umwelt die Manipulation mit Gegenständen begünstigt. Beim Menschen gibt es eine Periode der „manipulatorischen Wahrnehmungsneugier“ während der kindlichen Entwicklung, die eine hohe Sensibilität aufweist, offenbar eine optimale Periode darstellt und bis zu einem Alter von etwa 1,5 bis 2 Jahren reicht. PIAGET (1954, 1960) hat sie die „sensorimotorische Periode“ genannt. Er unterscheidet dabei sechs Stufen:

— neonatale Reflexperiode } prämanipulative Stufe
— Stufe der ersten erworbenen Anpassungen } prämanipulative Stufe
— Frühmanipulative Stufe
— Stufe des Findens von verborgenen Objekten
— Stufe der Versuchs- und Irrtumsstrategie
— Verzögerte Nachahmung und Symbole.

Eine besondere Form emotionaler Objektbewertung ist die bei Schimpansen wohl erstmals durch N. KOHTS (1932) nachgewiesene Fähigkeit zum „Malen“, wobei sie Vorlagen gab, die zu ergänzen waren. Schimpansen, die mit Farbe arbeiten können, zeigen dabei eine starke Konzentration und reagieren mit Aggression, wenn sie gestört werden; auch beenden sie die Arbeit zu einem bestimmten Zeitpunkt, lösen das bearbeitete Blatt aus dem Block und beginnen ein neues „Bild“. MORRIS (1962) konnte individuelle Stileigentümlichkeiten nachweisen. RENSCH (1961) stellte fest, daß Schimpansen ihre Pinselstriche vorgegebenen geometrischen Figuren anpassen (Abb. 71).

Abb. 71. Pinselstriche eines Schimpansen, in vorgegebene Figuren eingefügt (nach Foto aus RENSCH 1961).

Die Erfahrung im Objektumgang, womöglich in der frühen Kindheit, hat offensichtlich eine wesentliche Bedeutung bei dem Einsichtslernen. BIRCH (1945) konnte zeigen, daß Schimpansen, die wenigstens drei Tage mit bestimmten Gegenständen manipuliert hatten, diese sofort (innerhalb von 20 s) funktionsrichtig als Werkzeuge zum Herbeischaffen von Nahrung einsetzen. Ein typisches Einsichtsverhalten eines Schimpansen, der eine hochhängende Banane erreichen soll, sei mit den Worten von W. KÖHLER geschildert:

„Sultan gibt das (Springen) jedoch bald auf, geht unruhig im Raum umher, bleibt plötzlich vor der Kiste stehen, ergreift sie, kantet sie hastig in gerader Linie auf das Ziel zu, steigt aber schon hinauf als sie noch etwa $^1/_2$ m (horizontal) entfernt ist und reißt, sofort mit aller Kraft springend, das Ziel herunter. Seit Anheften des Zieles sind etwa 5 Minuten vergangen; der Vorgang vom Stehenbleiben vor der Kiste bis zum ersten Biß in die Frucht hat nur wenige Sekunden gedauert, er ist von jener Unstetigkeit (Stutzen) an ein einziger glatter Verlauf." Haben Schimpansen mehrere Kisten aufeinander zu türmen, um das Ziel zu erreichen, geschieht das gewöhnlich wenig exakt, so daß meist schnellstes Klettern dem Einsturz der Pyramide zuvorkommen muß. Sind vier Kisten aufeinander zu stellen, versagen viele Schimpansen. Ein Schimpanse löste das Problem, indem er den Versuchsleiter am Kragen packte und unter das hochgehängte Ziel schob, um dann von dessen Schulter aus die Banane bequem zu erreichen. GRZIMEK (1951) berichtet von einem Schimpansenkind, das zum Öffnen einer Tür einen Stuhl heranzog; als die Tür verschlossen war, holte es einen Stuhl nach dem anderen. Das ist nach KÖHLER ein „guter Fehler": Die richtige Einsicht, daß der Stuhl ein wesentliches Hilfsmittel zum Öffnen der Tür ist, wurde hier fehlgeleitet.

Komplexe manipulative Leistungen auf der Grundlage von Einsicht wurden in der Schule von RENSCH (Zusammenfass. RENSCH 1973) an Schimpansen untersucht. So hatte ein Schimpanse zu lernen, Kästen mit 14 verschiedenen Typen von Verschlüssen zu öffnen, wobei jeweils in einem Kasten der Schlüssel für einen weiteren zu finden war. Er extrapolierte vom Ziel her seine Verhaltensstrategie. Die Werkzeuge zum Öffnen der Kästen waren durch Plastikscheiben zu sehen. Der Schimpanse hatte dann zu lernen, mittels eines Eisenringes in einem Automaten Futter einzulösen. Nachdem er dies beherrschte, wurde der Eisenring in einen Behälter gebracht, der oben mit einer durchsichtigen Plastikscheibe abgedeckt war und nur eine Öffnung enthielt. Mittels eines Magneten konnte der Ring jetzt zur Öffnung befördert werden. Schließlich wurde das Innere des Kastens in ein Labyrinth mit einer immer größeren Anzahl von Blindgängen umgestaltet, so daß eine komplizierte Führung des Ringes mittels des Magneten erforderlich wurde. Nachdem die Schimpansin diese Leistung ebenfalls beherrschte, wurden ihr nun unbekannte Labyrinthe vorgesetzt; sie hatte die Aufgabe, den richtigen Weg zu finden. Bei 100 komplizierten Aufgaben dieser Art gab es nur 4,5% Fehler (Führung des Ringes in Sackgassen, wobei sie jeweils vorher das neue Labyrinth zunächst einige Zeit betrachtete). Studenten schafften die Aufgabe im Durchschnitt doppelt so schnell, doch lag ihre Leistung noch in der Streubreite, und es gab einige, die länger als der Schimpanse zur Lösung brauchten. RENSCH schließt aus dem Verhalten auf dem menschlichen „Überlegen" vergleichbares „Spiel der Motive" vor dem Handlungsvollzug. Die Dauer dieser Überlegung betrug im Mittel 51 s, maximal 157 s.

Einsichtiges Lernen wird nicht allein von Bedürfnisspannungen bestimmt, ist nicht nur zielbezogene Bewertung cognitiver Einheiten, es kann auch selbst zielbildend werden, Informationen neu strukturieren, wobei vielleicht eine Systemeigenschaft die Tendenz zur inneren Prägnanz ist, die auch zu Qualitätsumschlägen führen kann, die als „Aha-Moment" erlebt werden. Die verändernde Selektion, durch die das Ökosystem die einzigartige organismische Evolution verwirklicht hat, vollzieht sich nach der Interiosierung des Ökosystems als Leistung zentralisierter Nervensysteme, vielleicht mit derselben Strategie des Suchschrittverfahrens und der Bewertung neu entstandener Zustände. KRUSHINSKI (1970) hält ein objektives Studium der Evolution der Intelligenz für möglich. Das Vorhandensein einer ausreichenden Anzahl von Neuronen sowie qualitative Unterschiede spezifischer Neurone und die Bildung funktioneller Konstellationen individueller Neurone sind nach seiner Ansicht dabei notwendige Voraussetzungen. Experimente zur Fähigkeit der Extrapolation können Hinweise auf die zu fordernden Leistungen geben.

Vielleicht hat die Evolution des Nervensystems auch eine „Schaltalgebra“ entwickelt, die mittels der Gedächtnisstrukturen und dem aktuellen Informationseingang logische Operationen ermöglicht, die geeignet sind, reale Formen der Verknüpfungen in der Umwelt intern nachzuvollziehen. Die Lernleistungen der Tiere, bestimmt durch vielfältige Umweltanpassungen und in mannigfacher Richtung spezialisiert, lassen auch den Weg erkennen, der zum Menschen führt.

5. Kommunikationssysteme

5.0. Einführung

In der Stammesgeschichte ist die Nachrichtenübertragung zwischen Organismen mit den Artpopulationen entstanden, also auf der Basis eines gemeinsamen Grundalphabetes, dem Genpool. Dabei gehen wir davon aus, mit Lyons (1972) informationelle und kommunikative Signale zu unterscheiden, wobei die informationellen Signale beim Empfänger semantisch belegt werden, während kommunikative Signale durch den Sender mit Bedeutung belegt werden, die der Adressat „richtig“, also im Sinne des Senders, entschlüsseln muß. Kommunikations-Systeme sind in diesem Sinne Populationen von Organismen, zwischen denen Nachrichten-Übertragung möglich ist, und die ihre Struktur durch diese Nachrichten-Übertragung stabilisieren oder auch verändern können. Diese Form der Beschreibung zwischentierlicher Beziehungen ist nicht mit den Begriffen der Tier-Soziologie gleichzusetzen; Kommunikation ist auch zwischen Individuen nicht-sozialer Arten möglich, etwa im Zusammenhang mit der Fortpflanzung oder der Jungenaufzucht. Aber auch in Populationen, die im herkömmlichen Sinne nicht als Sozialstrukturen bezeichnet werden, bildet sich ein Raum-Zeit-System heraus, das diese Populationen dynamisch stabilisiert, und dies wiederum vor allem durch kommunikative Prozesse. Territorialverhalten wäre ohne diese nicht denkbar. Kommunikation ist ein Mechanismus zur Stabilisierung von Populationen, eine Funktion der Populationssysteme, deren grundsätzliche Bedürfnis-Determinanten bereits an anderer Stelle genannt wurden (S. 97). Kommunikation kann als Reduplikation individueller informationeller Zustände aufgefaßt werden, wobei vermutlich folgende Populationsansprüche diesen Prozeß entscheidend bestimmt haben:

— Konnexion
  - Gametenübertragung (Sexualsystem)
  - Übertragung von Nährstoffen (Pflegesystem)

— Schutz
  - Übernahme von Schutzfunktionen gegenüber der Umwelt
  - Übernahme von Körperpflegeleistungen (Fremdputzen = Allogrooming oder Allopreening)

— Distanzregulation (Raum-Zeit-System)
  - Zwischen Konkurrenten mit gleichen Raumansprüchen 2. Ordnung
  - Zwischen gleichgeschlechtlichen Individuen (Rivalensystem)
  - Zwischen Nahrungskonkurrenten
  - Zwischen Individuen ohne speziellen Motivationsbezug (Sozialsystem: Mutuelle Attraktion).

Die wechselseitige Anziehung (mutuelle Attraktion), in der von den meisten Forschern die entscheidende Grundlage des eigentlichen Sozialverhaltens gesehen wird, dürfte ihre Hauptwurzeln in konnektiven Vorgängen haben, der direkten Gametenübertragung und der direkten Nahrungsübertragung, die beide eine extreme Distanzverminderung bis zum physischen Kontakt erforderlich machen. Anders gesagt: Offenbar ist die Raum-Zeit-Ordnung innerhalb einer Population ein wesentliches Element für die Entwicklung sozialer Strukturen (s. S. 213). Diese sind generell dadurch gekennzeichnet, daß die Bezugsreize für die Raumordnung überwiegend von Artgenossen und nicht mehr von ökologischen Faktoren kommen, also eine Orientierung im Populationssystem stattfindet. Soziales Appetenzverhalten I ist ein orientierendes Verhalten, bezogen auf Artgenossen, soziales Appetenzverhalten II ist ein orientiertes Verhalten, bezogen auf bestimmte Artgenossen. Ursprünglich wurden solche Orientierungseinstellungen durch bestimmte Endhandlungen (z. B. Kopulation) „bekräftigt", später entwickelte sich daraus eine „Sozialorientierung", analog zur Raumorientierung im Rahmen des Erkundungsverhaltens, das wahrscheinlich ja auch aus speziellen Zielfunktionen abzuleiten ist. Wenn die Endhandlung bei der Artgenossen-Orientierung wegfällt, das Appetenzverhalten II selbst zum Handlungsziel wird, dann können wir von einer „sozialen Appetenz" sprechen. Zweifelsohne wurden in der Evolution derartige Vorgänge auch durch ökologische Faktoren stark gefördert, und es gibt Übergangsfälle, die es schwer entscheidbar machen, ob die Orientierungsmechanismen ökologische oder populationsspezifische Bezugsreize haben.

Im Populationssystem möchten wir hinsichtlich der Distanzregulationen drei Felder unterscheiden:

— Kontaktfeld: Es besteht physischer Kontakt zwischen den Individuen, ein externer Übertragungskanal für die Information ist nicht erforderlich

— Nahfeld: Es besteht über einen externen Kanal ein informationeller (permanenter) Zusammenhang zwischen den Individuen (sie sehen sich und/oder hören sich und/oder riechen sich, evtl. auch thermischer oder elektrischer Informationsfluß)

- Fernfeld (Distanzfeld): Es besteht kein informationeller Kontakt zwischen den Individuen, er muß erst kommunikativ hergestellt werden und besteht nur, so lange die Nachrichtenübertragung vollzogen wird. Im Kontaktfeld vollzieht sich die Kontaktkommunikation, während in den beiden anderen Feldern nur Telekommunikation möglich ist.

Generell gilt, daß mit der „Sozialisierung" die Wahrnehmung ökologischer Ansprüche durch Individuen der Population gegenüber Artgenossen zunimmt. So können Erwachsene für Jungtiere die Raum- und Zeitansprüche 2. Ordnung wahrnehmen, ebenso Schutz und Nahrungsbeschaffung. Wheeler (Zusammenfass. 1923) hat mit der „Trophallaxis-Theorie" dem trophischen Zusammenhang sogar eine zentrale Funktion für die Evolution der Insektensozietäten eingeräumt. Im allgemeinen handelt es sich bei Vergesellschaftungen um homotypische Sozietäten, die sich aus Individuen einer Tierart zusammensetzen; zwischenartliche Vergesellschaftungen werden heterotyp genannt.

Innerhalb der homotypischen Vergesellschaftungen sollte man morphologisch wenigstens zwei Hauptgruppen unterscheiden. Bestehen die Gruppen nur aus einem Morphotyp (z. B. Männchen), können sie als homomorphe Sozietäten bezeichnet werden, sind in ihnen mehrere Morphotypen enthalten, wären sie demnach als heteromorphe Sozietäten zu bezeichnen. Insekten-Sozietäten, aber auch viele Wirbeltier-Vergesellschaftungen gehören hierher.

Vergesellschaftungen werden durch „Sozialfaktoren" verwirklicht und zeigen die Tendenz zur „disjunkten Supraindividuation" auf multizellulärer Ebene: Physisch getrennte Individuen bilden ein Relationsgefüge, das sich in bestimmten Grenzen supraindividuell gegenüber einer gemeinsamen Umwelt verhält, als Ganzes damit andere

Eigenschaften aufweisen kann als ein Einzelindividuum. Nach dem Grad der wechselseitigen Abhängigkeit sowie der inneren Stabilität hat man wiederholt versucht, derartige Sozialstrukturen zu klassifizieren. Hier sei folgende Einteilung vorgeschlagen:

- Unkoordinierte Gruppierungen: Der zeitweise stationäre Status mit bestimmten Raumansprüchen führt Individuen zusammen, ohne daß echte Koordinationen auftreten. Diese Struktur deckt sich etwa mit den in der Literatur als „Assoziationen" oder „akzidentelle Vergesellschaftungen" bezeichneten Gruppierungen (vgl. DEEGENER 1918, ALVERDES 1925, ALLEE 1951, GRASSÉ 1952, REMANE 1971, BOX 1973). Manche Autoren bezeichnen diese Gruppierungen auch als „Aggretationen"
- Elementar-koordinierte Gruppierungen, bei denen grundlegende Bewegungsformen (allgemeine Ortsveränderungen) gemeinsam und in räumlicher Nachbarschaft erfolgen: „Aggregationen" s. str.
- Anonyme offene Sozietäten, bei denen bereits spezielle Mechanismen der Wechselwirkung bestehen, doch sind die Einzelindividuen beliebig austauschbar; diese Gruppen sind vorwiegend nicht stationär, sie werden oft als „Schwärme" oder „Herden" bezeichnet, bei Ortsveränderungen zeigen sie Tendenzen zur Polarisation, also parallele gleichgerichtete Körperordnung
- Nicht-anonyme offene Sozietäten; hier ist der Austausch von Individuen ebenfalls möglich, doch kennen sich benachbarte Individuen persönlich; überwiegend stationär, z. B. Brutkolonien
- Anonyme geschlossene Sozietäten; die Angehörigen erkennen sich an überindividuellen „Abzeichen", etwa einem Gruppen-Geruch und greifen Fremde an; diese Sozialgefüge werden auch Sippen oder „Staaten" genannt
- Nicht-anonyme geschlossene Sozietäten; die Angehörigen kennen sich individuell und sind daher nicht ohne weiteres austauschbar; hier bestehen meist hierarchische Strukturen auf Grund von Dominanz- und Subdominanz- sowie Rollenverhalten.

Die grundlegenden Verhaltensmechanismen, die als ethologische Sozialfaktoren wirksam werden können, wurden bereits an anderer Stelle (S. 210) genannt. Die kommunikativen Sozialfaktoren, die sich vielfach mit den ethologischen hinsichlich ihrer „materiellen Basis“ decken, können als Nachrichten über folgende Kanäle laufen:

— chemischer Kanal
— elektrischer Kanal
— thermischer Kanal
— mechanischer Kanal
  • taktil-mechanisch
  • vibratorisch
  • akustisch
— optischer Kanal.

Mögliche Stufen der Entwicklung einer echten Nachrichten-Übertragung aus der Informationsaggregation sind folgende:

1. Koinzidenz der Informationsprozesse
2. Funktionsübertragung (Allelomimetik)
3. Funktionsanzeige
4. Bedeutungsübertragung
4.1. Anzeige und Übertragung innerer Zustände oder Ereignisse
4.2. Anzeige und Übertragung äußerer Zustände oder Ereignisse.

Echte Kommunikation liegt erst bei (4) vor, während die Funktionsanzeige vielleicht als „Metakommunikation“ (oder „Primärkommunikation“) bezeichnet werden kann. Im einzelnen gilt für die genannten Stufen folgendes (Abb. 74): In Stufe (1) wird angenommen, daß auf Grund raumzeitlicher Nähe die Individuen (a) und (b) dieselbe aktuelle Umwelt haben. Es kommt zu einer Koinzidenz der Informationsprozesse, deren Prägnanz noch dadurch erhöht wird, daß beide gleichzeitig auch übereinander Information bilden, also beispielsweise sich wechselseitig sehen. Das könnte, wenn die aktuelle Umwelt etwa ein „Bodenfeind“ ist und die Organismen Vögel sind, zum gleichzeitigen Aufflug führen.

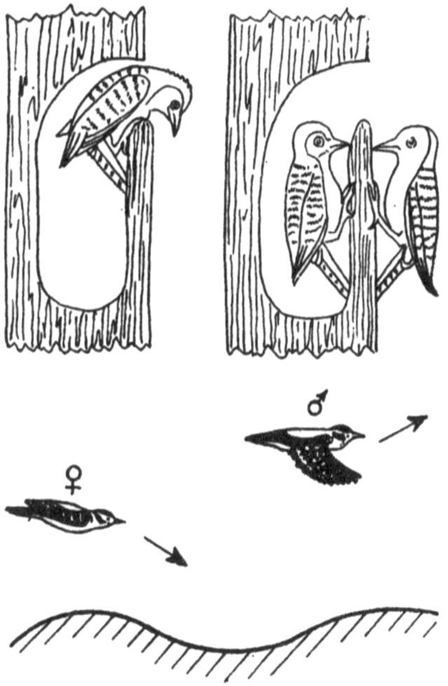

Abb. 72. Oben: Paarbildung bei dem nordamerikanischen Specht *Centurus carolinus*: Das Männchen ruft „kwirr“ vom Eingang seiner Schlaf-Höhle, sträubt das Nackengefieder und richtet den Schnabel nach unten. Es beginnt auf der Innenseite zu klopfen (ca. 3/s), wenn das Weibchen anfliegt und sich dem Klopfen anschließt (nach KILHAM, 1958). Unten: Paarflug des Spechtes *Dendrocopus villosus*, gewöhnlich über den Baumgipfeln des Revieres des Weibchens (nach KILHAM, 1960).

Im zweiten Fall wird angenommen, daß Vogel (b) zwar Vogel (a) sehen kann, nicht aber den Raubfeind. Er hat also eine andere aktuelle Umwelt = $U_{(b)}$. Fliegt jetzt (b) auf, dann kommt es zu einer Funktionsübertragung: Der Vogel (b) übernimmt das Verhalten von (a). Der Nachteil dieser Situationsbeziehung ist, daß (b) die Verhaltensursache nicht kennt. Auf dieser Grundlage könnte nun der nächste Schritt vollzogen werden, für den das gleiche Strukturbild gilt, nur mit dem Unterschied, daß die Verknüpfung von (a) nach (b) jetzt durch (a) hergestellt wird, indem

Männchen	Weibchen
	erscheint
Zickzacktanz	
	weist den dicken Bauch
führt zum Nest	
	folgt
zeigt den Nesteingang	
	schwimmt ins Nest
Schnauzentremolo	
	laicht ab
entleert Sperma	

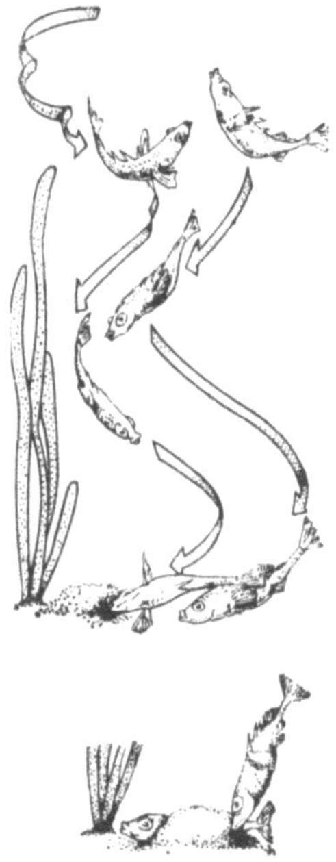

(nach TINBERGEN, 1952).

Abb. 73. Das Paarungsverhalten des Dreistacheligen Stichlings (*Gasterosteus aculeatus*).

(a) durch „mimisch-übertriebene" Flügelbewegungen (Intentionsbewegungen zum Abflug) die Bereitschaft zum Abflug anzeigt. Er sendet ein ikonisches Zeichen, das die Funktion abbildet, nicht aber die Ursache oder Bedeutung, denn der Abflug ist gemeinsame Endstrecke für sehr verschiedenartige Motivationen. Ein weiterer Nachteil dieser Nachrichtenübertragung liegt darin, daß die Funktion abgebildet und daher auch leicht für Nicht-Adressaten zu deuten ist. So könnte — noch immer auf derselben Grundlage — der nächste Schritt vollzogen werden: Die Informa-

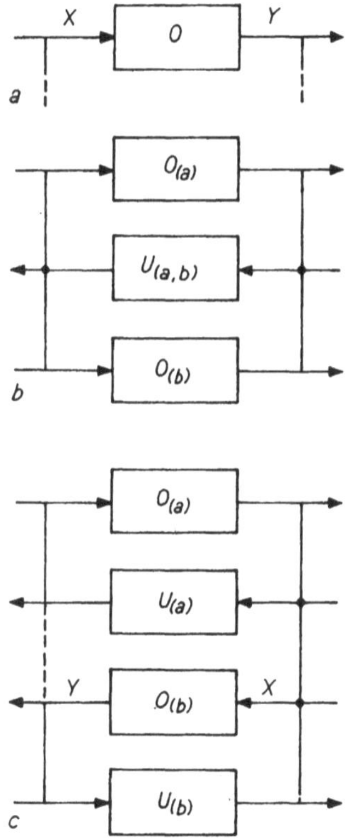

Abb. 74. Strukturbilder einer möglichen Ableitung der Kommunikation (Bezeichnungen wie Abb. 2, Einzelheiten im Text).

tion wird eindeutig übertragen, gleichviel ob durch speziell modifizierte Flügelbewegungen und/oder vielleicht einen Laut: Jetzt erhält (b) die Information „Bodenfeind“. Da (b)' eine eigene Umwelt hat, besteht für ihn die Möglichkeit zur Entscheidung über das optimale Verhalten, er kennt ja die Bedeutung des Verhaltens von (a). Eine echte Nachrichtenübertragung ist gegeben. Für (a) wäre jetzt noch wichtig, zu erfahren, ob (b) das Signal bzw. die Nachricht empfangen hat. Der einfachste Fall wäre, über die Verhaltensantwort zu kontrollieren (gestrichelte Linie der Abbildung c). Der nächste Schritt wäre, daß (b) über diese Verbindung eine Bestätigung sendet: die Wiederholung der empfangenen Nachricht. Damit ist eine bidirektionale Kommunikation gegeben, die sich im letzten Evolutionsschritt zu einem echten Dialog ausgestalten kann. Es ergibt sich eine „stochastische Synchronisation" (Marko 1966) zwischen (a) und (b). Wir wollen von der echten Kommunikation („Sekundärkommunikation") sprechen, wenn zwischen Sender und Empfänger eine Rückkopplung besteht. Das System wird damit kontrollfähig und autoregulativ.

Damit ist zugleich eine Zunahme des Ordnungsgefüges innerhalb einer Gruppe beschrieben, verknüpft mit einem Anwachsen der Informationsprozesse als Mittel der Steuerung und Regelung. Träger dieser Prozesse ist das Verhalten, also der Output (Y).

Ein Kommunikationssystem setzt sich grundsätzlich aus Sender oder Expedienten, Kanal und Empfänger oder Perzipienten zusammen; im Falle einer adressierten Nachricht ist der Empfänger der Adressat. Der Sender verfügt über Signalwandler, mit dessen Hilfe eine kanalgerechte Umformung der Nachricht (Codierung) vorgenommen wird. Der Perzipient muß mit Hilfe eines Rückwandlers die Decodierung vollziehen. Das setzt einen gemeinsamen Code zwischen Sender und Empfänger voraus. Eine nach Regeln geordnete Auswahl aus einem vereinbarten Zeichen-Satz bildet die Nachricht, die durch Signale physisch realisiert wird. Durch einen gemeinsamen Kontext wird die Nachricht für den Empfänger verständlich, er bestimmt die Bedeutungs-Relevanz.

Gehen wir davon aus, daß die Voraussetzung für die Entwicklung informationeller Prozesse in der Evolution die Konnexion war, also die Aufnahme von Substanzen, dann wird man die chemischen Signale als die ursprünglichsten ansehen müssen. Zu Beginn der organismischen Evolution waren Stoffaufnahme und Informationsaggregation gekoppelt bzw. quasiidentisch, Ordnungsmaß, Negentropie und Information fielen zusammen. Hier sind auch Semantik und Pragmatik noch identisch. Erst als ein Übertragungsweg (Kanal) eine Signal-Codierung bei der Informationsaufnahme erforderlich machte, also auf der eigentlichen Verhaltensebene, wurde die Identität zwischen dem thermodynamischen Entropie-Begriff und der Informationsmetrik aufgehoben; so wenigstens möchten wir hypothetisch den hier zur Erörterung stehenden Zusammenhang beschreiben.

5.1. Chemische Signale

Chemische Signale sind im Tierreich weit verbreitet, eine besondere Gruppe stellen dabei die Pheromone, Wirksubstanzen, die von Tier zu Tier übertragen werden und hier gerichtete Zustands- oder Verhaltensänderungen hervorrufen. Bei Statusänderungen wird von der Primer-Wirkung gesprochen, während die Verhaltensauslösung als Releaser-Effekt bezeichnet wird. Pheromene können auch als stationäre Signale eingesetzt werden, etwa als „Duftmarken" oder Spur-Pheromone. Intensitätsänderungen können dann zur Zeitbestimmung oder beim Spurenlegen als Richtungsanzeige ausgewertet werden. HALDANE (1955) hat in diesem Zusammenhang auf die Analogie zur Schrift hingewiesen.

Das Wort „Pheromon", von KARLSON und LÜSCHER 1959 geprägt, hat sich inzwischen in der Literatur eingebürgert, obwohl KIRSCHENBLATT bereits 1957 den Namen „Telergone" vorgeschlagen hatte, der dann von ihm allerdings umfassender ausgelegt wurde und alle chemisch über eine Distanz von Tier zu Tier wirksamen Substanzen einbezog, die er folgendermaßen einteilte (1962):

1. Homotelergone, intraspezifisch wirkend = Pheromone
1.1. Gonophyne: Auf Gonadenentwicklung wirkend
1.2. Gamophyne: Auf Geschlechtsreifung wirkend
1.3. Epagone: Attraktivsubstanzen
1.4. Odmichnione: Duftspuren
1.5. Thorybone: Schreckstoffe

2. Heterotelergone, interspezifisch wirkend
2.1. Amynone: Abwehrstoffe, auch Gifte
2.2. Prophatone: Giftstoffe zum Paralysieren oder Töten
2.3. Lichneumone: Substanzen von Ameisen- und Termitengästen

2.4. Xenoblaptone: Substanzen von Parasiten, den Wirt beeinflussend.

KARLSON und SCHNEIDER (1973) bezeichnen Pheromone als Stoffe, die der chemischen Kommunikation zwischen Individuen einer Art dienen. Diese Definition impliziert die Informationsaufnahme, also einen rezeptorischen Vorgang. Vielleicht könnte man (in Umkehrung eines früheren Vorschlages, TEMBROCK 1972) Pheromone alle rezeptorwirksamen Substanzen nennen, und den Begriff Telergone auf die über andere Wege wirksam werdenden Substanzen beschränken, die auch als „Allochemicals" bezeichnet worden sind. Obwohl Pheromone im Tierreich weit verbreitet sind, ist ihre Untersuchung unter Einschluß der chemischen Aufklärung dieser Substanzen bei den Insekten mit Abstand am weitesten vorangetrieben. Hier werden die Pheromone nach ihren Funktionen unterschieden, so gibt es z. B. Sexualpheromone, einschließlich „Aphrodisiaka", Spurenpheromone, Aggregationspheromone, Pheromone im Dienst der Fortpflanzungsregulation, Alarmpheromone. Konkrete Verhaltenswirkungen können sein (vgl. auch PRIESNER 1973):

1. Primer-Effekte
1.1. Zentralnervöse Umstimmung
1.2. Hormonale Umstimmung

2. Releaser-Effekte
2.1. Arrestant-Wirkungen: Unterdrückung von Verhaltensreaktionen
2.2. Steigerung der lokomotorischen Aktivität
2.3. Erhöhung der Reaktionsbereitschaft
2.4. Auslösung von Orientierungsreaktionen durch richtungsbestimmende Faktoren (Bezugsreize)
2.5. Richtungsweisung, z. B. Duftspuren
2.6. „Triggern" bestimmter Verhaltensreaktionen
2.7. Zeitgeberwirkungen (?).

Die Pheromone werden durch bestimmte Drüsen abgesondert. Die meisten Insektenpheromone gehören zwei Typen an: (a) Pheromone mit langer aliphatischer Kette, das gilt vor allem für die Sexuallockstoffe; (b) Pheromone der Isoprenoid-Reihe, also von einem Isopren-Gerüst ableitbar, wobei die Mevalonsäure als gemeinsame Vorstufe vermutet wird. Hierher gehören vor allem die Spurenstoffe und Alarmpheromone der Ameisen und Termiten. Die Pheromone werden durch Diffusion oder Konvektion gewöhnlich in Gasform übertragen und durch Adsorption an die Rezeptororgane gebunden; vermutlich erfolgt dann eine Reaktion an den Membran-Akzeptoren. Die Wirkung der Pheromone vollzieht sich gewöhnlich in einem „mehrkanaligen“ Übertragungssystem, an dem also auch andere Reizmodalitäten, etwa mechanische und optische, beteiligt sind, so daß die zugeordnete Verhaltenskette erst bei der entsprechenden Kombination komplett verlaufen kann. Daher sind die Pheromone auch in vielen Fällen nicht artspezifisch. Anders liegt es dagegen bei den meist interspezifisch wirksam werdenden Substanzen, die dann auch auf anderen Wegen, und nicht über Rezeptoren übertragen werden, die wir hier also Telergone nennen wollen. Hier liegt wohl gewöhnlich eine unimodale Reizwirkung vor, die eben nur über den chemischen Kanal erfolgt. Die Praxis hat sich besonders für Pheromone interessiert, die ihrer Funktion nach „Attraktivsubstanzen“ (Attractants) sind, obwohl auch die distanzvergrößernden Substanzen oder „Repellents“ unter diesem Aspekt Bedeutung haben. Zu Stoffen mit diesen Wirkungseigenschaften gehören aber auch solche, die von Nährsubstanzen gebildet werden, oder auch von Substraten, die der Eiablage dienen. Natürlich sind auch die Aggregationssubstanzen solche Attraktants. So konnten Francke und Heemann (1974) Ambrosiakäfer (*Xylosterus*) mit einem solchen Aggregationspheromon, dem 3-Hydroxy-3-methylbutan-2-on erfolgreich anlocken. Bettwanzen (*Cimex lectularius*) erzeugen bei Störung Alarmsubstanzen, die als Repellents wirksam werden (Levinson et al. 1974).

Ein ungewöhnlicher Fall liegt vor bei der „räuberisch“ im Meer lebenden Spindelschnecke *Fasciolaria tulipa* vor: Hier reagieren die Tiere auf Artgeruch mit Flucht oder Fangverhalten, wobei im zweiten Fall der Partner entweder als Kopulationspartner dient oder gefressen wird. Dabei scheint die Größe ein wichtiger Faktor zu sein und über die Menge der Substanz ermittelt zu werden (N. und H. SNYDER 1971).

PFLUMM (1970) konnte für die Honigbiene die auslösenden Faktoren für das Duftmarkieren bestimmen (Abb. 75). Im Sozialleben der Insekten stellen die Pheromone wichtige Hilfsmittel zur Steuerung und Regelung dar: So sondern die Männchen der Roßameisen (*Camponotus*) unmittelbar vor dem Abflug aus den Mandibeldrüsen ein Pheromon ab, das die Weibchen ebenfalls zum Abflug veranlaßt, so daß ein typisches Schwarmverhalten zustande kommt. Hummelmännchen haben Schwärmbahnen, die sie mittels ihres Labialdrüsensekretes markieren (*Bombus terrestris:* 2,3-Dehydro-trans-6-Farnesol) und damit die Weibchen anlocken. Bei den Königinnen der Honigbienen wurden bisher in den Mandibeldrüsen 14 verschiedene Substanzen chemisch analysiert. Wichtige Funktionen dieser Substanzen sind:

— Anlocken der Drohnen beim „Hochzeitsflug“
— Anlocken von Arbeiterinnen beim Schwärmen
— Zusammenhalt der Schwarmtraube
— Hemmung der Gonadenentwicklung der Arbeiterinnen im Stock.

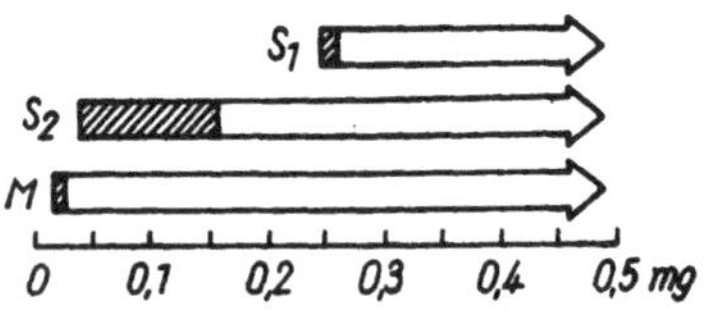

Abb. 75. Schwellenbereiche zur Auslösung des Sterzelns beim Duftmarkieren der Honigbiene (*Apis mellifera*); S_1 = Sterzeln während des Saugens, S_2 = Sterzeln vor dem Saugen, M = Markierungsflug; Abszisse: mg Saccharose/s (nach PFLUMM 1970).

Viele Hautflügler (Hymenoptera) verfügen über besondere Alarm- und Defensivsubstanzen, die sie in Kombination mit bestimmten Verhaltensweisen einsetzen, wobei das Verhalten durch die Lage der Drüsen mitbestimmt wird (Abb. 76). Manche Ameisen können durch die Substanzdichte, die sie beim Spurlegen absetzen, die Ergiebigkeit der Futterquelle dem Artgenossen anzeigen.

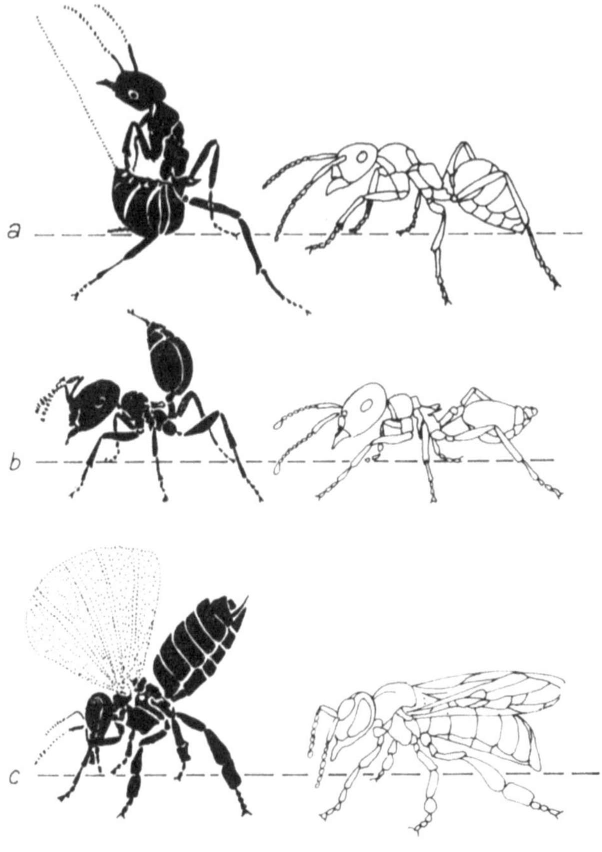

Abb. 76. Alarm- und Verteidigungsverhalten bei sozialen Insekten; a) *Formica*, b) *Crematogaster*, c) *Apis* (rechts jeweils Normalhaltung) (verändert nach MASCHWITZ aus HÖLLDOBLER 1970).

Dieses Verständigungssystem wird von manchen Käfern, wie dem Glanzkäfer *Amphotis marginata*, benutzt, die sich auf den Spuren einfinden und die dort entlang kommenden Ameisen erfolgreich um Futter anbetteln (vgl. HÖLLDOBLER 1970).

Gelegentlich können recht spezielle Verhaltensweisen, ja selbst wieder andere Kommunikationssysteme durch Pheromone aktiviert werden.

Eine vielfältige Bedeutung für das Verhalten haben auch die Hautdrüsen der Säugetiere (vgl. MYKYTOWYCZ 1972, MÜLLER-SCHWARZE 1974). Da diese Drüsen an den verschiedensten Körperstellen liegen können, gibt es zahlreiche artspezifische besondere Verhaltensformen, die der Übertragung von Sekreten auf das Substrat dienen. Neben der Nase als Hauptrezeptor für die chemischen Informationen haben das im Mundhöhlendach gelegene Jacobsonsche Organ, das besonders bei dem als „Flehmen" bezeichneten Verhalten eingesetzt ist, gelegentlich auch Geschmacksrezeptoren für die Informationsaufnahme Bedeutung. Manche Sekrete scheinen erst unter bakterieller Einwirkung geruchsaktiv zu werden, wie etwa jene der menschlichen Achseldrüsen. Gegenwärtig sind sicher 12 verschiedene Nachrichten bekannt, die Säugetiere chemisch codieren können. Eine besondere Bedeutung kommt ihnen im Rahmen des Sexualverhaltens zu. Auch bei Primaten, den Menschen eingeschlossen, können Pheromone den endokrinen Status der Weibchen übermitteln, wie MICHAEL und Mitarbeiter (1968) nachweisen konnten. Frauen zeigen eine vom Östrogenstatus abhängige Geruchsempfindlichkeit gegenüber Geruchsstoffen von Säugetieren. Orale Verhaltensweisen sind bei Primaten im Sexualkontext weit verbreitet, manche Autoren wollen auch das „Küssen" aus der Chemokommunikation ableiten. Während bei vielen Säugetieren der Harn als Vehikel für Pheromone eine wichtige Funktion hat, wohl auch bei den Primaten noch, scheint dies beim Menschen zurückzutreten, so daß hier apokrine Hautdrüsen, speziell die Achseldrüsen, Drüsen im Genitalbereich und das Smegma diese Funktion übernommen haben. Die Funktion der Achseldrüsen könnte durch den aufrechten Gang gesteigert worden sein, das Umarmen und das Armanheben als Gruß könnten dabei eine besondere Bedeutung haben.

Bei männlichen Säugetieren können Pheromone verschiedene Releaser-Wirkungen ausüben, dazu gehören (vgl. auch Comfort 1971):

- Territorialmarkierung
- Dominanzanzeige
- Rivalenabwehr
- Weibchen-Anlockung
- Zyklus-Synchronisation der Weibchen.

Die hohe Sensibilität der Säugetiere gegenüber Geruchsreizen kommt auch darin zum Ausdruck, daß Prägung auf bestimmte Geruchsstoffe möglich ist. Das Alter kann ebenfalls durch Pheromone angezeigt werden. Pheromone von Jungtieren wirken bei Ratten aggressionshemmend. Andererseits wirken Geruchsstoffe auch stimulierend auf agonistisches Verhalten, so kann experimentelle Ausschaltung des Geruchssinns die Aggressionsbereitschaft, speziell die sexuell motivierte, deutlich senken. Unser Ausdruck, jemanden „nicht riechen zu können" als soziales Werturteil, scheint tiefe Wurzeln zu haben. Blinde können die Fähigkeit entwickeln (durch Übung), bekannte Personen allein durch den Geruch sicher zu identifizieren.

5.2. *Elektrische Signale*

Elektrische Signale dürften im Kontaktfeld, vielleicht auch im Nahfeld, eine nicht geringe Bedeutung haben, da Organismen natürliche elektrische Felder erzeugen, und im Falle des Kontaktverhaltens auch eine Übertragung von Biopotentialen möglich ist. Zur Zeit ist darüber aber nur wenig bekannt, ausgenommen jene Arten, die mittels ihrer Muskulatur schwachelektrische Felder erzeugen, wie dies vor allem für verschiedene Fischarten festgestellt wurde. Hier konnten neuerdings auch echte kommunikative Funktionen nachgewiesen werden. Bei dem Mormyriden *Gnathonemus petersi* konnte ein „Kommunikationsfeld" ermittelt werden, das bis zu etwa 30 cm Individualabstand reicht. Abbildung 77 zeigt die Korrelation der elektrischen Entladungen zwischen zwei Fischen innerhalb dieses Feldes.

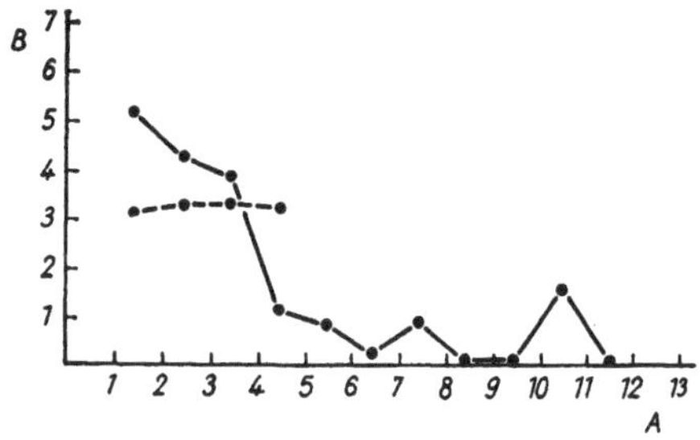

Abb. 77. Elektro-Kommunikation bei Fischen; Korrelogramm elektrischer Impulse zwischen zwei Exemplaren von *Gnathonemus petersi*; unterbrochene Linie: Kontrolle, ohne Kontakt; ausgezogene Linie: A hemmt B, Entladung pro 400 ms (verändert n. LOLLER u. BAUER 1973).

5.3. *Thermische Signale*

Thermische Signale sind bislang im Zusammenhang mit der Kommunikation nicht näher untersucht.

5.4. *Mechanische Signale*

Mechanische Signale sind im Tierreich weit verbreitet, sie haben neben den chemischen und elektrischen eine wesentliche Funktion in der Kommunikation von Tierverbänden, die im physischen Verband leben, den sog. „Kolonien", die wir auch als konjunkte Supraindividuationen bezeichnen. Aber auch im Kontaktfeld disjunkter, also physisch getrennter Individuen liefern sie wichtige Informationsparameter, nicht zuletzt als zwischenorganismische Orientierungshilfen, aber auch als echte kommunikative Signale mit spezieller Bedeutungsbelegung seitens des Senders. So besteht zwischen einer tanzenden Spurbiene und dem Gefolge ein taktil-mechanischer Kontakt (vgl. LEWTSCHENKO et al. 1973). Bei der Informationsübertragung unterscheidet MAUTZ (1971) den „Alarmierungserfolg“, der sich auf alle Nachtänzerinnen bezieht, die zum Auffliegen veranlaßt werden, während der „Kommunikationserfolg“ den Prozentsatz der Nachtänzerinnen erfaßt, die das Ziel finden. Er bestimmte den Kommunikationserfolg mit durchschnittlich 44%; ESCH und BASTIAN (1970) stellten einen Wert von 41% fest. Ein vergleichbares Phänomen ist der von HÖLLDOBLER (1974) beschriebene Tandemlauf der Ameise *Camponotus sericeus*; er gehört zum Werbeverhalten für Futter- und Nestplätze und beginnt, wenn die geworbene Ameise mit Antennen und Kopf gegen den Hinterleib und die Hinterbeine der Führerin trommelt. Dabei erfolgen die Bindung an die Führerin durch chemische, die allgemeine Orientierung ebenfalls durch chemische, das spezielle Tandemverhalten aber durch taktile Signale.

Tastreize sind dadurch charakterisiert, daß sie arhythmischen Verlauf haben. Damit lassen sich die vibratorischen Signale abgrenzen, die nach MARKL (1973) durch folgende Eigenschaften gekennzeichnet sind:

- Ein Gegenstand berührt mit rhythmisch sich änderndem Druck den Empfänger
- Oberflächen-(RAYLEIGH-)Wellen an Mediengrenzflächen (z. B. Boden—Luft oder Wasser—Luft) bewegen den Empfänger
- Rhythmische Medienströmung im Nahfeld eines schwingenden Körpers erregt den bewegungsempfindlichen Körper.

Das letzte Kriterium wird durch das Fernfeld im Falle der Schallperzeption von dieser abgegrenzt, wobei das Nahfeld im allgemeinen < 1 m beträgt. Die Informationsträger können sein (a) Schwingungen eines festen Substrates, (b) Oberflächenwellen des Wassers und (c) Nahfeldschnelle im Wasser oder in der Luft, also die Bewegungsschnelle rhythmisch bewegter Medienströmung. Die meisten kommunikativen Vibrationssignale stehen in Verbindung mit dem Territorial- und Balzverhalten, das gilt unter den Gliederfüßern für Spinnen, Krabben, Steinfliegen, Klopfkäfer, Zigarrenfliegen (*Lipara*) u. a., während solche Signale im agonistischen Verhalten speziell bei Spinnen, Krabben, Orthopteren und Bienen bekannt sind. Warnsignale kommen bei Termiten vor, während bei Ameisen Vibrationssignale die Funktion eines Notalarms haben. Im Sozialverband kommen sie bei Spinnen, Wespen und Bienen vor (vgl. MARKL 1969). Die weite Verbreitung dieser Kommunikationsform bei den Gliederfüßern darf wohl damit in Zusammenhang gebracht werden, daß bei dieser Tiergruppe bereits als ökologische Anpassung (Schutz, Nahrungserwerb) ein extrem hoch empfindlicher Vibrationssinn entwickelt worden ist, der damit auch für kommunikative Signale eingesetzt werden kann, wenn diese einen hinreichenden Rauschabstand aufweisen.

Bei der Landkrabbe *Gecarcinus lateralis* kann durch „Perkussionsmechanismen" Substratschall erzeugt werden, wobei durch die Anzahl der Impulse in der Zeiteinheit folgende Informationen übermittelt werden: „Drohen", „Beschwichtigen" und „Balzen". Abbildung 78 zeigt die drei Codes. Auch bei Blattwespen- und Blattkäferlarven werden kommunikative Klopfsignale registriert, die nach Frequenz und Intensität unterschiedliche Bedeutungen übermitteln (MEYER-ROCHOW 1972). Wespenlarven (*Vespa orientalis*) zeigen wahrscheinlich den Grad des Hungers durch die Frequenz der Vibration-erzeugenden Körperkontraktionen an (ISHAY, LANDAU 1972). ALTEVOGT (1970) konnte bei Winkerkrabben einen antiphonen Klopfcode durch manuelles Klopfen auslösen, die den iterativen Charakter vieler sozialpositiver Signale haben, während die bei diesen Krabben (*Uca*) auftretende ebenfalls durch Klopfen erzeugte „Alarmvokabel" impulsartig und nicht iterativ strukturiert ist.

Akustische Signale sind in der Stammesgeschichte der Organismen erst später entstanden als die anderen mechanischen Signalformen, ja sie sind wahrscheinlich die

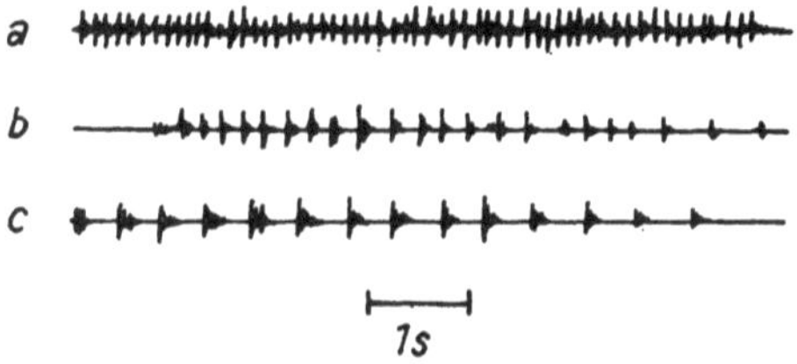

Abb. 78. Drei Trommelsignalfolgen der Krabbe *Gecarcinus lateralis*; a) „Beschwichtigungs-Signal", b) „Drohsignal", c) „Balz-Signal"; das Drohsignal ist intermediär (verändert nach KLAASSEN 1973).

„jüngste" Signalklasse überhaupt. Sie lassen sich unter folgenden Aspekten betrachten:

— Struktureller Aspekt: Beschreibung der an der Informationsübertragung beteiligten Strukturen (Lautorgane—Hörorgane)
— Funktioneller Aspekt: Beschreibung der Funktionen dieser Strukturen
— Informationeller Aspekt
  • phonetischer Aspekt: Beschreibung der Lauteigenschaften
  • syntaktischer Aspekt: Beschreibung der Ordnung der Lautzeichen und der zugrunde liegenden Regeln
  • sigmatischer Aspekt: Beschreibung der Beziehung zwischen Zeichen und Bezeichnetem
  • metrischer Aspekt: Mathematische Formalisierung und Berechnung von „Informationsmaßen"
  • semantischer Aspekt: Beschreibung der Bedeutung der Zeichen
  • pragmatischer Aspekt: Beschreibung der Ursachen und Wirkungen der Zeichen.
— Entwicklungsaspekt: Beschreibung der Veränderungen in der Zeit.

Das ist das ganze Spektrum der bereits (S. 13) erwähnten Betrachtungsweisen tierischen Verhaltens überhaupt. Der phonetische Aspekt wird durch die Parameter der Akustik bestimmt, im konkreten Fall zusätzlich durch die angewandten Verfahrensweisen der Schallanalyse. Man kann folgende phonetische Klassen unterscheiden (vgl. Abb. 79):

1. Geräusche: Kein dominierendes Frequenzband
1.1. breitbandig > 3 kHz
1.2. schmalbandig < 3 kHz

2. Klänge: „Grundton“ oder „Fundamentale“ und mehrere „Obertöne“ „Harmonische“, der Frequenzabstand zwischen diesen wird Periodizitätsfrequenz genannt
2.1. mit niedriger Periodizitätsfrequenz > 2 kHz
2.2. mit mittlerer Periodizitätsfrequenz 1–2 kHz
2.3. mit hoher Periodizitätsfrequenz < 1 kHz

3. Töne: Etwa einer Sinusschwingung entsprechend
3.1. hoch > 6 kHz
3.2. mittel 1–6 kHz
3.3. tief < 1 kHz

Von Ultraschall-Lauten wird gesprochen, wenn die Frequenz oberhalb der menschlichen Hörgrenze, also über etwa 20 kHz liegt.

Ein weiteres wichtiges phonetisches Kriterium stellen Amplitudenmodulationen dar; ihre Kombination mit Frequenzmodulationen schafft ein weites Variationsspektrum. Um der Vielfalt der Lautfolgen gerecht zu werden, sollten noch drei weitere Lautgruppen unterschieden werden (vgl. TEMBROCK 1976):

4. Kombinationslaute: Kombinationen der drei vorgenannten Lautklassen
5. Mischlaute oder Superpositionslaute: Überlagerung von zwei Lauteinheiten mit unterschiedlichen phonetischen Eigenschaften, die auch verschieden motiviert sind
6. Modulationslaute: Laute einer Klasse, die phonetisch und/oder syntaktisch moduliert werden, meist im Zusammenhang mit Wiederholungen.

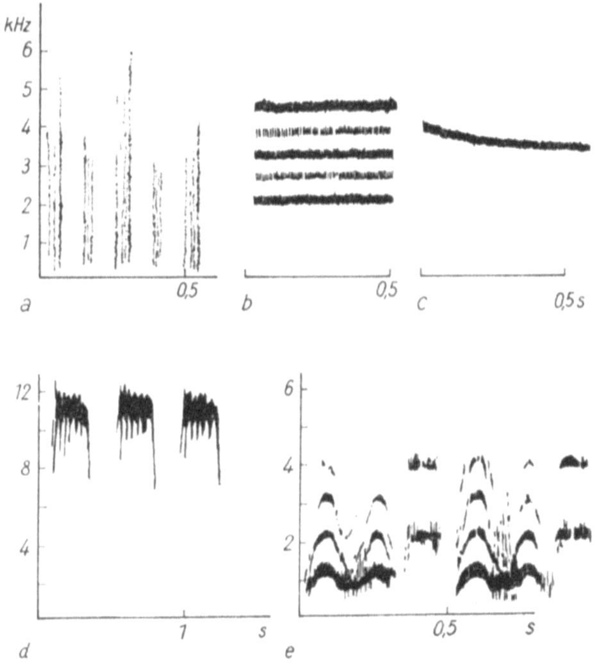

Abb. 79. Typen akustischer Kommunikations-Signale; a) Feldheuschrecke *Chorthippus apricarius* (Geräusch); b) Thoraxgeräusch eines sitzenden Männchens der Schwirrfliege *Syrphus ribesi* (Klang); Schlußlaut im Gesang der Goldammer (*Emberiza citrinella*) (Ton); d) Wasserspitzmaus (*Neomys fodiens*), homotype Lautfolge, Einzellaut als Pulsfolge; e) Böhmzebra-Hengst (*Equus quagga granti*), heterotype Lautfolge, der hohe Kurzlaut ist wahrscheinlich ein Inspirationslaut („i"); alle Laute als Sonagramme dargestellt.

Als wichtigste syntaktische Kriterien seien hier genannt (vgl. Tembrock 1977):

1.	Einzellaute oder Elementarlaute	
1.1.	Pulse = Lautpulse	< 0,05 s
1.2.	Kurzlaute	< 0,5 s
1.3.	Langlaute	0,5–1,0 s

1.4. Dehnungslaute $> 1{,}0$ s
1.5. Mehrsilbige Laute = aus mehreren Lautelementen zusammengesetzt
1.6. Periodisierte Laute = Periodenbildung im Laut, z. B. „Knurren“

2. Lautfolgen: Sequenzen von Lauteinheiten mit echten Intervallen
2.1. arhythmisch = wechselnde Intervalle
2.2. rhythmisch = gleichbleibende Intervalle
2.3. Phrase: Lautgebilde, aus Elementen zusammengesetzt
2.4. Strophe = zeitlich und strukturell fixierte Sequenz, durch größere Intervalle abgegrenzt
2.5. Gesang = Strophenfolge mit Strophenfolgeperiodik
2.6. Kurzfolgen = Lautfolgen mit maximal etwa 7 Lauten
2.7. Langfolgen = Lautfolgen mit mehr als 7 Lauten.

(Bestehen die Lautfolgen aus gleichen Lautelementen, nennen wir sie homotyp, bei verschiedenen Lautelementen dagegen heterotyp.)

3. Supraphonationen: Überindividuelle Lautstrukturen, von mehr als einem Individuum geäußert
3.1. Duo = von zwei Individuen = „diphone Lauteinheit“
3.1.1. alternierend
3.1.2. simultan oder doch zeitverschränkt, also sich überlagernd, „Duette“, „Duettgesänge“
3.2. Gruppenphonationen = Trios bis Chöre = Chorgesänge = „polyphone Lauteinheit“.

Unter dem sigmatischen Aspekt lassen sich wohl zwei Grundklassen der Beziehungen angeben:

— Das Zeichen bildet das Bezeichnete ab = ikonisches Zeichen,
— das Zeichen bildet das Bezeichnete nicht ab = arbiträres Zeichen.

So können Kiefergeräusche oder auch das Zähnewetzen ikonische Signale für das Beißen sein, Locklaute den Gehrhythmus, das Futterlocken des Hahnes den Pickrhythmus anzeigen.

Vielleicht wird sich künftig die Analyse des Zusammenhanges zwischen Zeichen und Funktion des Zeichens, also dem „Bewirkten“ als eigenes Problemfeld erweisen. Hier könnte man dann von einem „ergomatischen Aspekt“ sprechen.

Der metrische Aspekt ist in jüngerer Zeit wiederholt bei akustischen Untersuchungen berücksichtigt worden, wobei im allgemeinen die SHANNONsche Informationstheorie zugrundegelegt und die Informationsmaße in bit berechnet wurden. So untersuchte OEHLER (1973) den Rufkontakt zwischen zwei Zeisigen (*Carduelis spinus*), die dabei auf verschiedenen Abstand gebracht wurden. Außerdem konnten auch der Sichtkontakt unterbrochen und der Kanal akustisch „verrauscht“ werden. Die Gesamtentropie hatte bei verschiedenen Entfernungen mit Sicht folgende Werte:

Entfernung	Gesamtentropie
1 m	2,23 bit
20 m	2,06 bit
40 m	1,28 bit

Unter diesen Bedingungen nahm gleichzeitig die Redundanz zu. Der Kopplungsgrad = stochastische Synchronisation zwischen den beiden Vögeln betrug:

	1 m	20 m	40 m
I—II	0,24	0,29	0,37
II—I	0,08	0,21	0,39

Bei Sichtkontakt ergab sich hier im Nahfeld also ein deutlicher Unterschied in beiden Richtungen, eine sichtabhängige individuelle Informationsdifferenz, ein Partner wurde offenbar stärker über den visuellen Kanal beeinflußt.

Für den semantischen Aspekt lassen sich im Anschluß (jedoch modifiziert) an AVERCROMBIE (1968) und

Lyons (1972) folgende „semiotische Funktionen" unterscheiden:

1. Deiektische Signale: Anzeige des Senders, auch orientierend
2. Indexikale Signale: Informationen über den Sender
2.1. Indices, welche die Mitgliedschaft zu einer Gruppe anzeigen
2.2. Indices, die ein Individuum anzeigen
2.3. Indices, die ein Alter anzeigen
2.4. Indices, die ein Geschlecht anzeigen
2.5. Indices, die Artzugehörigkeit anzeigen
2.6. Indices, die Statusformen anzeigen
3. Vocative Signale: Signale, welche die Aufmerksamkeit auf ein bestimmtes Objekt oder Subjekt außerhalb des Senders richten
4. Nominative Signale: Bezeichnung durch einen Namen (Benennung)
5. Desiderative Signale: Signale, welche den Wunsch nach einem Objekt anzeigen
6. Imperative Signale: Signale, die ein objektfreies Verhalten veranlassen
7. Instrumentelle Signale: Signale, die ein objektbezogenes Verhalten veranlassen.

Für den pragmatischen Aspekt sei folgende vorläufige Klassifikation der Faktoren vorgenommen:

1. Veränderungen im Raum-Zeit-System
1.1. Distanz-erhaltende Signale
1.2. Distanz-vergrößernde Signale
1.3. Distanz-verringernde Signale
(Dabei steht der Begriff „Distanz" stets für den Abstand zwischen Sender und Empfänger.)
2. Verursachungen der Signal-Abgabe
2.1. Interne Ursachen (Vektor **Z**, Abb. 2)
2.1.1. Vigilanz
2.1.2. Emotionaler Status

2.1.3. Motivationaler Status
2.1.4. Motorischer Status (stationär—dynamisch)
2.1.5. Erfahrungsbedingter Status = sekundärmotivationaler Status

2.2. Externe Ursachen (Vektor **X**, Abb. 2)
2.2.1. Stoffwechselfaktoren
2.2.2. Störgrößen
2.2.2.1. Organismische Störgrößen mit Eigenverhalten
2.2.2.2. Störgrößen ohne Eigenverhalten

2.2.3. Territorialfaktoren

2.2.4. Sexualfaktoren
2.2.4.1. Partnersystem
2.2.4.2. Rivalensystem

2.2.5. Faktoren im Pflegesystem
2.2.5.1. Donator = Pflegender
2.2.5.2. Akzeptor = Gepflegter

2.2.6. Sozialfaktoren (s. S. 248)

3. Wirkungen des Signalempfanges
3.1. Auf interne Zustände (wie oben unter 2.1.)
3.2. Auf die Raumorientierung
3.3. Auf die Orientierung in der Zeit = Zeitgeberwirkung
3.4. Auf motiviertes Verhalten (wie oben unter 2.2.).

Da im Kommunikationssystem die Distanzregulation ein entscheidendes Element der Strukturierung darstellt, sei dieser Zusammenhang, der wie alle vorgenannten Übersichten auch für die anderen Kanäle, besonders aber den optischen, gilt, hier noch etwas genauer ausgeführt (vgl. Tembrock 1976):

— Ein primärer affiner Status beruht auf dem Erfordernis einer Stoffübertragung (Konnexion)
— Konnexion kann nur über wechselseitige Nachrichtenübertragung verwirklicht werden; der Geber oder Donator ist dabei Sender und Adressat, ebenso der Annehmende oder Akzeptor

- Beim primären affinen Status erfolgt die Distanzregulation unter den Erfordernissen der Stoffübertragung
- Ein sekundärer affiner Status liegt vor, wenn das Erfordernis der Nachrichtenübertragung mit dem Ziel einer Abstandsverminderung oder -erhaltung besteht = sozialpositiver Kontext
- Beim sekundären affinen Status erfolgt die Distanzregulation unter den Erfordernissen der Kommunikation und der durch sie vermittelten Zielfunktion
- Der primäre diffuge Status liegt vor, wenn die Selbsterhaltung eine Distanzvergrößerung gegenüber einer Störgröße erforderlich macht und dient der Störgrößen-Beseitigung
- Der sekundäre diffuge Status ist gegeben, wenn kommunikative Vorgänge eine Abstandsvergrößerung als Zielfunktion steuern und regeln.

Im Sozialkomment lassen sich diese Wirkungsklassen von Schallereignissen unterscheiden:

- Auslösung der Lautgebung durch Schallereignisse = positiver Releaser-Effekt
- Hemmung der Lautgebung durch Schallereignisse = negativer Releaser-Effekt
- Zeitliche Abstimmung der Schallereignisse
  - symmetrisch = beide Partner passen sich an
  - asymmetrisch = ein Partner bleibt unabhängig in seinem Zeitmuster
- Phonetische Abstimmung der Schallereignisse
  - homophon = der Empfänger verwendet das gleiche Lautelement oder Lautgebilde
  - heterophon = der Empfänger verwendet ein bestimmtes anderes Lautelement oder Lautgebilde
- Aktivierung der Bereitschaft zur Lautgebung = positiver Primer-Effekt
- Hemmung der Bereitschaft zur Lautgebung = negativer Primer-Effekt.

Die Wirksamkeit bestimmter Lautäußerungen setzt voraus, daß sie erfahrungslos einen AAM des Artgenossen ansprechen, wie das für zahlreiche Lautformen im Dienst der Fortpflanzung gilt, deren Funktion es letztlich ist, den konnektiven Vorgang der Gametenübertragung zu steuern; hier liegt ein primärer affiner Status zugrunde. Die Signalübertragung fördert die Koordination und Synchronisation. Viele Heuschrecken, Zikaden sowie Wirbeltiere steuern und regeln auf diesem Wege das Fortpflanzungsverhalten, allerdings meist mehrkanalig, vor allem optisch und chemisch, um diesen Verhaltenskontext so weit als möglich störfrei zu halten. Da müssen die Fortpflanzungspartner oft aus einem bunten Lautgemisch die entscheidenden Signale empfangen, wie das etwa für die untereinander oft sehr ähnlichen Heuschreckenarten der Gattung *Chorthippus* gilt, die sich sicher an dem Lautmuster unterscheiden lassen (Abb. 79a). Da Heuschrecken nur in sehr begrenztem Maß Frequenzen unterscheiden können, stellen hier Amplitudenschwankungen und Zeitmuster die entscheidenden Kennreize.

Bei den Wirbeltieren können Frequenzen jedoch wesentliche Informationsparameter liefern. Im subdominanten Sozialstatus wird beispielsweise die Periodizitätsfrequenz erhöht, ein „infantiles" Merkmal, wodurch Angriffe gehemmt werden können. Quantifizierende Wirkungen von Lauten können vor allem durch Amplitudenänderungen (Schallstärke), Frequenzänderungen, Lautdehnung und zunehmende Anzahl der Wiederholungen erreicht werden. Bei seinen elektrophysiologischen Untersuchungen am Hühnerhirn konnte v. Holst (1960) tatsächlich zeigen, daß bei zunehmender Reizstärke die Folge des „Gackerns" immer länger wird. Es handelt sich hier um eine nichtstrophige homotype Lautfolge. Manche Laute haben nur eine Intensitätsstufe. Dann können die Empfänger über einen Intensitäts-Detektor den Abstand des Senders messen. So haben in den Versuchen von Schröpel (1972) Weißpinseläffchen (*Callithrix jacchus*) nur dann auf die Isolationsrufe geantwortet, wenn sie mit Lautstärken unter 30 dB bei ihnen eintrafen, anderenfalls mußte sich der Partner noch im Nahfeld befinden (Abb. 80). Zeitmuster und Lautklasse sind bei heterotypen Lautfolgen

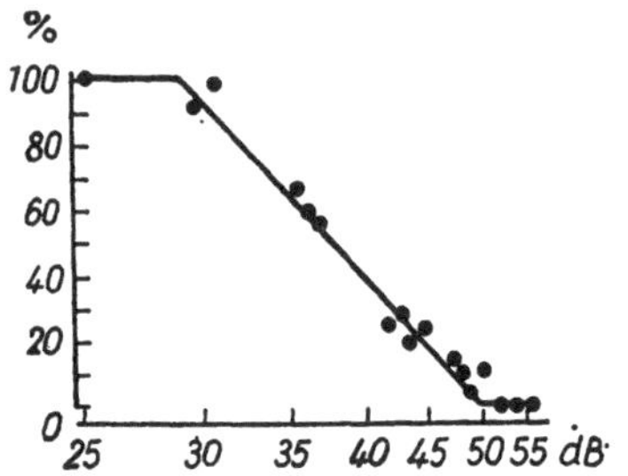

Abb. 80. Abhängigkeit der akustischen Antwortbereitschaft des Weißpinseläffchens (*Callithrix jacchus*) von der Schallintensität der vorgespielten arteigenen Isolationsrufe (nach SCHRÖPEL 1972).

gewöhnlich korreliert, wechselt die Lautklasse in einer Sequenz, ändert sich auch die Periodenfrequenz (TEMBROCK 1977). Komplexe Lautmuster enthalten wesentliche Informationsparameter in der Struktur, also der „Regel", nach der sie gebildet sind. Das erfahrungslose Ansprechen kann als begriffsanaloges Verhalten (s. S. 198) aufgefaßt werden; ob in Fällen, bei denen komplexe Strukturen erst über Lernprozesse aufgebaut werden (vgl. Abb. 49) auch auf der Empfängerseite Lernvorgänge für das „Erkennen" solcher Lautmuster erforderlich sind, ist noch nicht genauer untersucht.

Viele Tierarten können an den Lauten ihre eigenen Jungen von fremden unterscheiden, auch Fledermäuse, deren ältere Junge bei zahlreichen Arten in „Wochenstuben" leben. Schon neugeborene Füchse lassen sich an individuellen Besonderheiten ihrer Quärrstrophen erkennen. Zunehmende Strukturierung der Lautmuster erhöht die Wahrscheinlichkeit individualtypischer Ausprägung, so daß umgekehrt dort, wo in Populationen das individuelle Erkennen über akustische Signale von großer Bedeutung ist — wie bei den meisten Singvögeln —, der Evolutionsprozeß zur Ausbildung komplexer Lautsequenzen geführt hat. So erhält schließlich der Vogelgesang in wesentlichen Elementen die Eigenschaft einer „Selbstdarstellung", manche Musik-analoge Züge in diesem Verhalten könnten hier eine Wurzel haben. Nicht selten verbindet sich dies mit einer Tendenz, fremde Schallereignisse einzubauen.

5.5. *Optische Signale*

Optische Signale sind im Tierreich weit verbreitet. Auch hier gelten die auf Seite 229 zusammengestellten Prinzipien für ihre Kennzeichnung im informationellen Aspekt. Im Unterschied zum akustischen Kanal, der nur durch einen aktuellen Sendevorgang informationell belegt werden kann, ist der optische Übertragungsweg ständig gegeben, sofern die physikalischen Voraussetzungen für eine Sichtübertragung vorliegen, und der Empfänger sehen kann. Dabei ist natürlich die Leistungsfähigkeit der Sehorgane jeweils entscheidend für den möglichen Informationsfluß, aber auch für die Strukturierung der Sehobjekte. Während Geräusche zwar als Begleiterscheinungen vieler Bewegungsabläufe auftreten können, „begleitet" der Seh-Eindruck, den ein sichtbarer Organismus bei anderen Organismen erzeugen kann, ihn ständig. So liegt es nahe, daß die sichtbare Körperoberfläche ebenso wie das sichtbare Verhalten in hohem Maße einem Umweltdruck ausgesetzt sind, und eine fast unübersehbare Vielfalt von Anpassungen hervorgebracht haben, die speziell im visuellen Bereich liegen. Unter allen Informationsvorgängen, die sich täglich in der Natur durch aktive Informationsbildung oder Informationsaggregation vollziehen, läuft sicher der mit Abstand größte Prozentsatz über Augen oder wie auch immer gestaltete Sehorgane. Dieses Prinzip hat auch der Mensch in seiner Eigengeschichte trotz der Sprache nicht aufgehoben, so daß selbst bei ihm der größere Anteil sprachlicher Information visuell aufgenommen wird; man kann länger zusammenhängend lesen als zuhören. Oft ist die visuelle Informationsverarbeitung mit der akustischen kombiniert, aber das Primat gehört ihr, und wir wollen sehen, was wir gehört haben, nicht aber umgekehrt. Das gilt natürlich nicht durchgängig für alle Organismen, die hören können, unter ihnen sind manche, die kaum oder garnicht sehen können, weil sie in einer lichtlosen Umwelt leben. Allerdings kann neben dem reflektierten Tageslicht auch die Wirkung von Leuchtorganen (Biolumineszenz) im visuellen Kanal eingesetzt werden. Hinzu kommt, daß die Übertragungszeit in diesem Kanal faktisch gleich Null ist, so daß schon auf gewisse Entfernungen akustische und visuelle Signale mit Zeitdifferenz eintreffen. Diese Besonderheit im visuellen Kanal erlaubt Impuls-artige Änderungen und hohe Periodenfrequenzen, die lediglich durch das zeitliche Auflösungsvermögen beim Auge des Empfängers begrenzt werden (Flimmer-Verschmelzungsfrequenz), das allerdings auch von der Intensität und Wellenlänge des Lichts beeinflußt wird (kein Wirbeltier kommt über 60/s, beim Frosch liegt die Grenze bereits bei 8/s).

Abbildung 81 zeigt zwei „Leucht-Duette" von zwei Männchen einer Leuchtkäferart (*Luciola lusitanica*), wobei im Fall B das Männchen a eine andere Zeitstruktur hat, so daß Zweiergruppen von Lichtblitzen entstehen

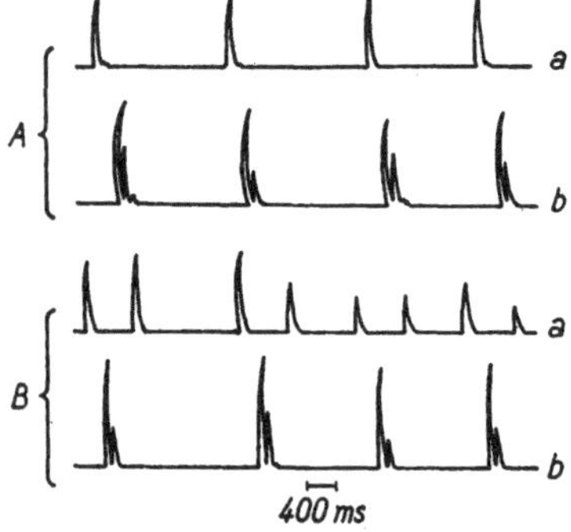

Abb. 81. Leucht-Duett zwischen zwei Männchen des Leuchtkäfers *Luciola lusitanica*, zwei Duett-Typen (A, B) (verändert nach Papi 1969).

und Männchen b jeweils auf den ersten Lichtpuls der Gruppe antwortet (Papi 1969). Während bei der Biolumineszenz die Lichtsignale aktiv erzeugt werden, lassen sich für die übrigen Sichtsignale folgende Hauptklassen angeben:

1. Körpereigene Sichtsignale: Eigenschaften des Organismus
1.1. Stationäre Sichtsignale: Gegenüber dem Körper invariant
1.1.1. Permanent: Während des ganzen Lebens oder Lebensstadiums vorhanden, z. B. Streifenmuster der Zebras, Plakatfarbmuster von Korallenfischen
1.1.2. Temporär: nur zeitweise vorhanden
1.1.2.1. Längere Zeiträume (Wochen, Monate), z. B. „Balzkleider“ oder „Prachtgefieder“ bei Vögeln
1.1.2.2. Kürzere Zeiträume (Sekunden, Minuten), hormonal und neuronal gesteuerter Farbwechsel (s. Abb. 82)
1.2. Dynamische Sichtsignale: Durch Verhalten, speziell Motorik erzeugt
1.2.1. Räumlich orientiert: Simultane motorische Einstellungen (Haltungen i.w.S.)
1.2.2. Zeitlich orientiert: Sukzessive motorische Einstellungen (Bewegungen, Sequenzen)
1.2.3. Raum-zeitlich orientiert: Kombinationen simultaner und sukzessiver motorischer Einstellungen, z. B. das „Sterzeln“ der Honigbiene (vgl. Abb. 76), mimischer Ausdruck mit Lippenbewegungen usw.

2. Körperfremde Sichtsignale, durch Verhalten in der Umgebung erzeugt
2.1. Durch Abscheidungen des Körpers, z. B. Kothaufen, farbige Sekrete, Flüssigkeiten, die Verfärbungen des Untergrundes hervorrufen
2.2. Durch Veränderungen diskreter Umweltstrukturen; z. B. die Sandpyramiden mancher Krabben, das Schälen von Rinde, die „Fegebäume“ von Reh- und Rotwild

3. Kollektive Sichtsignale: Durch Kollektivverhalten erzeugt, so nehmen Jungfische der Gattung *Plotosus* bei Beunruhigung eine Stellung ein, in der sie dem Seeigel *Diadema setosum* täuschend ähnlich sehen („Kollektiv-Mimikry").

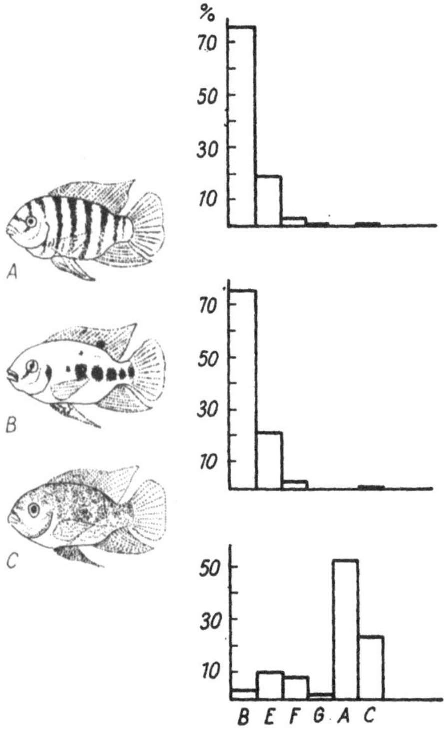

Abb. 82. Status-abhängige Farbmuster beim Buntbarsch *Tilapia mariae*; die Blockdiagramme zeigen die relative Häufigkeit einzelner Farbmustertypen in Abhängigkeit vom Status; (v. oben nach unten) agonistisches Verhalten, Balz, Flucht; daneben die drei Haupttypen: A) = bei Schwarmaggregation, B) bei Territorial-Verteidigung, C) bei Ortsbindung, aber Flucht, wenn angegriffen (Subdominanz) (verändert nach VALDACCINI 1973).

Abb. 83. Typische soziale Verhaltensformen bei Singvögeln: a) Kopfhochdrohen bei der Kohlmeise (*Parus major*). b) Unterwerfungshaltung der Kohlmeise. c) Vorwärtsdrohen, gegen den Rivalen gerichtet (Gimpel, *Pyrrhula pyrrhula*). d) Balzhaltung beim Kanarienvogel, zum Weibchen orientiert. e) Balzhaltung beim Buchfink (*Fringilla coelebs*) breitseits zum Weibchen orientiert (laterale Balz). f) Balzhaltung beim Gimpel, breitseits zum Weibchen orientiert. g) Aufforderungsgeste des Buchfinken-Weibchens. h) Haltung vor der Begattung beim Buchfinken-Männchen (aus HINDE, 1961).

Abb. 84. Ausdrucksverhalten beim Rotfuchs (*Vulpes vulpes*): a) Halsdarbieten des Rüden im Paarkontakt als „Beschwichtigungsgebärde“ gegenüber der aggressiven Fähe; löst bei dieser gewöhnlich Beknabbern des „dargebotenen“ Halses aus. b) Begrüßungsverhalten zwischen verpaarten Füchsen nach der Ranzzeit. Das Begrüßungsverhalten ist eine stark ritualisierte „Unterwerfungsgeste“, vielleicht ein primär infantiles Verhalten, das den Eltern gegenüber gezeigt wird. c) Imponiergehaben (stehend), Überlagerung von Angriffs- und Abwehrtendenzen (vgl. Abb. 27). d) und e) Zwei Intensitätsstufen der „aggressiven Verteidigung“ gegen artfremde Gegner, e) die geringere Intensität, d) das Vorstoßen, gewöhnlich mit einem scharfen Stoßlaut (explosiv einsetzend), dem „Stoßkeckern“, verbunden (nach TEMBROCK, 1957).

Abb. 85. Ausdrucksverhalten des Schimpansen. a) Geste der Abwehr, b) Mimik des sozialen Kontaktes und c) Lachen (nach SANDERSON, WOLF und HAYES, umgezeichnet).

Häufig sind im konkreten Verhalten mehrere Verfahrensweisen kombiniert, und die Literatur der Verhaltensforschung ist überreich an Beispielen für visuelle kommunikative Signale, die wegen ihrer „Augenfälligkeit" wie keine andere Signalmodalität im Mittelpunkt vieler Verhaltensuntersuchungen standen und stehen. Attrappenversuche sind dabei ein wichtiges Verfahren, Signalwirkungen quantitativ zu erfassen (Abb. 87).

Zu den Funktionen visueller Signale gehört fraglos auch die Fokussierung der Aufmerksamkeit. Visuelle Signale können Orientierungsreaktionen auslösen, die mit einem gesteigerten Informationsbedürfnis verbunden sind. Kommunikative Signale haben im

a b

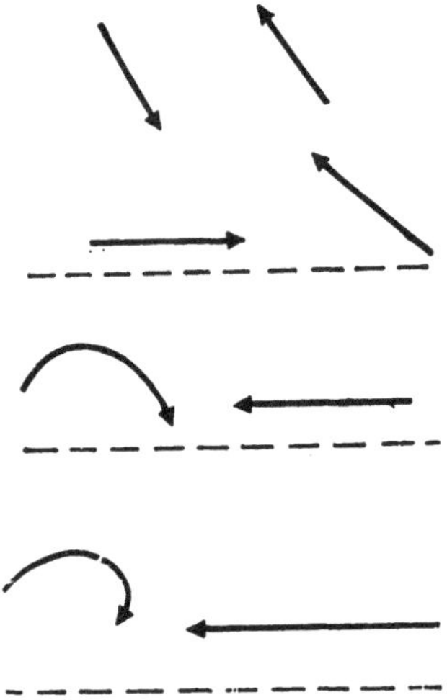

c

Abb. 86

visuellen Bereich auch die Aufgabe, die Informationsaggregation zu fördern, etwa in dem Sinne, daß der Empfänger der Signale darauf eingestellt wird, das Verhalten des Senders zu beobachten. Allgemeiner gesprochen: Visuelle Kommunikation steuert und regelt in Sozialgefügen die aktive Informationsaufnahme, also was wann wo beobachtet werden soll. Dieser Aspekt ist bislang aber noch wenig untersucht. Dabei sind auch Vororientierungen

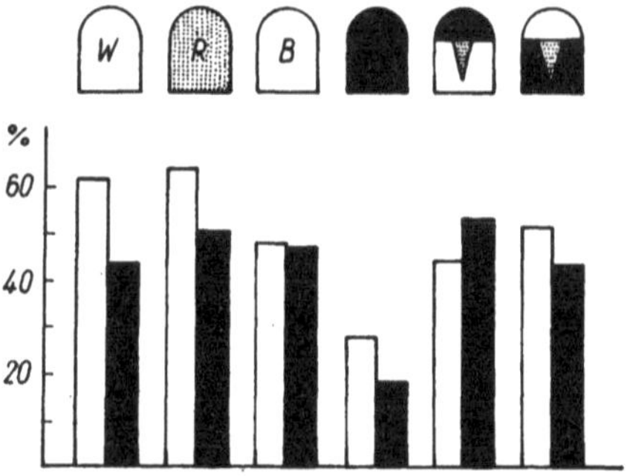

Abb. 87. Pickreaktionen von Kücken der Flußseeschwalbe (*Sterna hirundo*) (schwarz) Freilandkücken, (weiß) Kaspar-Hauser-Kücken; W = Weiß R = Rot, B = Blau; die rechten Attrappen sind schwarzweiß mit rotem Schnabel (nach NEUBAUER 1975).

Abb. 86. Das Prinzip der „Antithese", von DARWIN (1873) als eines der drei Prinzipien des Ausdrucksverhaltens formuliert, wonach gegensätzliche Bedeutung zu entgegengesetzten Bewegungsformen führt (auch wenn diese nicht „gebraucht" werden, dadurch aber hohen Ausdruckswert erhalten können, DARWIN). Hier sind zusammengestellt a) links dominante, rechts subdominante Individuen (Stichling, Zebrafink, Fuchs, Schneeziege); b) zeigt die Konturen (1. „Abstraktionsstufe") unter Berücksichtigung des Länge-Höhe-Quotienten, c) reduziert (2. „Abstraktionsstufe") auf die zur Unterscheidung erforderlichen Minimalbedingungen, die gestrichelten Linien deuten den Untergrund an, der als Beziehungselement („hoch" – „tief") ein relevanter Faktor ist; die Informationen würden noch ausreichen, um ein funktionsgerechtes Verhalten auszulösen, sie sind an Parameter gebunden, für die visuelle Detektormechanismen nachgewiesen sind (vgl. S. 65). Beim Stichling könnte ein wichtiger Hilfsparameter die unterschiedliche Pigmentierung sein (dominant: dunkel, subdominant: hell).

auf den Empfang anderer nicht-visueller Signale möglich. Die aktive Steuerung des Appetenzverhaltens II wird im Sozialsystem durch soziale Bezugsreize übernommen, zugleich wird die „soziale Aufmerksamkeit“ durch visuelle Signale optimiert (es macht einen Unterschied, wenn wir Jemanden anschauen, ob dieser durch Blickzuwendung und vielleicht gar Lächeln reagiert oder nicht, (vgl. hierzu die Untersuchungen von CRANACH 1970, Abb. 88).

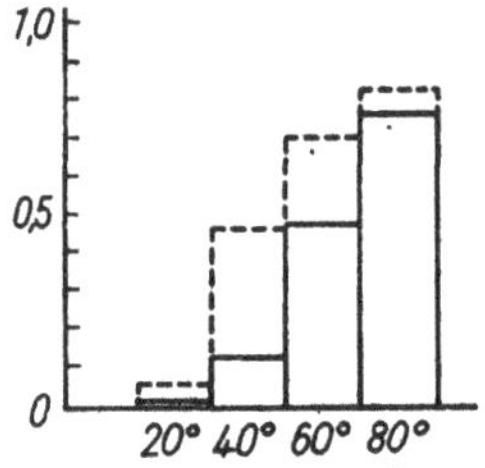

Abb. 88. Lidschlag beim Menschen in Abhängigkeit vom Grad der Blickzuwendung, gerichtet auf Objekte (—) oder Personen (---) (nach CRANACH et al. 1970).

5.6. *Sozialsysteme*

Auf der Grundlage der hier angedeuteten Kommunikations-Mittel haben sich im Verlauf der Evolution verschiedenartige Sozialsysteme entwickelt, die offensichtliche Evolutionsvorteile bieten, wie eine höhere Ökonomie im Raum-Zeit-System durch Verringerung der „Kollision“ zwischen individuellen Raum- und Zeitansprüchen 2. Ordnung, oder eine höhere Ökonomie des Stoffwechsels, nicht selten durch „Nahrungsketten“ innerhalb der Sozialstruktur gefördert, eine Verbesserung des Schutzverhaltens durch „kollektive Störgrößen-Beseitigung“, im Körperbereich etwa auch die „soziale Hautpflege“. Natürlich kann im allgemeinen eine Sozietät die Populationsansprüche besser wahrnehmen als ein Einzelindividuum, wobei aber auch die vielfältigen anderen Umweltbeziehungen mit zu berücksichtigen sind, und eine solche Leistungssteigerung durch Sozialstrukturen eine bestimmte Organisationshöhe der sie bildenden Individuen voraussetzt, eben nicht zuletzt ein gut funktionierendes Kommunikations-System. Kommunikation führt zu einem gerichteten Informationsfluß, vergleichbar den Leistungen eines Neuronen-Netzes, offenbar auch mit ganz ähnlichen „Verschaltungen“, wie Konvergenz (mehrere Sender mit einem Adressaten) oder Divergenz (ein Sender an mehrere Adressaten), Bahnung und Hemmung, kollektive Gedächtnisleistungen, Verstärker-Effekte, um nur einige Beispiele zu nennen. Dabei wird die Organisationshöhe generell ablesbar aus der Abhängigkeit der Einzelelemente (Individuen) von der Sozialstruktur, und wenn YERKES meinte, daß ein Schimpanse kein Schimpanse sei, so gilt das noch gesteigert für eine Honigbiene, Ameise oder Termite, die allein überhaupt nicht mehr lebensfähig sind. Allerdings beruht hier die „Integration“ vor allem auf einer physiologischen Abhängigkeit, die durch Verhalten gesteuert und geregelt wird, während beim Schimpansen es mehr eine „psychische“ Abhängigkeit ist, also im Wirkungsgefüge des Verhaltens selbst begründet. Physiologisch könnte er durchaus isoliert existieren. Die stärker physiologisch determinierten Sozietäten, und das gilt wohl für alle Gruppenstrukturen bei wirbellosen Tieren, optimieren durch das Sozialverhalten konnektive Vorgänge, die stärker ethologisch determinierten Sozialverbände optimieren informationelle Prozesse.

Für den ersten Typ gilt daher im Grundsätzlichen: Verhalten gegeben, gesucht die dazu passende Information, während für den zweiten Typ diese Konstellation heißt: Information sei gegeben, gesucht das dazu passende Verhalten, das sich an der Umwelt bewahrheiten muß. Daher wird hier eine innere Modellierung der Umwelt gefordert: Je mehr ich über die Umwelt weiß, oder anders: Je mehr sich mein Wissen über sie mit der tatsächlichen Umwelt deckt, desto wahrscheinlicher ist auch ein umweltgerechtes Verhalten. Optimal sind diese Leistungen offenbar nur über Organismen-Kollektive, also Sozialstrukturen, zu erzielen, wobei Tradition eine hohe Bedeutung erlangt, im Gegensatz zu den physiologisch determinierten Gruppenstrukturen, bei denen Tradition ziemlich unwichtig ist, da das Verhalten sich an den aktuellen Umgebungsbedingungen orientieren muß und hier die optimalen für das vorgegebene Verhaltensprogramm zu finden sind. Darin liegt die kollektive Leistung dieser Insekten-Sozietäten, die den Begriff „Staaten“ nur als grobe Analogie verdienen.

Das funktionelle Zentrum einer Insekten-Sozietät ist das Brutgeschehen; während bei „niederen Sozietäten“ mancher Wespenarten die Eiproduktion noch nicht eindeutig reguliert ist, so daß hier Eigenschaften eines aperiodischen Systems auftreten, zeigen die „Dauerfamilien“ der hochentwickelten Insekten-„Staaten“ zyklische Brutprozesse, also eine echte Periodik als Kriterium eines stabilisierten Systems. Daraus entwickeln sich periodische Schwankungen bei der Autoregulation der strukturellen Zusammensetzung, bezogen auf die Anteile an Eiern, Larven, Puppen, Arbeiterinnen und Geschlechtstieren, die bei den Wanderameisen mit einem eindrucksvollen Wechsel zwischen seßhafter und Wander-Phase verbunden sind. Bei der afrikanischen Gattung *Dorylus* werden die Nahrungsareale alle 20—25 Tage gewechselt, dazwischen liegen seßhafte Perioden (Zusammenfassung Brian 1965, Sudd 1967). Bei der amerikanischen Gattung *Eciton* sind die „nomadischen“ Phasen eindeutig mit den Brutzyklen korreliert, wobei in der Zeit, in welcher die Larven Futter benötigen, gewandert wird, während die Sozietät in der Phase, in der nur Eistadien vorliegen, seßhaft ist. Evolutive Entwicklung der Sozialstrukturen sind bei den Insekten mit der Fruchtbarkeit positiv korreliert, wie das besonders eindrucksvoll die Termiten belegen. Damit wird deutlich, wo der eigentliche „Funktionsdruck“ liegt, wobei zugleich die Anzahl der Fortpflanzungseinheiten verringert wird.

Sozialsysteme werden vielfach unter strukturellen Aspekten klassifiziert, also in Hinblick auf ihre Zusammensetzung nach Geschlechtern und Altersstufen, soweit nicht, wie bei Insekten, noch besondere „Kasten“ ausgebildet sind. Ökologische Faktoren können zusätzlich Einfluß auf die Raumverteilung nehmen, und nicht selten unterscheiden sich sogar Populationen oder Unterarten in ihrer Sozialstruktur, wenn sie unterschiedliche Lebensräume besiedeln. Die Primaten mögen hierfür als Modell-Beispiel stehen, bei denen die Populationseinheiten innerhalb einer Art meist ökologisch getrennt leben und zu sozialen Einheiten strukturiert sind. Innerhalb eines „home range“ bewegen sich meist mehrere soziale Einheiten, gelegentlich können sie zu höheren Einheiten aggregieren. Die soziale „Grundeinheit“ ist jedoch dadurch gekennzeichnet, daß zwischen allen Individuen soziale und reproduktive Aktivitäten auftreten, wobei über einen Zeitraum hinweg die Struktur erhalten bleibt. IMANISHI (1960) hat die einfache bisexuelle Fortpflanzungsgruppe, also ein Paar mit Jungen als „Oikia“ bezeichnet. Aber es gibt auch andere Zusammensetzungen; sind mehrere erwachsene Männchen vorhanden, die bei fast allen Primaten den Weibchen physisch weit überlegen sind, dominiert häufig ein bestimmtes Männchen, das in früheren Beschreibungen auch „Despot“, „Overlord“, „Führer“ oder „Tyrann“ genannt wurde, der einen „Harem“ besitzt (vgl. CROOK 1970). KUMMER und KURT (1963) sprechen auch von „Ein-Männchen-Gruppen“. Viele Gruppen sind nicht-anonyme offene Vergesellschaftungen, bei denen Männchen oft überwechseln. Von „Trupps“ wird gesprochen, wenn mehrere erwachsene Männchen und Weibchen eine Fortpflanzungseinheit bilden; sind die Gruppen individuenreicher, so daß mehrere „Strukturebenen“, also echte „Hierarchien“ bestehen, findet man Begriffe wie „Kongregationen“ oder „Herden“, wie etwa bei den Dschelada-Pavianen, die Ein-Männchen- oder Viel-Männchen-Gruppen bilden können, während bei den Hamadryas-Pavianen „Banden“ gebildet werden: Ein zentrales Männchen und einige periphere an der Fortpflanzung nicht beteiligte Männchen. CROOK nennt folgende Variable für die Sozialsysteme der Primaten:

— Die Anzahl der Individuen in einem gegebenen Gebiet

— Das Muster der räumlichen Verteilung in Gruppen verschiedenen Typs

— Die Zusammensetzung der Gruppen in Hinblick auf Alter und Geschlecht
— Die Substrukturierung der Gruppen auf Grund interindividueller Beziehungen, der Gruppenzusammensetzung und der Art sowie dem Ausmaß des Austausches von Individuen zwischen den Gruppen
— Die Stabilität der Gruppen als soziale Einheiten, die Bildung, Teilung sowie ihr Zusammenbruch.

Eine stabile soziale matrifokale Gruppierung (Mutter im Zentrum der Gruppe) scheint bei Primaten nur ausnahmsweise, so vielleicht beim Orang Utan, vorzukommen, wohl aber können die Verwandtschaftsverhältnisse zwischen den Weibchen zur Stabilisierung größerer Gruppen beitragen; nach REYNOLDS (1968) gibt es bei primitiven Jägern und Sammlern Gruppenbindungen auf Grund weiblicher Verwandtschaftsbeziehungen. Die Eingliederung der ungleich stärkeren männlichen Individuen kann wohl auch im Zusammenhang mit dem Nahrungserwerb sowie dem Schutz, also gleichsam der „ökologischen Bedürfnisbefriedigung" gesehen werden, die zugleich im Gegensatz zum stärker „konservativen", weil stabilisierenden populationsspezifischen Verhalten „progressiver" auf Veränderung orientiert ist, denn das Ökosystem fördert Umstrukturierungen, weil es sich nicht anpaßt, während das Populationssystem als Umwelt selbst anpassungsfähig ist, also sich selbst optimieren kann. Da die Auseinandersetzung mit der Umwelt auch „protokulturelle" Traditionen aufbauen kann (s. S. 186), könnten im Anschluß an PARSONS (1966) folgende Faktoren ins Spiel kommen:

1. Organismische Eigenschaften
2. Individualität der Mitglieder der Gruppe
3. Die Sozialstruktur
4. Das protokulturelle—kulturelle System (Aufbau und Entwicklung von Traditionen zur „Verbesserung der Lebensbedingungen").

(Beim Menschen müßte es hier „Arbeits- und Lebensbedingungen“ heißen.) Eisenberg und Mitarbeiter (1972), die ebenfalls auf die Bedeutung von Rollen, Gruppenfunktionen und Sozialstrukturen hinweisen, möchten drei Grundklassen der Sozietäten bei Primaten unterscheiden:

1. Die Ein-Mann-Gruppe
2. Die altersabgestufte Männchen-Gruppe
3. Die Viel-Männchen-Gruppe.

Dabei wird darin eine Reihe zunehmender Komplexität gesehen, die aber auch mit wachsender Toleranz verbunden ist, wie denn auch tatsächlich die Ein-Mann-Gruppen, die etwa einer Familie entsprechen, gegenüber anderen Gruppen am unduldsamsten sind. Die Gibbons sind ein Beispiel dafür. Die Viel-Männchen-Gruppe wird vor allem als ökologische Anpassung an die bodengebundene Nahrungssuche aufgefaßt. Bei der Zwischen-Gruppen-Aggression können drei Kampfmittel eingesetzt werden, die nacheinander entstanden sind:

— Körpereigene Kampfwaffen, vorrangig das Gebiß bei Primaten
— „Schlagwaffen“ über agonistisches Kontaktverhalten
— „Wurf- und Flugwaffen“ über agonistisches Distanzverhalten.

Vornehmliches Ziel der Waffen ist der Kopf als Träger der körpereigenen Hauptwaffe, des Gebisses; so bekämpfen auch Savannenschimpansen große Raubtiere durch Schlagen mit Stöcken gegen den Kopf.

Sehr geringe Tendenzen zu agonistischen Zwischen-Gruppen-Verhalten zeigt der Schimpanse, der als Extrembeispiel für eine „fluktuierende“, also offene nicht-anonyme Gruppenbildung gilt, wobei allerdings regionale Unterschiede vorliegen. Es handelt sich um „individualisierte“ Gruppen, ein Faktor, der die Tendenz fördert, die Gruppengröße in „überschaubaren“ Grenzen zu halten, so daß individuelles Kennen absolut gewährleistet ist. Großgruppen kennt man nur bei wenigen Primaten, wie *Theropithecus gelada, Macaca fuscata, Miopithecus talapoin* und *Presbytes entellus*, bei Schimpansen nur als temporäre Ansammlungen. VOGEL (1975) hat versucht, etwa 9 verschiedene soziale Organisationsformen bei Primaten zu unterscheiden:

I. „Ein-Männchen-Einheit" oder „Harem": ♂, ♀♀[1]) und Junge als soziale Grundeinheit, oft Großverbände bildend, die auch ausschließlich aus jungen Männchen bestehende Gruppen einschließen können; keine feste Ortsbindung.

II. ♂, ♀♀, Junge; doch hält sich das Männchen peripher auf mit Funktionen des „Bewachens"; daneben auch reine Männchen-Trupps.

III. ♂, ♀, Junge: Einzelpaarbindung, keine übergeordneten sozialen Einheiten, typisch bei Gibbons.

IV. ♂, ♀♀, Junge; mit fester Ortsbindung, dazu separate Männchen-Gruppen, das Männchen wird häufiger ausgewechselt.

V. Wenig-Männchen-Gruppen, auch „alters-abgestufte Männchen-Gruppen" genannt: ♂♂, ♀♀, Junge; sexuale Kontakte der Weibchen sind nicht streng auf ein erwachsenes Männchen beschränkt, doch Zentrierung auf ein dominantes Männchen, Übergänge zu Typ IV.

VI. ♂♂, ♀♀, Junge; keine prägnante Rangordnung zwischen den Männchen, wechselnde sexuelle Bindungen, der Grad der „Promiskuität" scheint positiv alters-korreliert.

VII. Große Gruppen mit topographischer Gliederung, bisexuelle Gruppen im Zentrum, „Männchen-Trabanten-Pulks" peripher. Im Zentrum Rangtendenzen zwischen den Männchen.

VIII. Offene Gruppen, wechselnder Individuenbestand, Rangordnung ohne Einfluß auf das sexuelle Verhalten, starke Tendenz zur „Promiskuität", typisch für Schimpansen.

IX. Vorwiegend räumlich determiniert, Mutter-Kind-Gruppierungen, zeitweise Assoziationen Erwachsener; typisch für den Orang Utan.

Untersuchungen hierzu sind natürlich nur in freier Wildbahn möglich, aber sehr schwierig, so daß sicher noch viele Fragen offen bleiben, und Einteilungsversuche dieser Art nur provisorischen Charakter haben können.

---

[1]) ♀♀ = Plural, nicht Anzahl

Erst eine tiefere Einsicht in die bestimmenden Faktoren, zu denen nicht zuletzt auch Umgebungsbedingungen und die jeweilige Stammesgeschichte gehören, wird eine kausal begründete Beschreibung der Sozialsysteme der Primaten ermöglichen.

Ein gutes Kriterium für das Relationsgefüge innerhalb von Primaten-Sozietäten ist das „Allogrooming", die Körperpflege an anderen Individuen. Dabei scheint die Häufigkeit des Auftretens interindividuellen Komfortverhaltens mit der Art der Sozialstruktur im Zusammenhang zu stehen und bei solchen Arten häufiger zu sein, bei denen ausgeprägte Rang- und Rollenverteilungen zur Sozialstruktur gehören. LINKE (1972) fand bei den von ihr in Gefangenschaft untersuchten Menschenaffen und Gibbons nur in 2% aller Körperpflegehandlungen ein Allogrooming, und zwar in der Häufigkeitsreihe Schimpanse, Weißhandgibbon, Orang, Gorilla. Bei solchen Untersuchungen ist freilich zu berücksichtigen, daß die meist künstlich zusammengestellten Gruppen in Gefangenschaft nicht die Verhältnisse unter natürlichen Bedingungen repräsentieren müssen und bei kleinen Individuen-Anzahlen auch die starke individuelle Schwankungsbreite sowie die Beziehungen zwischen den Individuen erheblichen Einfluß nehmen. Während im Allogrooming bei den Menschenaffen Analregion und Kopf vorrangig gepflegt werden, scheint bei dem Weißhandgibbon der Oberkörper, speziell der Rücken wesentlicher „Fremdputz-Bereich" zu sein. Dieses Verhalten dient bei den Menschenaffen offenbar der Stabilisierung sozialer Kontakte, da meist andere soziale Handlungen vorangehen. KAUFMANN (1967) konnte für männliche Rhesusaffen saisonabhängige Mittelwerte in bezug auf den prozentualen Anteil der Putzpartner feststellen:

Für die Zeit der Geburten:	43% erwachsene Weibchen
	26% unreife Weibchen
	31% erwachsene Männchen
Für die Zwischenzeit:	52% erwachsene Weibchen
	24% junge Weibchen
	24% erwachsene Männchen
Für die Paarungszeit:	83% erwachsene Weibchen
	11% junge Weibchen
	6% erwachsene Männchen.

Vergleicht man ranghohe und rangtiefe Individuen einer Gruppe, dann ergeben die hier herangezogenen Untersuchungen folgendes: Ranghohe Männchen zeigen Körperpflege (in einer Beobachtungszeiteinheit):

an ranghohen Weibchen 19mal
an rangmittleren Weibchen 25mal
an rangtiefen Weibchen 12mal

von ranghohen Weibchen 43mal
von rangmittleren Weibchen 51mal
von rangtiefen Weibchen 44mal.

Für Männchen mittleren Ranges gelten folgende Werte:

an ranghohen Weibchen 7mal
an rangmittleren Weibchen 4mal
an rangtiefen Weibchen 28mal

von ranghohen Weibchen 30mal
von rangmittleren Weibchen 17mal
von rangtiefen Weibchen 42mal.

Auch Spigel und Fraser (1974) neigen auf Grund ihrer Untersuchungen an Laborratten zu der Auffassung, daß soziale Hautpflege ein stabilerer Anzeiger für Dominanz ist als etwa das Verhalten unter Wettbewerbsbedingungen. Bei erwachsenen Ratten wird das Allogrooming als eine „soziale Endhandlung“ angesehen, voraussagbar von vorangegangenen Situationen abhängend; das wäre den Befunden von Linke an Menschenaffen durchaus vergleichbar.

Eine Übersicht über Grundlagen der Kommunikationssysteme kann wohl nicht schließen ohne einen Hinweis auf das in jüngerer Zeit viel diskutierte „Aggressions“-Problem. Bovet war 1917 wohl der erste, der eine Monographie über den „Kampf-Instinkt“ (englische Ausgabe „The fighting instinct“ 1923) herausbrachte, die als Quintessenz die Formulierung enthält, daß Aggressivität ein Teil der menschlichen Natur sei, aber sehr verschieden ausgeprägt in den verschiedenen Altersstadien und sublimierbar; aber „Kriegsspiele“ im Sport hätten keinen Bezug zu dem modernen Krieg, und der moderne

Krieg befriedige keine Aggressionsinstinkte und rühre im allgemeinen auch nicht von ihnen her. Nicht Einzelpersonen, sondern die herrschenden Klassen seien pazifistisch zu erziehen. Soweit BOVET. Durch K. LORENZ (1963) ist in jüngerer Zeit die Diskussion erneut in die Breite gegangen. Hier seien die biologischen Zusammenhänge kurz erörtert. Versuchen wir zunächst eine vektorielle Behandlung (vgl. Abb. 37):

1. „Aggression" ist ein sichtbares Verhalten.
1.1. Das Verhalten ist orientiert. Die Bezugsreize für die Orientierung stammen im Normalfall von einem anderen Organismus (B), selten von mehreren oder anderen Umgebungsfaktoren.
1.2. Der sensorische Input des sich verhaltenden Organismus (A) entstammt dem Zustandsvektor von (B) mit unabhängigen Zielfunktionen.
1.2. Die Zielfunktion des Verhaltens von B interferiert mit dem Zustand von A und wird damit zum „Störvektor".
1.3. Es baut sich ein Regelprozeß auf, der darauf gerichtet ist, den Input von A störfrei zu machen, die Konkordanz mit dem inneren Zustand herzustellen. Über negative Rückkopplung kann der Output von A beendet werden.

2. Das unter (1) beschriebene Verhalten kann dem Kontext der Störgrößen-Beseitigung zugerechnet werden; das bedeutet:
2.1. Der Organismus A kann auch durch Ausweichen oder durch Flucht den Input beenden oder zu beenden versuchen.
2.2. Der Organismus A kann auch durch eine Statusänderung die Konkordanz zu B herstellen.

3. Der Organismus B kann verschiedenen Umweltklassen angehören (vgl. Abb. 36):
3.1. Der Eigenumwelt; dieser Fall gehört zur Verhaltenspathologie, es wäre der „Kampf" mit dem eigenen Körper (Suizid).
3.2. Der informationellen Umwelt: Ein artfremdes Individuum.
3.3. Der kommunikativen Umwelt: Ein Artgenosse.

4. Randbedingungen (X_e) können zum Störvektor werden, weil sie den aktuellen Umweltbezug „irritieren" („Frustration").

Die vorstehend beschriebenen Phänomene lassen sich kurz so zusammenfassen: Aggressives Verhalten tritt auf, wenn eine Diskordanz zwischen dem internen Zustand eines Individuums und Umgebungsbedingungen besteht, die phänomenologisch als Konkurrenz, Rivalität, Gefährdung, Bedrohung und mit ähnlichen Begriffen umschrieben wird. Dabei sollte man trennen:

- Konkurrierende Raumansprüche 1. Ordnung, z. B. physisches Bedrängen aus Raummangel
- Konkurrierende Raumansprüche 2. Ordnung, auf Grund ihrer qualitativen Eigenschaften mit Kriterien des „Besitzanspruches“ (beide sind stets mit Zeitansprüchen kombiniert)
- Konkurrierende Nahrungsansprüche
- Schutzansprüche durch physische Bedrohung (Störeinwirkung)
- Konkurrierende Territorialansprüche, also zwischen Angehörigen einer Population (auch Objektansprüche)
- Konkurrierende Sexualansprüche = Rivalensystem, jeweils durch gleichgeschlechtliche Individuen
- Konkurrierende Pflegeansprüche und Störung der Pflegeansprüche
- Konkurrierende Sozialansprüche und Störung der Sozialansprüche.

Das sind die „Ereignisfelder“. Nun die Betrachtung der eigentlichen Verhaltensprozesse:

a) Struktureller Aspekt: Tierarten können über besondere Strukturen im Dienst dieses Verhaltens verfügen, wie Gebiß, Krallen, Hörner, Geweihe, Hufe, die entweder „multivalent“ sind, oder über die Evolution eigens für dieses Verhalten herausgezüchtet wurden

b) Funktioneller Aspekt: Die genannten Strukturen haben entweder ein breites Funktionsspektrum, wie Extremitäten, oder ein mehr begrenztes, wie das Gebiß; hier ist die Bestimmung einer Funktions-Hierarchie wichtig, erkennbar am Grad der Anpassung der Struktur an die verschiedenen „Aufgaben“

c) Informationeller Aspekt: Hier wären die Verhaltens-Elemente zu erfassen, ihr raumzeitlicher Ablauf zu beschreiben, vielleicht auch die Informationsmetrik zu bestimmen, wie es DINGLE im agonistischen Verhalten von Krebsen getan hat, und Bedeutung, Ursachen und Wirkungen zu ermitteln.

Nun gelten alle Prinzipien für den Verhaltensaufbau überhaupt, einschließlich der stammesgeschichtlichen Anpassungsvorgänge, die zu artspezifischen Verhaltensausprägungen führen. Was hier durch einen Begriff zusammengefaßt wird, ist in Hinblick auf den Systembezug heterogen, wie die vorangehende Zusammenstellung ausweist. Ein Vergleich: Wir könnten alle Verhaltensweisen der Beschädigung von Substrat (z. B. Scharren) zusammenfassen. Jetzt könnte man vielleicht einen „Destruktionstrieb" postulieren. Es gibt jedoch keinen „Scharrtrieb" oder dergleichen, sondern die Mechanismen des Verhaltens sind Teiloperationen komplexer Programme mit ganz bestimmten Zielfunktionen, die lediglich operationell ähnlich verlaufen müssen. Aber die Zielfunktionen könnten sein: Herstellung eines Baus, eines Schlafplatzes, einer Grube zur „Territorialanzeige" bei der Brunst, das Freilegen einer verborgenen Wasserstelle, um nur wenige Beispiele zu nennen. Der Begriff „Aggression" ist irrelevant, wie einst der Begriff „Instinkt", von LORENZ selbst in Instinktverhalten bzw. Instinktbewegung umformuliert und damit praktikabel, wobei allerdings die jüngere Forschung den Teilbegriff „Instinkt" auch noch entbehrlich findet, und nur die Bewegungen qualitativ und quantitativ untersucht, und das mit eindrucksvollen Erfolgen, und niemand wird in einer modernen Verhaltensanalyse den Begriff Instinkt finden oder auch vermissen. Es gibt spezielle Verhaltensweisen unter den oben erwähnten Bedingungen, teils stärker auf Aversionen im Sinne eigentlicher Störgrößenbeseitigung basierend, teils stärker mit Appetenzen gekoppelt, wenn es um Raum, Fortpflanzungspartner, Sozialpartner oder auch Nahrung geht. Die Verhaltensweisen mögen ähnlich sein, wenn ein Raubtier Beute tötet oder sich gegen einen Angreifer verteidigt, die Motive, also der generelle Systemkontext ist aber ein völlig anderer. Und darauf kommt es bei dem Verständnis des Verhaltens an. Angriffsverhalten ist oft ein Element des agonistischen Verhaltens, also der Auseinandersetzung in Populationen oder Sozialverbänden. Viele Verhaltensweisen haben eine gemeinsame oder doch teilweise gemeinsame Endstrecke, müssen also mit ganz bestimmten Organen wie dem Gebiß oder den Extremitäten ausgeführt werden. Wie immer müssen wir die vorstehend genannten Aspekte der Verhaltensbeschreibung ansetzen. MOYER (1971) hat schon einen Kompromiß-Vorschlag versucht, indem er Klassen von „Aggressionen" bildete, und wenn wir dabei das Wörtchen „Aggression" noch durch Angriffsverhalten ersetzen, dann würde es etwa lauten:

— Beute-induziertes Angriffsverhalten
— Furcht-induziertes Angriffsverhalten
— Durch „Überreizung" induziertes Angriffsverhalten
— Angriffsverhalten zur Territorialverteidigung
— Angriffsverhalten zur Jungenverteidigung
— Angriffsverhalten bei sexueller Rivalität
— Angriffsverhalten als bedingte Reaktion („instrumentelles Angriffsverhalten").

Aber auch eine solche Klassifikation ist Fragwürdig, denn sie faßt phänomenologisch zusammen, was kausal nicht zusammengehört. Nehmen wir nur das Furcht-induzierte Angriffsverhalten. Der Kontext heißt hier „Gefahr", „Bedrohung", sensorisch vielleicht schon Schmerz oder physische Bedrängtheit. Dann wird je nach Tierart ein Repertoire von Verhaltensweisen zur Verfügung stehen, wie Ausweichen, Flucht, Sichdrücken, und vielleicht auch Angriffsverhalten, als „ultima ratio", also mit der höchsten Reizschwelle. Ähnliches gilt für alle anderen „Funktionskreise". Kurz, eine solche Zusammenfassung wäre nur dann vertretbar, wenn man davon ausgeht, daß für alle ein zentraler Mechanismus verantwortlich ist, wie etwa für Hunger oder Fortpflanzung. Und das nimmt ja wohl kein Ethologe heute mehr an. Es gibt keinen „Aggressions-Trieb" schlechthin, das ist auch neurophysiologisch längst erwiesen. Wann ein Angriffsverhalten eingesetzt wird, ist von Fall zu Fall zu analysieren und für einzelne Arten sehr verschieden. Triebhaft wirkt es vielleicht noch am ehesten im Kontext der Fortpflanzung, also mit dem Androgenspiegel korreliert. Hier läßt es sich auch weiter „züchten", wie die Haus-Stiere zeigen. Schimpansen haben übrigens nichts davon, die Genverteilung in der Population wird nicht durch Kämpfe zwischen Männchen geregelt, sondern vor allem durch Affinitäten zwischen den Sexualpartnern, wie eindrucksvolle Untersuchungen gezeigt haben. Daß Kampfverhalten bei manchen Arten als „Rangordnungstiftendes" Verhalten auftreten kann, steht außer Frage, dann allerdings stark ritualisiert und durch komplexe Signalsysteme den sozialen Status oder die soziale Valenz anzeigend.

Gewiß aber können stark gestörte soziale und ökologische Umwelten die „Reizbarkeit" erhöhen, können „Frustrationen" bei manchen Arten, vor allem solchen, die innere Modelle der Umwelt aufbauen und ein variables Verhalten besitzen, die Tendenz zur aktiven Störgrößen-Beseitigung erhöhen, oft mit bruchstückhaften Angriffs-Elementen, die phänomenologisch einem „ernsten Spiel" nicht unähnlich sehen, weil sie keine konsequent durchkonzipierte „Verhaltenslogik" aufweisen. Exakte Forschung wird hier noch viel aufhellen müssen, ehe die „Aggression" als Scheinproblem verschwindet.

6. Evolution und Verhalten

6.0. Allgemeine Betrachtungen

Der Evolutionsprozeß gehört zu dem Entwicklungs-Aspekt des Verhaltens. Er erfaßt alle Verhaltensänderungen in der Zeit, das sind (a) Veränderungen während des individuellen Lebens, unterteilt in die verschiedenen

Lebensabschnitte oder gegebenenfalls auch Stadien (z. B. Larven), und (b) Veränderungen während der Phylogenese. Da sich über die letztgenannte die eigentliche Evolution vollzieht, rechtfertigen sie eine gesonderte Betrachtung. Gleichwohl sollte man den hier angedeuteten Zusammenhang nicht außer Acht lassen, denn die Evolutionsstrategie verwirklicht sich in Populationen, und diese sind Systeme von Individuen, und damit wirken mittelbar auch Veränderungen im Individualleben auf die Genverteilung in Populationen durch die Mechanismen der Partnerwahl, die Raum-Zeit-Verteilung, das Pflegesystem und gegebenenfalls die Sozialstrukturen. Individuell erworbene Eigenschaften vererben sich nicht, wenn sie nicht auf genetischen Veränderungen beruhen, aber sie beeinflussen über die Populationsfaktoren, die wir oben nannten, die Genverteilung innerhalb der Mendel-Population, können Stabilisierungen wie Veränderungen fördern und sind damit ein entscheidender Mechanismus der Steuerung und Regelung der Evolutionsprozesse. Ihnen liegt Verhalten zugrunde, abgestimmt auf die komplexen Ökofaktoren, und damit muß ihre Analyse wieder alle von uns bereits genannten Aspekte berücksichtigen (S. 13). Der Entwicklungsaspekt berücksichtigt das gesamte Verhalten, strukturell, funktionell, informationell, eben in Hinblick auf Veränderungen in der Zeit. In der Ontogenese reifen mitunter die Funktionen schneller als die zugeordneten Strukturen; so haben wir bei Jungfüchsen schon im Alter von 31 Tagen Versuche zum Aufwärtssprung beobachtet, als die Entwicklung der Hinterbeine und ihrer Muskulatur diese Sprünge noch gar nicht ermöglichte (TEMBROCK 1957). Dennoch gilt im allgemeinen, daß in der embryonalen Verhaltensentwicklung die Motorik vor der Sensorik differenziert wird (vgl. Zusammenfassung TOBACH, ARONSON, SHAW 1971). Einer der besten Kenner dieser Zusammenhänge auf Grund vielfältiger Untersuchungen, HAMBURGER (1971), kommt zu folgenden Schlußfolgerungen:

- Das motorische System differenziert sich vor dem sensorischen
- Beim Kücken-Embryo (Haushuhn) kann bis zum 17. Bruttag kein Einfluß sensorischen Inputs auf die Bewegung nachgewiesen werden
- Alle Embryonen zeigen spontane Bewegungen vom Beginn der Beweglichkeit an, nur Säugetierembryonen sind von diesem Zeitpunkt an bereits Reiz-empfindlich
- Die Eigenschaft autonomer elektrischer Entladungen, die offenbar allen spontanen Bewegungen zugrunde liegt, scheint eine elementare Eigenschaft der meisten oder aller Nervengewebe zu sein.

Gottlieb (1971) fand bei der sensorischen Entwicklung diese Reihenfolge: taktil—vestibulär (Gleichgewichtsorgan) — akustisch—optisch; der chemische Rezeptor wurde dabei nicht geprüft. Hier einige Beispiele:

Mensch: (alle Angaben beziehen sich auf Zeiten vor der Geburt)
Taktile Sensibilität: ab 49. Tag
vestibulare Sensibilität: ab 90.—120. Tag
auditorische Sensibilität: unbekannt, ab 147. Tag oder früher
visuelle Sensibilität: ab 182. Tag oder früher (154. Tag).

Opossum (Tragzeit 12,5 Tage):
Taktile Sensibilität: 1. Tag (postnatal), oder früher
vestibulare Sensibilität: 41.—43. Tag (postnatal)
auditorische Sensibilität: 50. Tag (postnatal)
visuelle Sensibilität: 62. Tag (postnatal), oder früher

Ratte (Tragzeit 21,5 Tage):
Taktile Sensibilität: 15.—17. Tag (pränatal)
vestibulare Sensibilität: 21. Tag? (pränatal)
auditorische Sensibilität: 5. Tag (postnatal)
visuelle Sensibilität: 8,5.—9. Tag (postnatal)

Meerschweinchen (Tragzeit 68 Tage):
Taktile Sensibilität: 31.—32. Tag (pränatal)
vestibulare Sensibilität: 61. Tag oder früher (pränatal)
auditorische Sensibilität: 46.—60. Tag (pränatal)
visuelle Sensibilität: 41.—63. Tag (pränatal).

In den Gesamtkomplex der individuellen Verhaltensentwicklung gehören die bereits ausführlich besprochenen Lernvorgänge, sie haben Eigenschaften einer „Phänokopie“ der stammesgeschichtlich bedingten Verhaltensänderungen, vielleicht sogar auf Grund einer ähnlichen Strategie; schrittweise Änderungen, Bewertungen, Auswahl—Auslese, Neukombination. Damit können die evolutiv entstandenen Verhaltensklassen, Verhaltensalgorithmen und sensorischen Kategorien als begriffsanaloge Prozesse und als Prinzip einer allgemeinen „Informations-Logik“ aufgefaßt werden. Für Evolution wie für individuelle Veränderungen im Verhaltensbereich gilt, daß es sich um Vorgänge der Selbstorganisation handelt, die durch die jeweiligen Systemeigenschaften determiniert wird. Dabei ist der aktive Vorgang der Selbstorganisation das Ergebnis einer ständigen Wechselwirkung zwischen Organismus und Umwelt (vgl. Tembrock 1976). Für Evolution wie Individualentwicklung sind Speichervorgänge Voraussetzung. Der Evolutionsprozeß beruht auf einer dem System eigenen Strategie, der Schaffung verschiedener Zustände sowie der Optimierung durch schrittweise Auswahl, wobei zwei Stufen gegeben sind:

— Die Individualebene der Evolutionsstrategie,
— die Populationsebene der Evolutionsstrategie.

Auf der Individualebene treten im Individuum verschiedene Zustände auf, während bei der Population die Zustände durch die Individuen selbst verwirklicht sind. Wir können in diesem Sinne von einer internen und einer externen Auslese (Selektion) sprechen. Diese Vorgänge werden durch Verhalten gesteuert und geregelt. Daraus ergeben sich die zwei Grundaurgaben:

— Stammesgeschichte des Verhaltens
— Verhalten als Mittel der Evolutionsstrategie.

Beide stehen in Wechselbeziehung zueinander. Die Untersuchung und Beschreibung der Stammesgeschichte des Verhaltens kann problem- oder objektorientiert erfolgen. Im ersten Fall wird die Phylogenie bestimmter Funktionskreise des Verhaltens verfolgt, im anderen die Evolution in Verbindung mit bestimmten systematischen

Einheiten (Taxa). Im Populationssystem wird die „zentripetale Selektion“ im Sinne von SIMPSON, von WADDINGTON auch „kanalisierende Selektion“, von SCHMALHAUSEN „stabilisierende Selektion“ genannt, wirksam, der die „verändernde Selektion“ gegenübersteht, die vom Ökosystem s. str. determiniert wird, da dieses sich im allgemeinen aus von den Individuen unabhängigen Faktoren zusammensetzt. Das bedeutet: Die verändernde Selektion wird bestimmt von:

— Raum- und Zeitansprüchen 1. und 2. Ordnung
— Stoffwechselansprüchen
— Schutzansprüchen.

Die stabilisierende Selektion wird determiniert von:

— Territorialansprüchen
— Sexualansprüchen
— Pflegeansprüchen
— Sozialansprüchen.

Die letztgenannten liefern jene speziellen Anpassungen, die genetische und individuelle Informations-Transmission zu gewährleisten haben, damit aber auch jene Reproduktionsschranken errichten können, die in den Artpopulationen neue Subsysteme („Unterarten“) schaffen, und damit die Realisierung der verändernden Selektion gewährleisten. So stehen auch die beiden Selektionsprinzipien „Verändern“ und „Stabilisieren“ in einer ständigen Wechselwirkung, da auch jede Veränderung sich nur über Populationen verwirklichen kann, denn Populationen und nicht Individuen machen Evolution. Unter diesen Gesichtspunkten ist es zweckmäßig, im Evolutions-Aspekt für das Verhalten zwei Problemfelder zu unterscheiden:

— Evolution des Wirkungsgefüges des Verhaltens, also der Systemeigenschaften
— Evolution der Steuer- und Regelstrecken, also der eigentlichen Verhaltens-Normen.

Der erste Aspekt wurde im Verlauf der vorliegenden Darstellung schon verschiedentlich berücksichtigt, da die

Aufbereitung der Verhaltensphänomene problem- und nicht objektorientiert erfolgte. Dabei kann in grober Zusammenfassung etwa folgendes gesagt werden: Anfangs bestimmten der Output (Y, vgl. Abb. 2) den Input X, wobei aber ein erheblicher Anteil an stochastischen Umweltereignissen, die der Organismus nicht beeinflussen konnte, wirksam wurde. Das bedeutete, daß die sensorischen Leistungen nur parallel mit dem Ausbau der Handlungsfähigkeit verbessert und erweitert werden konnten. Im Verlauf der Evolution wurde diese Irrelevanzentropie (X_e) zugunsten des prozeßrelevanten Inputs (X_u) verringert, was nur durch eine gleichzeitige Ausgestaltung des Verhaltens (Y_u) möglich wurde, denn je höher der Informationsgehalt von Y_u, desto höher wird auch der Informationsinput über X_u. Voraussetzung hierfür war der Ausbau der Speichermechanismen, vor allem durch Speicher mit relativ kurzen Zeitbasen, die Informationskompression über die Zeit zulassen, aber durch Löschung anschließend wieder verfügbar werden, so daß die Auswahl unter Bewertung für die Langzeitspeicher qualitativ verbessert werden konnte. Der Aufbau innerer Modelle der Umwelt förderte die Optimierung des Verhaltens ihr gegenüber. Genetische Anpassung geht über Generationen, benötigt also lange Zeiträume, der Anteil an Irrelevanzentropie ist unter diesen Bedingungen hoch, da es viele Umweltkonstellationen für ein Einzelindividuum gibt, die kein „Programm" vorhersehen kann. Daher wandelte sich im Verlauf der Evolution schrittweise die Beziehung zwischen Output und Input um: War anfangs der Input weitgehend vom Output abhängig, so entwickelte sich nun eine Tendenz zur Umkehrung dieser Verhältnisse, das Verhalten wurde zunehmend vom aktuellen und durch Erfahrung gespeicherten Input abhängig. Diesen Evolutionstrend umschreiben wir phänomenologisch als „Raumbeherrschung", er ist genauer eine „Raum-Zeit-Beherrschung". Damit verlagerten sich auch die Antriebsstrukturen zunehmend (aber niemals vollständig) von den durch Evolution determinierten Primärmotivationen auf durch individuelle Erfahrung bestimmte Sekundärmotivationen. Nun kann auch die Umwelt zum Mittel der Verhaltens werden. Hier wird eine Entwicklungsstufe zwangsweise erreicht, in der kollektive Lösungen individuellen überlegen sind, die Quelle sozialen Verhaltens, geeignet Traditionen aufzubauen und zu korrigieren, Rollen auf Grund individueller Erfahrungen und Leistungen zu vergeben („Spezialisten"), deren Funktion nur noch im Sozialaspekt „sinnvoll" ist.

Im folgenden soll nunmehr der objektorientierte Aspekt kurz betrachtet werden, denn Populationen bilden Taxa, und diese verwirklichen nicht zuletzt mit den Mitteln des Verhaltens Evolutionsprozesse.

6.1. Taxonomie

Das natürliche System der Tiere beruht heute auf der Annahme stammesgeschichtlicher Verwandtschaft aller Lebewesen, deren Entwicklung durch die Evolution gekennzeichnet ist. Die Grundlagen des natürlichen Systems lieferten anfangs ausschließlich die Morphologie und dann die an ihr orientierte Homologieforschung sowie die Entwicklungsgeschichte. Das genetische Experiment bot darüber hinaus die Möglichkeit, Einblick in die Mechanismen des Evolutionsprozesses zu gewinnen (vgl. Roe & Simpson 1958; Ehrlich, Holm 1963, Williams 1966, Heberer ab 1967; Stebbins 1968, Cizek, Hodanova 1971, Timofeeff-Ressovsky, Voroncov, Jablokov 1975). Erst später wurde erkannt, daß Physiologie, Biochemie und Ethologie ebenfalls Kriterien zur Bestimmung der Verwandtschaftsbeziehungen zwischen heute lebenden Tierarten liefern können. Speziell die „Verhaltensmorphologie" als Beschreibung der Grundeinheiten des Aktionssystems einer Tierart wird seit Whitman und Heinroth für taxonomische Untersuchungen herangezogen, und E. Mayr (1970) geht davon aus, daß die Methodik der Verhaltensphylogenie mit jener der morphologischen

Phylogenie übereinstimmt. Dabei bestätigt er die Anwendbarkeit der Homologie-Kriterien auf Verhaltensmerkmale. Die wichtigsten Kriterien sind (vgl. REMANE 1956):

— Das Kriterium der Lage
— Das Kriterium der speziellen Qualität
— Das Kriterium der Verknüpfung durch Zwischenformen.

Bei Analogien oder ökologisch determinierten Konvergenzen werden funktionell ähnliche Leistungen mit verschiedenen Verhaltensmustern vollzogen, etwa die Gesänge der Vögel, der Gibbons oder der Heuschrecken, wie struktureller und funktioneller Aspekt unschwer ausweisen: Die Syrinx bei Vögeln, der Larynx bei Säugetieren und Stridulationsorgane bei Heuschrecken. Das Kriterium der Lage trifft demnach nicht zu, auch die spezielle Qualität der Laute ist eindeutig verschieden, Zwischenformen fehlen gänzlich. Konvergenzen können unter starkem ökologischem Druck zu hoher Ähnlichkeit der Anpassung führen. Gerade jene Verhaltensweisen, die auf Umwelt-Bedingungen spezialisiert sind, die unabhängige Variable sind, also ökologische Faktoren im engeren Sinne, unterliegen in hohem Maße der verändernden Selektion. Erst bei wechselseitigen Anpassungen zwischenorganismischer Beziehungen werden echte System-Funktionen der Selbst-Optimierung wirksam mit der Tendenz zur Stabilisierung im Sinne eines Fließgleichgewichtes. Die Stoffwechselansprüche (Nahrung, Atmung) sind ein zentrales Thema der Spezialisierung, gelegentlich kann der Schutzanspruch hier interferieren und noch höheres Gewicht erhalten. Manche Verhaltensmuster des Nahrungserwerbs sind sicher nur deswegen nicht in der (theoretisch) optimalen Form ausgebildet, weil sie zugleich die Erbeutungswahrscheinlichkeit durch Raubfeinde stark erhöhen würden.

Jede taxonomische Forschung muß von der Merkmalsdiagnostik ausgehen. Die Grundlage hierfür bildet im

Verhalten die Beschreibung des Aktionssystems einer Tierart, die zur Aufstellung eines Aktions-Kataloges oder Ethogramms führt. Eine mögliche Klassifikation wurde auf Seite 23 vorgeschlagen. Für die Protokollierung kann man generell zwei Formen unterscheiden:

1. Das Grundprotokoll: Hier wird alles Beobachtete im zeitlichen Verlauf möglichst eingehend fixiert, sind Verhaltenseinheiten bereits definiert, unter Anwendung entsprechender Symbole. Das Extrem bzw. Optimum eines Grundprotokolls ist ein Film mit simultaner Tonaufzeichnung, allerdings im Einzelfall auch begrenzt durch optische Überschneidungen, die das Erkennen bestimmter Verhaltensabläufe bei der späteren Aufzeichnung, die Bild für Bild vorgenommen werden kann, einschränkt. („Protokolle" nach der Erinnerung sind wissenschaftlich wertlos.)
2. Normprotokolle: Diesen Protokollen liegt ein Programm oder Algorithmus zugrunde, daher kann es verschiedene Klassen solcher Protokolle geben. Die Fragen werden mit „ja" oder „nein", gegebenenfalls auch skaliert beantwortet. Hier können Aufzeichungsgeräte angeschlossen werden, die bis zu einem On-Line-Verfahren entwickelbar sind bei angeschlossener EDVA. Das Programm entscheidet über das „Datenraster". Was hier nicht erfaßt wurde, „fällt durch". Spezielle Polygraphen, die Lochstreifen ausdrucken, sind besonders geeignet. Aber auch ein handgeschriebenes Protokoll nach einer besonderen Anlage ist „objektiv" und vom Beobachter unabhängig auswertbar, was für Grundprotokolle nicht ohne weiteres zutrifft. Normprotokolle setzen voraus, daß der Untersucher bereits eine formulierte Problemstellung hat und die relevanten Bedingungen übersieht, vielleicht sogar einen Algorithmus entworfen hat.

Wickler (1972) hat auf Schwierigkeiten bei der Verwendung bestimmter Verhaltensweisen für taxonomische und stammesgeschichtliche Untersuchungen hingewiesen. Dabei wird vor allem die Beachtung der Korrelationen der Verhaltensformen mit anderen Eigenschaften gefordert. So können funktionelle Korrelationen zu Ähnlichkeiten oder Unterschieden im Verhalten führen, die nichts über den wirklichen Verwandtschaftsgrad aussagen. Abwandlungen der Körpergestalt haben bei vielen Hautflüglern (Hymenoptera) den Ausfall bestimmter Putzhandlungen zur Folge (WAGNER 1959), deren Evolution durch FARISH (1972) genauer untersucht wurde, wobei Hinweise auf qualitative Unterschiede auf der Ebene der Familien und Unterfamilien (als Taxa) erbracht wurden. Der „Wellenflug" vieler Kleinvögel ist wahrscheinlich flugmechanisch bedingt und daher kein Verwandtschaftskriterium. Bestimmte Formen der Lautäußerungen sind hinsichtlich ihres Frequenzspektrums und der Lautlänge von der Größe der Tiere und von dem Atemvolumen abhängig. Es gibt daher keine typischen Lang- oder gar Dehnungslaute bei Kleinsäugern. Unterschiede in der Körpergröße können auch Verhaltensdifferenzen bedingen. Ökologische Korrelationen können zu sehr ähnlichen Verhaltensmustern führen, die nicht auf natürlicher Verwandtschaft beruhen. Das Verleiten ist nach ARMSTRONG kennzeichnend für die bodenbrütenden Vögel (weitere Beispiele bei WICKLER 1967). Trotz derartiger Einwände, die nicht nur für eine taxonomisch orientierte Verhaltensforschung gelten, gibt es schon zahlreiche Ansätze, ethologische Daten für die Taxonomie nutzbar zu machen.

ANDREW (1956, 1961) hat vergleichend an etwa 100 Arten von Sperlingsvögeln Schwanzbewegungen, speziell auch das Schwanzzucken untersucht und konnte hieraus auch gewisse systematische Folgerungen ableiten, speziell bei den Ammerartigen (Emberizidae). Die Studien von NICOLAI (1959) erbrachten für die Systematik der paläarktischen Girlitze und Carduelinen auf der Grundlage des Verhaltens aufschlußreiche Gesichtspunkte. Zu den Folgerungen gehört, daß der „Zitronenzeisig" der Gattung *Serinus* zuzurechnen ist, während der „Birkenzeisig" den Hänflingen nächstverwandt ist. Auch die Lautgebung kann als taxonomisches Kriterium innerhalb niederer systematischer Einheiten wertvolle Hinweise bieten. Immer aber wird es fragwürdig, wenn auf Grund einer Merkmalsextraktion „Stammbäume" entworfen werden. Taxonomische Untersuchungen liegen für Heuschrecken, Zikaden und Vögel (z.B. THIELCKE 1970) vor. Auch das Trommeln bei Steinfliegen ist artspezifisch ausgeprägt (RUPPRECHT 1969).

Hinzuweisen ist hier auf die bereits „klassischen" Arbeiten von HEINROTH (1911) und LORENZ (1941) an Entenvögeln, WHITMAN an Tauben und TINBERGEN (1959) an

Abb. 89. Homologe Verhaltensformen bei Hühnervögeln (*Galliformes*): a) Haushahn lockt zum Futter; b) Lockphase beim Jagdfasan (*Phasianus colchicus*); c) Laterale Balz bei *Phasianus* und *Gallus*, das „Walzern" Kratzfuß (vgl. Abb. 15) beim Haushahn und beim Jagdfasan. Der Haushahn spreizt den der Henne abgewandten, der Fasan den zugewandten Flügel (nach SCHENKEL 1958); d) Balzverhalten oder intensives Drohen beim Birkhahn (*Lyrurus*), hier Balz, das Weibchen steht links, die vier hellen Schwanzfedern werden nach dieser Richtung (um etwa 12°) geneigt; e) Franklin-Waldhuhn (*Canachites canadensis franklini*), Balzstellung, der Schwanz wird dabei rhythmisch gefächert; f) Prairiehuhn (*Tympanuchus cupido*), Balzstellung während der Lautgebung, dabei rhythmisches Schwanzfächern; g) dasselbe: Haltung nach Ende der Lautgebung (nach HJORTH 1967).

Möwen. Diese Untersuchungen sind wegweisend und haben entscheidend dazu beigetragen, daß Verhaltensmerkmale für den modernen Systematiker in das Spektrum der Faktorenanalyse gehören.

6.2. Stammesgeschichte

Taxonomisch aufbereitete Verhaltensmerkmale können, wie erwähnt, speziell über die Homologie-Forschung wichtige Hinweise phylogenetischer Zusammenhänge liefern. Dabei ist die Berücksichtigung der Verhaltensontogenese von besonderer Bedeutung, da ontogenetische Verläufe vielfach mit stammesgeschichtlichen Prozessen korreliert sind, wenn auch keineswegs immer im Sinn der „biogenetischen Grundregel" von F. Müller und E. Haeckel. Stammesgeschichtliche Forschung kann aber auch die Evolution von Bewegungsmustern aufklären. Dabei ist zu berücksichtigen, daß homologe Strukturen nicht bereits homologe Verhaltensleistungen implizieren. Die Syrinx ist als Stimmapparat bei allen Vögeln homolog, gewiß aber sind es die damit erzeugten Laute im einzelnen nicht. Die Stimmerzeugung ist homolog, sofern sie nicht mit dem Larynx oder mechanisch vorgenommen wird. Anders gesagt: Im Verhaltensbereich können die Homologie-Kriterien erst dann angewandt werden, wenn die Homologie der Strukturen und ihrer allgemeinen Funktionseigenschaften bereits nachgewiesen ist. Verhaltensphylogenetik ist letztlich eine Analyse der Evolution neuraler Prozesse in Kombination mit den Erfolgsorganen. Da Verhalten jedoch nicht selten „Schlüsselcharakter" der Evolution im Sinne v. Wahlert sein kann, wird auch die Frage nach der Entstehung von Erfolgsorganen gestellt. So ist eben auch die Entwicklung des Stimmapparates ein Verhaltensproblem. Da stehen sich beispielsweise für die Entstehung des Insektenfluges zwei Hypothesen gegenüber: Die schon auf F. Müller (1873, 1875) zurückgehende „Gleithypothese", und die von

WIGGLESWORTH (1963) und neuerdings von NORBERG (1972) ausgebaute „Schwebehypothese“ (floating hypothesis), die von einer Tendenz zur Verringerung der Sink-Geschwindigkeit sehr kleiner Insekten (mit niedrigen REYNOLDS-Zahlen[1]) ausgeht, und damit einen Transport durch Wärme-Konvektionsströme über längere Strecken möglich macht. Die auf diese Weise entwickelten Schwebe-Organe könnten dann die Tendenz, sich mit ihrer Hilfe aktiv vom Boden abzuheben, gefördert und zur eigentlichen Flügel-Entwicklung geführt haben. Ein ähnliches Problem hat v. WAHLERT (1970) mit der Evolution des Kieferskelettes der Wirbeltiere, das den Rundmäulern (Cyclostomata, Agnatha) noch fehlt, zur Diskussion gestellt. Er sieht in dem Kiemenkorb zunächst eine peristaltisch wirkende Pumpe, wobei der Schlauchpumpe dann eine synchron arbeitende Druckpumpe vorgeschaltet wird, die der Wasserversorgung der Kiemen dient, und damit drei Aufgaben hat: (a) Nahrungsaufnahme, (b) Atmung und (c) Exkretion. Mit der Haltefunktion wurde der Mandibularbogen zum zahntragenden Kiefer umgewandelt: 1. Phase: Haltefunktion, 2. Phase: Greiffunktion, 3. Phase: Beißfunktion und 4. Phase: Kaufunktion.

So können Verhaltensweisen zu Schrittmachern der Evolution werden: Vielleicht leitet sich die ganze Stridulation der Feldheuschrecken (Caelifera) von Abwehrbewegungen der Hinterbeine ab, während jene der Laubheuschrecken (Ensifera) auf Flugintentionen zurückgeführt werden kann. Laubheuschrecken sind bei der mit den Flügeln erzeugten Lautgebung weitgehend ortsfest und oft an erhöhten Plätzen, das sind noch „Verhaltensrudimente“ der Abflugsituation; Feldheuschrecken stridulieren überwiegend am Boden und wechseln zwischen Strophen und Gesängen häufig den Platz, das könnten noch Hinweise auf die „Abwehr-Situation“ sein.

Räumliche Einstellungen im sozialen Kontext, wie die

---

[1]) $Re = \frac{vl}{\upsilon}$ v = Geschwindigkeit, υ = kinematische Zähigkeit des strömenden Mediums, l = kennzeichnende Bezugslänge.

Frontalstellung im Dienst einer Optimierung der aktiven Informationsbildung, speziell über Nase, Auge und Ohr, können zu zahlreichen Kommentformen führen (Tembrock 1964) wie Stirnkampf, Vornniedergehen, Aufrichten, Kopfheben, Antiparallelstellung, Buckelstellung u. a., die sowohl homolog wie analog sein können, was von Fall zu Fall zu prüfen wäre. Als homolog betrachtet Spindler (1958) die „Hals-Schulter-Reaktion“ als Antwort auf starke akustische Reize bei Säugetieren und bei dem Menschen (Abb. 90).

Verhaltensdivergenzen nahe verwandter Arten können durch spezielle ökologische Anpassungen zustande kommen. Cullen (1957) konnte für die Dreizehenmöwe

Abb. 90. Die „Hals-Schulter-Reaktion“ bei Schimpanse und Mensch. Oben jeweils vor dem Versuch. Unten Reaktion auf unerwartetes starkes Geräusch (nach Spindler, 1958).

(*Rissa tridactyla*) wenigstens 33 Verhaltensmerkmale nachweisen, in der sie sich als Anpassung an die Lebensweise als Felsbrüter von den Flachbrütern unter den Möwen unterscheidet. Dennoch ist das Grundinventar des Verhaltens bei den Möwen recht einheitlich. TINBERGEN (1960) sieht für Verhaltensänderungen bei dieser Gruppe folgende Faktoren als ausschlaggebend an:

1. Direkter Selektionsdruck zur Vervollkommnung jeder Signalbewegung im Sinne von Auffälligkeit und Prägnanz
2. Indirekter Selektionsdruck zu möglichst großer Verschiedenheit der Signale bei einer Art
3. Direkter Selektionsdruck zu Verschiedenheit der Signale bei nahe verwandten Arten speziell für die Paarbildung
4. Indirekte Folgen eines auf andere Funktionssysteme wirkenden Selektionsdruckes.

Die drei erstgenannten Faktorenkomplexe lassen sich verallgemeinert so formulieren:

— Selektion auf optimalen Signal-Rausch-Abstand
— Selektion auf optimalen intraspezifischen Signal-Signal-Abstand
— Selektion auf optimalen interspezifischen Signal-Signal-Abstand.

Die von HUXLEY 1914 erstmals als „Ritualisation" bezeichnete Entwicklung von Signalsystemen ist in wesentlichen Teilen unter diesen Selektionsaspekten zu sehen, wobei jedoch der Zusammenhang mit den Rezeptoren, der Entwicklung von Zeichen- und Mustererkennungsmechanismen mit einbezogen werden muß. LORENZ (1953) hat in diesem Zusammenhang auf die Möglichkeit der Superposition verschiedener Ausdrucksbewegungen hingewiesen, die mannigfache Kombinationen je nach Stärkegrad der zugrunde liegenden neuralen Mechanismen erlaubt. Entsprechendes fand TEMBROCK (1963) bei Lautäußerungen, die er dann Mischlaute nannte (vgl. S. 230). Ferner beschrieb er 1964 das „Überlagerungsphänomen", die Kombination von Gebrauchshandlungen mit Signalhandlungen als mögliche Quelle neuer Entwicklungswege, die zu einer festen Kombination zwischen beiden führen. Die ethologische Forschung hat vielfältige Beispiele für die Evolution von Signalsystemen erbracht.

Ein entscheidender Faktor für die Entstehung neuer Populationen ist die präzygotäre Isolation, wodurch die Vermischung genetisch nahe verwandter Formen verhindert wird. Den Signalbewegungen kommt hier eine besondere Bedeutung zu, chemische, optische und akustische Signale können ethologische Fortpflanzungsbarrieren errichten, so daß manche auf diesem Wege entstandenen Taxa leichter an Verhaltensmerkmalen als morphologisch unterscheidbar sind. Die sympatrischen, also im selben Gebiet lebenden „Zwillingsarten" *Drosophila pseudoobscura* und *D. persimilis* unterscheiden sich durch ihre Flügelvibrationen bei der Balz eindeutig, sie betragen bei *D. pseudoobscura* 479 Hz mit 65 ms Impulsabstand, bei *D. persimilis* 288 Hz mit 36 ms Impulsabstand (Waldron 1964). Für andere Insekten, Amphibien sowie Vögel gibt es eine ganze Anzahl von Befunden dieser Art. Die Isolationsmechanismen können generell etwa in drei Hauptgruppen mit folgenden Unterteilungen klassifiziert werden:

1. Isolation durch Faktoren der Umwelt
1.1. Physisch-geographische Isolation
1.2. Ökologische Isolation
1.3. Mikro- und mesoklimatische Isolation
2. Isolation durch Faktoren des Organismus
2.1. Morphologische Isolationsmechanismen
2.2. Physiologische Isolationsmechanismen (biochemische eingeschlossen)
2.3. Ethologische Isolationsmechanismen
3. Temporäre Faktoren als Isolationsmechanismen.

Alle Faktoren können untereinander vermascht sein. Bei den temporären Faktoren wirken Außen- und Innenfaktoren zusammen und führen zur zeitlichen Abstimmung des Lebenslaufes oder spezieller Funktionen im Tages-, Lunar- und Jahreszyklus. Innere wie äußere Faktoren können dazu beitragen, daß innerhalb von

Populationen Individuengruppen entstehen, die sich durch ihr zeitliches Auftreten unterscheiden, den Genaustausch mit den übrigen Populationen dadurch verhindern und auf diesem Wege eine genetische Differenzierung einleiten. So kennt man von dem Schmetterling *Colias eurytheme* zwei Farbformen, die sich auch in ihrem circadianen Aktivitätsrhythmus unterscheiden (Hovanitz 1944). Genetische Isolation wird auch begünstigt durch die Eigentümlichkeit zahlreicher Tierarten, immer wieder dasselbe Gebiet zur Fortpflanzung aufzusuchen, in dem sie selbst aufwuchsen. Dadurch kann es über Generationen hinweg zu einer eng begrenzten Raumbindung kommen, wie das beispielsweise bei Molchen der Gattung *Taricha* nachgewiesen wurde (Twitty 1959, et al. 1966).

Diese Hinweise deuten an, unter welch mannigfachen Faktoren-Kombinationen Evolutionsmechanismen wirksam werden können. Dabei lassen sich auch hier wieder für den Verhaltensaspekt diese Wirkungsklassen unterscheiden:

- Strukturelle Anpassungen
- Funktionelle Anpassungen
- Informationelle Anpassungen, hier wieder Struktur, Syntax, Sigmatik, Metrik, Semantik und — last not least — Pragmatik, denn an der Funktion (Wirkung) hat sich das Verhalten zu bewähren.

Als Beispiel für den strukturellen Aspekt sei zusätzlich noch die Hirnentwicklung der Wirbeltiere genannt (Rensch 1970):

- Zunahme der absoluten Hirngröße, in längeren stammesgeschichtlichen Reihen auch der relativen Hirngröße
- Zunahme der absoluten und der relativen Größe des Vorderhirns
- Zunahme der histologischen Komplikation und gleichzeitig Arbeitsteilung im Vorderhirn, mehrschichtiger Cortex bei Säugetieren
- Zunahme des 5—7schichtigen Isocortex innerhalb der Stammesentwicklung der Säugetiere.

Diamond und Hall (1970) haben diese zuletzt genannte Entwicklung strukturell noch genauer untersucht und mit Lernleistungen in Beziehung gesetzt (vgl. auch Hodos 1970) (Abb. 91). Eindrucksvoll spiegelt sich auch die zunehmende Tendenz zur Raumbeherrschung in der Evolution der Purkyne-Zellen des Kleinhirns der Wirbeltiere wider (Abb. 92), wobei zu beachten ist, daß die Knochen-

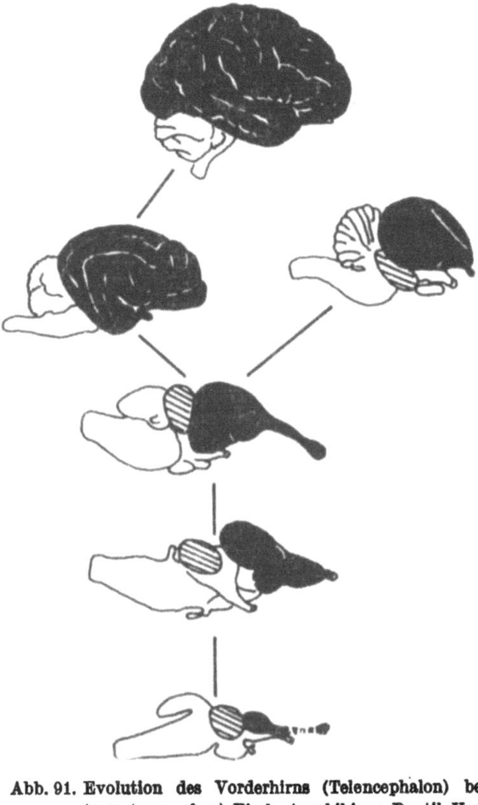

Abb. 91. Evolution des Vorderhirns (Telencephalon) bei den Wirbeltieren (v. unten n. oben) Fisch, Amphibium, Reptil, Vogel (rechter Abzweig) Raubtier, Mensch (neu entworfen in Anlehnung an Vorlagen bei Nauta und Karten 1970).

fische (Teleostei) genau genommen nicht in die direkte Genealogie der Landwirbeltiere gehören, sondern eine auf die Raumbeherrschung im Wasser hochgradig angepaßte Formengruppe darstellen, so daß hier die Struktur der PURKYNE-Zellen differenzierter ist als bei den Schildkröten (Reptilia). Wir sehen in Verbindung mit der zunehmenden Raumbeherrschung folgende Grundtendenzen in der Evolution:

1. Entwicklung der Bilateralsymmetrie
2. Tendenz zur Körpergliederung (Metamerie) in Verbindung mit der sekundären Leibeshöhle (Coelom)
3. Herausbildung von Tagmata, also Körperabschnitten höherer Ordnung, entweder unmittelbar aus einer Oligometamerie hervorgehend oder bei Polymetamerie durch Zusammenfassung von mehreren Metameren (z. B. Arthropoda)
4. Verlagerung der Bewegung von der Körperachse auf die Extremitäten
5. Zentralisation des Nervensystems
6. Zerebralisation, Herausbildung übergeordneter Nervenzentren, sog. „Gehirne"
7. Kephalisation, Kopfbildung, parallel zu (6)
8. Neenkephalisation, Entwicklung übergeordneter Koordinationszentren innerhalb des Gehirns, bei Säugetieren das Neopallium (vgl. STARCK 1975).

(Würde man das unter (8) genannte Phänomen generell bezeichnen wollen, wäre „Neozerebralisation" wohl die bessere Wortbildung, Tendenzen dazu gibt es vielleicht auch bei Cephalopoden und Hexapoden.) Der Unterschied im Grad der Neenkephalisation zwischen den Menschenaffen und dem Menschen ist erheblich (STARCK 1975). Beim Menschen kommt noch eine Seitendominanz hinzu (gewöhnlich die linke Hirnhemisphäre), von der ECCLES (1972) sogar annimmt, daß sie erst das Selbstbewußtsein möglich mache.

Als Beispiel für den funktionellen Aspekt stehe hier ein Hinweis auf physiologische Evolutionstendenzen im Zusammenhang mit der zunehmenden Raumbeherrschung. Ihr parallel läuft die Beschleunigung der neuralen

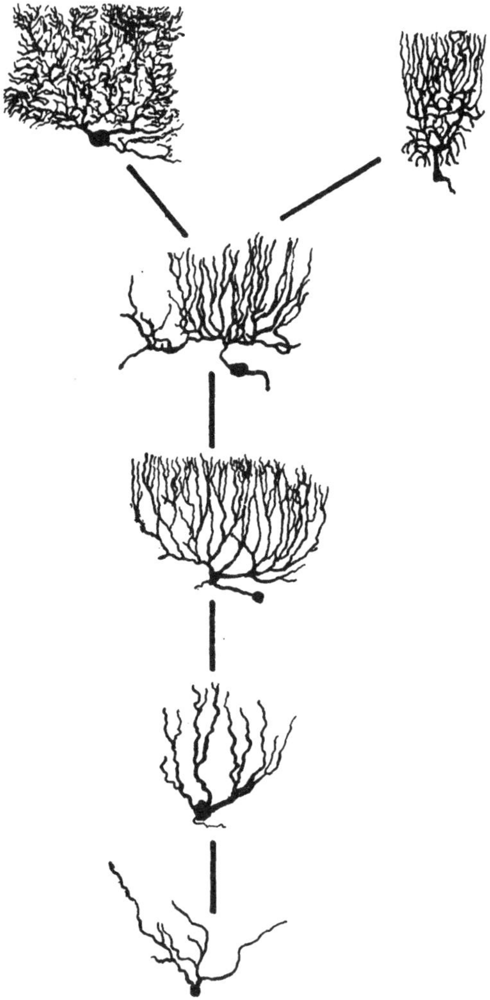

Abb. 92. Evolution der PURKYNEzellen im Kleinhirn, (v. unten n. oben) *Lampetra*, Hai, Knochenfisch, Schildkröte, Vogel (rechter Abzweig), Mensch (neu entworfen nach Vorlagen von ECCLES 1969).

Integrationsmechanismen durch Verkürzung der Latenzzeiten, der Refraktärperioden, der Chronaxie[1]) und der Erregungszeiten. Die Fortpflanzung der Erregung beträgt bei langsamer beweglichen Formen wie Anneliden (Ringelwürmer), Lamellibranchiaten (Muscheln) oder Gastropoden (Schnecken) nur einige Zentimeter oder auch nur Millimeter in der Sekunde (auch von der Temperatur abhängig), während sie bei Krebsen (Crustacea) oder Kopffüßern (Cephalopoda) schon etliche Meter erreicht, und bei Amphibien auf etwa 10 m/s, sowie bei Säugetieren auf mehr als 100 m/s ansteigt. WITTENBERGER (1959) bezeichnet die Geschwindigkeitssteigerung der Vorgänge im Organismus geradezu als den physiologischen Aspekt der Evolution. Die Chronaxie[1]) beträgt für Ganglienzellen des Blutegels 30 ms, für Muskeln des Menschen 0,1 ms und weniger. Im Zusammenhang damit werden auch die Stoffwechselvorgänge in der Evolution beschleunigt; hier kommt der bei Vögeln und Säugetieren entstandenen Gleichwarmblütigkeit (Homoiothermie) eine besondere Bedeutung zu. Durch diese Vorgänge wird aber nicht nur die räumliche Beziehung ausgestaltet und die Umwelt für den Organismus merkmalsreicher, wobei das Umweltgefälle zunehmend durch die Eigenbewegung erzeugt wird, auch die Zeit wird weiter „aufgelöst". Schon LAPIQUE (1909) wies darauf hin, daß jedes Lebewesen die Zeit nach eigenen Einheiten bemißt. Der optisch erfaßte Zeitmoment beträgt bei der Weinbergschnecke 250 ms, beim Menschen etwa 55 ms. Bei manchen Insekten ist das zeitliche Auflösungsvermögen noch um etwa das 10fache höher als beim Menschen; so können Honigbienen noch etwa 300 Lichtblitze in der Sekunde getrennt perzipieren. Bei Singvögeln scheint das zeitliche Auflösungsvermögen im akustischen Bereich ebenfalls etwa um das 10fache höher zu liegen als beim Menschen (hier etwa 18 Hz).

---

[1]) Kennzeit: Die Zeit, während der eine Gleichspannung doppelter Schwellenstärke einwirken muß, bevor die Erregung ausgelöst wird (vgl. BURKHARDT 1969).

6.3. *Domestikation*

Haustiere sind vom Menschen veränderte Populationen in von Menschen geschaffenen (oder veränderten) Umwelten (Zusammenfass. HERRE, RÖHRS 1971, 1973). Veränderter Genpool, veränderte Populationsstruktur und veränderte Umwelt haben zu komplexen Merkmalsänderungen der Haustiere geführt, seit etwa 150 Jahren durch planmäßige Zucht bei verschiedenen Formen auch auf bestimmte Zuchtziele gerichtet. Zu den körperlichen Veränderungen gehören: Größenänderungen, Verkürzung der Extremitäten, Änderung der Schädelproportionen, wie Verkürzung des Gesichtsschädels, Ohränderungen (z. B. Hängeohren), Ausbildung von Kehlanhängen (Wammen), Hornabänderungen und zahlreiche weitere Abwandlungen im Bereiche der Haut: Angorismus, Akromelanismus (Spitzenschwärzung), Holländerscheckung und viele weitere Änderungen. Ferner können Änderungen in der allgemeinen nervalen „Konstitution" und Reaktionsbereitschaft auftreten, durch Begriffe wie „Biotonus", Nerventyp, „Temperament" vage umschrieben und im Kausalgefüge noch unzulänglich erkannt, Abwandlungen in der Wüchsigkeit, besonders auch die Relationen einzelner Körperteile zueinander betreffend (Allometrie), in der allgemeinen Beweglichkeit, Änderungen der Schwellen für bestimmte Funktionskreise des Verhaltens. Sehr häufig treten Abwandlungen im Sexualverhalten auf, Polyöstrie statt Monöstrie, die hormonale und biochemische Konstitution verändert sich, speziell die Hypophysen — Nebennierenrinde — Gonaden-„Achse". Auch das Nervensystem unterliegt, teilweise im Zusammenhang damit, domestikationsbedingten Wandlungen, die sich wie jene im Verhalten auswirken. KLATT und seine Schule (vgl. HERRE, RÖHRS 1973) fanden eine Verringerung der Hirngröße, wobei es zur Verminderung der Projektionszentren, aber sekundär auch zur Zunahme der „Assoziationsbereiche" kommen kann (Abb. 93). Die konstitutionellen Änderungen wirken sich bereits in den Haltungen vielfach deutlich aus (Abb. 94). Die Gegenüberstellung der Körperaufrichtung in der frühen Menschwerdung soll andeuten, daß auch dieser Vorgang ähnliche Änderungen mit sich brachte. Die Tendenz zur Aufrichtung des Körpers ist bei Arten in sichtweitem Gelände, speziell mit Bodenbewuchs (Savanne), wiederholt nachzuweisen.

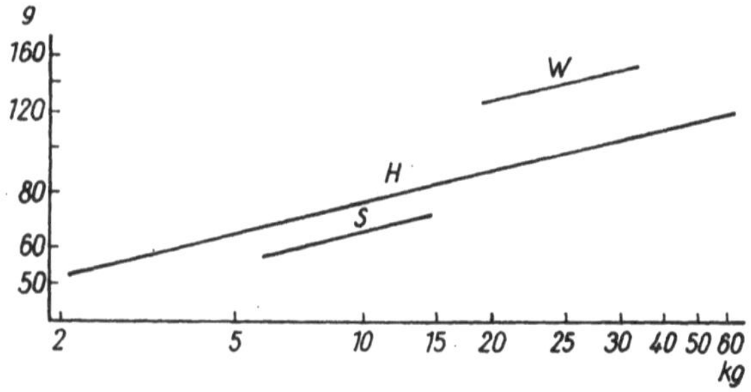

Abb. 93. Allometriegeraden, Abszisse: log $\sqrt[3]{\text{Körpergewicht}}$, Ordinate: log $\sqrt[3]{\text{Hirngewicht}}$; W = Wölfe, H = Haushunde, S = Schakale (nach Herre, Röhrs 1971).

Es gab sicher verschiedene Verhaltenseigenschaften, die Wildtiere zur Domestikation vorgeeignet machten (vgl. Hale 1969), unter den ökologischen Ansprüchen wohl ein breiteres Nahrungsspektrum, keine einseitige Einnischung (Ennidation) durch eng festgelegte Raumansprüche 2. Ordnung und Nahrungsansprüche, nicht zu große Fluchtabstände gegenüber Artfremden, eine gewisse Toleranz gegenüber Umweltveränderungen. Innerhalb der Population dürften die Möglichkeit zur Domestikation gefördert haben: Bildung anonymer offener und nicht-anonymer offener Sozietäten mit Tendenzen zur Bildung größerer Gruppen-Verbände, die Männchen mit einschließen, das Überwiegen der Promiskuität mit männlicher (sexueller) Dominanz, die Entwicklung als „Nest-

Abb. 94. Haltungsänderungen im Zusammenhang mit der Domestikation bzw „Pseudodomestikation“ (Mensch); a) Stockente, b) Laufente, c) Schwanengans, d) Höckergans („Dauerimponiergehabe“); oben Protopongide, Hominide (verändert nach HERRE und RÖHRS 1971, 1973 und HEBERER 1972).

flüchter“ oder als „Laufsäugling“ mit typischen sensiblen Perioden und Prägungsvorgängen, aber auch die Bereitschaft der Weibchen, vor der festen Bindung an eigene Junge auch fremde anzunehmen.

Für den Fang und die Zähmung sieht HEDIGER folgende Etappen: Freileben — Fang — Gefangenleben — Eingewöhnen — Eingewöhntheit — Zähmung — Zahmheit — Dressur — Dressiertheit. Von der Zahmheit kann es dann zur Domestikation und Domestiziertheit gekommen sein, von dieser wieder zur Dressur und Dressiertheit. Dabei wird die Zähmung vor allem als ein Schwinden der Fluchtreaktionen infolge Reizgewöhnung aufgefaßt. Allerdings sind sicher nicht alle Haustiere über diesen Weg in den Hausstand gelangt (vgl. SENGLAUB 1967). Der Erwerb von Jungtieren durch die Jagd, vielleicht sogar Prägungsbindungen können hier mitgewirkt haben, aber auch „Symbiosen“ (Verhaltens-Symbiosen) sind denkbar; so leben die Pariahunde im Orient noch heute vorwiegend von Abfällen. Bei Zwillingsarten (nahe verwandte Artenpaare) könnte nach HEDIGER die „biologisch unterwertige“ (biologische Rangordnung) gleichsam in den Lebensraum des Menschen als ökologische Nische gedrängt worden sein (Katze). Der Mensch hat für die Haustiere — wie für sich selbst — zahlreiche neue Reproduktionsschranken aufgebaut, damit schnellere Veränderungen des Genpools bewirkt und durch Einschränkungen der Selektionsfaktoren das Erhaltenbleiben einer größeren Streubreite gefördert.

Wir können auch hier wieder die Grundaspekte zur Beschreibung der Veränderungen im Verhaltensbereich einsetzen:

1. Strukturelle Veränderungen: Nervensystem (s. o.), Sinnesorgane, Erfolgsorgane des Verhaltens und ihre Muskelversorgung. Proportionsänderungen, aber auch Änderungen der strukturellen Grundlage von Signalsystemen (Färbung, Farbmuster, Stimmapparat, Hautdrüsen)
2. Funktionelle Veränderungen: Änderungen im Endokrinium, an den Synapsen, Schwellenwertänderungen, Tendenzen zur Hypertrophie, etwa im Bereich der Fortpflanzung (physiologisch), Änderung von sensiblen

Perioden, Änderungen der biochemischen Vorgänge, etwa in Verbindung von Lernen und Speichern

3. Informationelle Veränderungen: Änderungen der Amplituden und Frequenzen (struktureller Aspekt), der Sequenzen (syntaktischer Aspekt), der Informationsentropien, etwa durch Redundanzzunahme, der Semantik, etwa durch Lernprozesse und der Pragmatik durch veränderte Umweltbeziehungen
4. Entwicklungsveränderungen: Umbau obligatorischer Lernprozesse, Veränderungen der Zeitbasen für Entwicklungsabschnitte, Allometrie-Änderungen.

In vielfältiger Weise beeinflußt die Domestikation offenbar auch die internen Zustandsformen. Das gilt besonders für die Vigilanzverläufe (Wachheit), die Schlafrhythmen und die emotionalen Statusformen. Ganz offensichtlich nimmt in der künstlichen Umwelt der Anteil der Randbedingungen (X_e, Abb. 2) zu, die in aktuelles Verhalten nicht einbezogen werden können, weil sie biologisch irrelevant sind. Andererseits wird für viele Arten die Umwelt einförmiger, etwa bei Stallhaltung oder gar bestimmten modernen Haltungs-Technologien. Dadurch werden Nervensystem und Endokrinium belastet, es können Streß-Wirkungen auftreten, wobei Gruppengröße und Besatzdichte wichtige Faktoren sind. Das gehäufte Auftreten von Neurosen (und Bewegungsstereotypien) weist in diese Richtung. Die Domestikation fördert den Abbau artspezifischer Verhaltensmuster und -sequenzen und den Ausbau individueller Anpassungsfähigkeit, bietet aber oft in entscheidenden Entwicklungsphasen durch Monotonie der Umwelt und der geforderten Verhaltensleistungen keine Voraussetzungen hierfür, oder doch nur sehr eingeschränkt. Der Aufbau innerer Umwelt-Modelle als Voraussetzung angepaßten Handelns wird kaum gezielt optimiert, so daß Fehlleistungen nicht selten sind, und viele Nutztiere durch gegenseitige Beschädigungen (z. B. Schwanzbeißer unter den Schweinen, Federfresser unter dem Geflügel, Milchabsauger unter den Rindern) die generelle Verhaltensstörung erkennbar machen. Die künstliche Umwelt „frustriert" zudem nicht selten, hindert Nahrungsaufnahme zur biologisch relevanten Zeit, läßt Fortpflanzung oder auch bestimmte soziale Verhaltensbeziehungen nicht zu, die einst eine wichtige Voraussetzung zur Domestikation waren. Derartige Hemmungen führen vielfach im Verhalten zum Durchbruch infantiler Elemente, zu „Zielkonflikten", zu deplazierten Bewegungen, die auch auf erlernte Bewegungsabläufe übergreifen können.

Brunner (1974) kann auf Grund seiner umfassenden Erfahrungen am Haushund eindrucksvolle Beispiele bringen, wobei er von folgenden Neurose-Kriterien ausgeht (hier etwas modifiziert):

- Emotionale Verwirrung, Triebkonflikt
- Unangepaßtheit, Situationsunangemessenheit und damit „Unzweckmäßigkeit" des Verhaltens
- chronische Zustände vorgenannter Art
- Nur bei einer Minderheit von Individuen auftretende Zustände
- Deutliche Verschiedenheit gegenüber ursprünglich im gleichen Kontext aufgetretenen Verhaltensweisen
- Nicht auf offenkundige Schädigungen des Nervensystems zurückführbar.

Bei den nicht organpathologisch bedingten, erworbenen Verhaltensabnormitäten unterscheidet Brunner folgende:

1. Alimentäre, toxisch, klimatisch bedingte Abnormitäten (z. B. abnormer Appetit, Süchte)
2. Umweltreaktiv bedingte Abnormitäten:

a) Früh erworbene reaktive Verhaltensstörungen (z. B. Fehlprägungen, traumatisierende Kindheitserlebnisse, reizarme Aufzucht)

b) Aktualreaktive Verhaltensstörungen (Konflikt, Frustration, extreme Sozialsituationen)

c) Residualreaktive Verhaltensstörungen (z. B. nach Fortfall frustrierender Bedingungen, Entlastungshandlungen, manche „experimentellen Neurosen").

Für die durch Domestikationsbedingungen möglichen Stressoren kann man nach Wood-Gush (1968) folgende Ursachengefüge unterscheiden:

— Faktoren, die sich aus speziellen vom Genotyp her bestimmten Umweltbeziehungen ableiten
— Faktoren, die durch das soziale Milieu wirksam werden:
  - Direktwirkung auf die Physiologie des Tierkörpers
  - Wirkung über Lernprozesse, die somatische Effekte nach sich ziehen.

So ließ sich bei Haushühnern nachweisen, daß bei stabilen Gruppen keine Korrelation zwischen dem Gewicht der Nebenniere (die auf Stressoren empfindlich reagiert) und der Rangordnung nachweisbar war, wohl aber bei instabilen Gruppen (durch häufigen Wechsel). Abbildung 95 zeigt die Korrelation zwischen dem Adrenalgewicht und der Gruppengröße bei der Hausmaus bei konstanter Käfiggröße. D. v. Holst (1973) konnte auf Grund seiner Untersuchungen am Spitzhörnchen (*Tupaja*) für soziale Streßwirkungen zwei prinzipielle Ursachengefüge ermitteln:

— Unspezifischer Dichte-Effekt, dessen Ausmaß allein von der Anzahl gleichgeschlechtlicher Artgenossen bzw. deren Duftmarken im Gehege bestimmt wird (ohne Aggression)
— Sozialpsychischer Effekt, der allein auf individuellen Dominanzbeziehungen zwischen den Tieren beruht und zumindest einen Kampf mit Unterwerfung voraussetzt.

Dabei kommt es auch zu einer Beeinträchtigung der Nierenfunktionen, wie das außerdem für Kaninchen, Lemming, Wühlmaus, Hausmaus, Prairiehund, Sikahirsch und Mensch nachgewiesen werden konnte (D. v. Holst 1972).

Mit diesem Problemfeld ist das Phänomen angesprochen, das mit Grimm als „Urbanisation“ bezeichnet werden kann: „Die besondere Charakteristik des Urbanisierungstraumas dürfte darin liegen, daß ès im Gegensatz zu der Domestikation, die eine Menge von äußeren Einflüssen, die das Tier in freier Wildbahn und den Menschen im Urzustand treffen, vermeiden läßt oder herabsetzt, zusätzliche ‚zivilisationsbedingte' Außenreize von hoher Intensität auf den Menschen wirken läßt" (GRIMM 1961). Dabei wird vor allem an optische oder akustische Dauertraumatisierung gedacht, die zu ständiger Irritierung und zu Adaptationszwang des autonomen Nervensystems führt. Als wesentliche Faktoren sieht GRIMM den Gedrängefaktor, den Lärm und den künstlichen Langtag. Hier finden die modernen Aspekte des Umweltschutzes ein weites Feld.

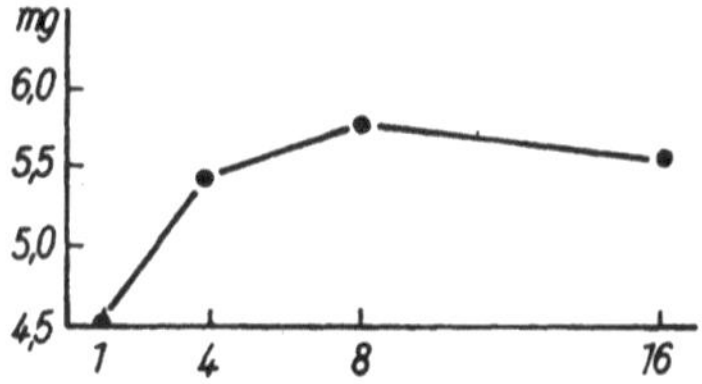

Abb. 95. Zunahme des Gewichts der Nebenniere bei Zunahme der Anzahl von Mäusen pro Käfig (nach DAVIS 1964).

7. Literatur[1])

ABEELEN, J. H. van (Edit.): The genetics of behaviour. Amsterdam 1974

ALLEE, W. C.: Cooperation among animals. New York 1951

ALLOWAY, T., L. KRAMES, P. PLINER (Edit.): Communication and Affect. New York 1972

ALTMANN, D.: Harnen und Koten. Wittenberg 1969

[1]) Aus Platzgründen konnten nur monographische Darstellungen aufgenommen werden. Weitere Literaturzitate können beim Verfasser, Prof. Dr. Günter Tembrock, Bereich Verhaltenswissenschaften der Sektion Biologie der Humboldt-Universität zu Berlin, DDR - 104 Berlin, Invalidenstraße 43, angefordert werden.

ALTMANN, G.: Die Orientierung der Tiere im Raum. Wittenberg 1966
ALTMANN, S. A. (Edit.): Social communication among primates. Chicago 1967
ALVERDES, F.: Tiersoziologie. Leipzig 1925
ANGERMEIER, W. F.: Kontrolle des Verhaltens. Berlin, Heidelberg, New York 1972
ANGERMEIER, W. F., M. PETERS: Bedingte Reaktionen. Berlin usw. 1973
ANSELL, G. B., P. B. BRADLEY (Edit.): Macromolecules and behaviour. London 1973
ARMSTRONG, E. A.: A study of bird song. 2. Aufl. New York 1973
ASCHOFF, J. (Edit.): Circadian clocks. Amsterdam 1965
AVERS, C. J.: Biology of sex. New York 1974
BARNETT, S. A.: A study in behaviour. London 1963
—: Instinkt und Intelligenz. Bergisch Gladbach 1968
BASTOCK, M.: Das Liebeswerben der Tiere. Stuttgart 1969
BATESON, P., P. KLOPFER (Edit.): Perspectives in ethology. New York 1973
BERMANT, G.: Perspectives on animal behavior. Glenview, London 1973
BIERENS DE HAAN, J. A.: Labyrinth und Umweg. Leiden 1937
BIERHUIZEN, J. F. (Edit.): Circadian rhythmicity. Wageningen 1972
BLUME, D.: Ausdrucksformen unserer Vögel. 2. Aufl. Wittenberg 1967
BOVET, P.: The fighting instinct. London 1923
BOX, H. O.: Organisation in animal communities. London 1973
BRIAN, M. V.: Social insect populations. London 1965
BUCHHOLTZ, C.: Das Lernen bei Tieren. Stuttgart 1973
BUSNEL, R. C. (Edit.): Acoustic behaviour in animals. Amsterdam 1963
CARPENTER, C. R.: Naturalistic behaviour of nonhuman primates. Pennsylvania 1964
CARTHY, J. D.: An introduction to the behaviour of invertebrates. London 1958
CARTHY, J. D.: The behaviour of arthropods. Edinburgh 1965
CARTHY, J. D., F. J. EBLING (Edit.): The natural history of aggression. London 1964
CHAUVIN, R.: Psychophysiologie II. Le comportement animal. Paris 1969
CLOUDSLEY-THOMPSON, J. L.: Animal conflict an adaptation. London 1965

CORNING, W. C., J. A. DYAL, A. O. WILLOWS (Edit.): Invertebrate learning. 1,2. New York 1973, 3. 1976
CROOK, J. H. (Edit.): Social behaviour in birds and mammals. London 1970
CROZE, H.: Searching image in carrion crows. Berlin 1970
DARWIN, C.: Der Ausdruck der Gemüthsbewegungen bei dem Menschen und den Thieren. Stuttgart 1874
DAVIS, D. E. (Edit.): Behaviour as an ecological factor. Stroudsburg 1974
DECKERT, G. u. K.: Wie verhalten sich Tiere? Leipzig 1974
DEEGENER, P.: Die Formen der Vergesellschaftung im Tierreiche. Jena 1918
DEMBOWSKI, J.: Tierpsychologie. Berlin 1955
—: Psychologie der Affen. Berlin 1956
DETHIER, V., E. STELLAR: Das Verhalten der Tiere. Stuttgart 1964
DÖRNER, G.: Sexualhormonabhängige Gehirndifferenzierung und Sexualität. Jena 1972
EIBL-EIBESFELDT, I.: Grundriß der vergleichenden Verhaltensforschung. München 1967
—: Liebe und Hass. München 1970
ELTON, C.: The pattern of animal communities. London 1966
ESCHLER, E.: Verhaltensforschung und Evolution. Jena 1974
ETKIN, W. (Edit.): Social behaviour and organization among vertebrates. Chicago 1964
FISCHEL, W.: Tier zu Tier. Radebeul 1960
—: Können Tiere denken? 2. Aufl. Leipzig 1974
FRASER, A. F.: Farm animal behaviour. London 1974
FRISCH, K. v.: Tanzsprache und Orientierung der Bienen. Berlin 1965
—: Ausgewählte Vorträge. München 1970
—: Tiere als Baumeister. Frankfurt 1974
GILBERT, R. M., N. S. SUTHERLAND: Animal discrimination learning. London 1969
GLASS, D. C. (Edit.): Biology and behavior (Environmental influences, Genetics, Neurophysiology and emotion). New York 1967, 1968
GRIFFIN, D. R.: Listening in the dark. 2. Aufl. New York 1974
GRZIMEK, B. (Edit.): Tierleben, Erg. Bd. III (Verhalten). Zürich 1974
HAFEZ, E. S. (Edit.): The behaviour of domestic animals. 2. A. London 1969
HASKELL, P. T.: Insect sounds. London 1961

HASSENBERG, L.: Ruhe und Schlaf bei Säugetieren. Wittenberg 1965
—: Verhalten bei Einhufern. Wittenberg 1971
HASSENSTEIN, B.: Biologische Kybernetik. 3. A. Jena 1970
—: Verhaltensbiologie des Kindes. München 1973
HEBERER, G. (Edit.): Die Evolution der Organismen. 3. A. Stuttgart ab 1971
HEDIGER, H.: Einführung in die Tierpsychologie im Zoo und im Zirkus. Basel 1961
— (Edit.): Die Straßen der Tiere. Braunschweig 1967
HEINROTH, K.: Oskar Heinroth. Stuttgart 1971
HEINROTH, O.: Aus dem Leben der Vögel. 2. A. Berlin 1955
HEINROTH, O., M. HEINROTH: Die Vögel Mitteleuropas. Nachdruck Leipzig 1965—68
HERTER, K.: Fischdressuren. Berlin 1953
HERRE, W., M. RÖHRS: Haustiere — zoologisch gesehen. Jena 1973
HESS, E. H.: Imprinting. New York 1973
HESS, W. R.: Psychologie in biologischer Sicht. Stuttgart 1968
HESSE, G., TEMBROCK (Edit.): Sexuologie. Bd. I. Leipzig 1974
HINDE, R. A. (Edit.): Birds vocalizations. Cambridge 1969
—: (Edit.) Non-verbal communication. Cambridge 1972
—: Das Verhalten der Tiere. 1,2. Frankfurt/M. 1973
HINDE, R. A., J. STEVENSON-HINDE (Edit.): Constraints on learning. London 1973
HOLST, E. v.: Zur Verhaltensphysiologie bei Tieren und Menschen. 1,2. München 1969, 1970
—: The behavioural physiology of animals and man. 1. London 1973
HUTT, S. J., C. HUTT: Direct observation and measurement of behavior. Springfield 1970
ILJITSCHEW, W. D.: Bioakustik der Vögel. (russ.) Moskau 1972
—: Orientierung und Wanderungen der Vögel. (russ.). Moskau 1975
IMMELMANN, K.: Wörterbuch der Verhaltensforschung. München 1975
JONES, R. W.: Principles of biological regulation. New York 1973
JOHNSON, C. E. (Edit.): Social and natural biology. Princeton 1968
JOHNSTON, J., D. MOULTEN, A. TURK (Edit.): Communication by chemical signals. New York 1971
JOLLY, A.: Die Entwicklung des Primaten-Verhaltens. Stuttgart 1975

Klix, F.: Information und Verhalten. 3. A. Berlin 1976
Klopfer, P.: Ökologie und Verhalten. Jena 1968
—: Behavioral aspects of ecology. 2. A. London 1973
Klopfer, P., J. P. Hailman: An introduction to animal behavior. New Jersey 1967
Klüver, H.: Behavioral mechanisms in monkeys. Chicago 1957
Klumbies, G.: Psychotherapie in der inneren und Allgemeinmedizin. Leipzig 1974
Köhler, W.: Intelligenzprüfungen an Menschenaffen. Nachdruck, Berlin 1953
Konorski, J.: Integrative behaviour of the brain. Chicago 1967
Kummer, H.: Sozialverhalten der Primaten. Berlin, Heidelberg, New York 1975
Kurth, G., Eibl-Eibesfeldt (Edit.): Hominisation und Verhalten. Stuttgart 1975
Ladygina-Kohts, N.N.: Psychische Entwicklung und Prozeß der Evolution der Organismen. (russ.) Moskau 1958
—: Konstruktive und Werkzeughandlungen höherer Affen. (russ.) Moskau 1959
Lamprecht, J.: Verhalten. 2. A. Freiburg 1972
Lawick-Goodall, J. v.: Wilde Schimpansen, zehn Jahre Verhaltensforschung am Gombe-Strom. Hamburg 1971
Lehrman, D. S., R. A. Hinde, E. Shaw (Edit.): Advances in the study of behavior. (Buchreihe) New York ab 1965
Lindauer, M. (Edit.): Orientierung der Tiere im Raum. 1,2. Jena 1973
Lorenz, K.: Das sogenannte Böse. Wien 1963
—: Über tierisches und menschliches Verhalten. 1,2. München 1966
—: Evolution and modification of behavior. London 1966
Lorenz, K., P. Leyhausen: Antriebe tierischen und menschlichen Verhaltens. München 1971
Luce, G. G.: Biological rhythms in human and animal psychology. New York 1971
Lueken, B., J.-H. Scharf (Edit.): Neue Ergebnisse zur Informationsaufnahme und Informationsverarbeitung in Sinnesorganen. Nova Acta Leopold. 37/2, Leipzig 1973
Mackay, R. S.: Bio-medical telemetry. 2. A. New York 1970
Mackintosh, N. J.: The psychology of animal learning. London 1974
Manning, A.: An introduction to animal behaviour. London 1967

MANOSEVITZ, M., G. LINDZEY, D. THIESSEN (Edit.): Behavioral genetics. New York 1969
MARLER, P., W. J. HAMILTON: Tierisches Verhalten. Berlin 1972
MATTHEWS, G. V. T.: Bird navigation. Cambridge 1968
McCLEARN, G. E., J. C. DEFRIES: Introduction to behavioural genetics. San Francisco 1973
McGAUGH, J., N. WEINBERGER, R. WHALEN (Edit.): Psychobiology. San Franciso 1967
McGREW, W. C.: An ethological study of children's behavior. New York 1972
MESSICK, D. (Edit.): Mathematical thinking in behavioral sciences. San Francisco 1968
MICHAEL, R., J. CROOK (Edit.): Comparative ecology and behaviour of primates. London 1973
MILNE, L. u. M.: Die Sinneswelt der Tiere und des Menschen. Hamburg 1963
MUNN, N. L.: Handbook of psychological research on the rat. New York 1950
NICOLAI, J.: Elternbeziehung und Partnerwahl im Leben der Vögel. München 1970
PAWLOW, I. P.: Ausgewählte Werke. Berlin 1953
PETERS, H.: Grundfragen der Tierpsychologie. Stuttgart 1948
PLOOG, D.: Die Sprache der Affen. München 1974
PLOOG, D., P. GOTTWALD: Verhaltensforschung. München 1974
PORZIG, E. (Edit.): Das Verhalten landwirtschaftlicher Nutztiere. Berlin 1969
RADAKOW, D. W.: Fischschwärme als ökologisches Phänomen. (russ) Moskau 1972
REINISCH, K.: Kybernetische Grundlagen und Beschreibung kontinuierlicher Systeme. Berlin 1974
REMANE, A.: Sozialleben der Tiere. Stuttgart 1971
RENSCH, B.: Gedächtnis, Begriffsbildung und Planhandlungen bei Tieren. Berlin, Hamburg 1973
RENSING, L.: Biologische Rhythmen und Regulation. Jena 1973
RHEINGOLD, H. L. (Edit.): Maternal behavior in mammals. New York 1963
RICHARD, G.: Territoire et domaine vital. Paris 1970
ROE, A., G. SIMPSON (Edit.): Behavior and evolution. New Haven 1958
ROEDER, K. R.: Neurale Grundlagen des Verhaltens. Bern 1968
ROSENBLUM, L. A. (Edit.): Primate behavior. (Buchreihe) New York ab 1970

RUMBAUGH, D. M. (Edit.): Gibbon and Siamang. Vol. 3: Natural history, social behavior, reproduction, vocalizations, prehension. Basel 1974
SALANKI, J. (Edit.): Neurobiology of invertebrates. Mechanisms of rhythm regulation. Budapest 1973
SALES, G., D. PYE: Ultrasonic communication by animals. London 1974
SCHAFFNER, B. (Edit.): Group processes. New York 1955
SCHARF, J.-H. (Edit.): Informatik. Nova Acta Leop. 37/1. Leipzig 1972
SCHMIDT, H. D.: Allgemeine Entwicklungspsychologie. Berlin 1970
SCHRIER, A. M., H. F. HARLOW, F. STOLLNITZ (Edit.): Behavior of nonhuman primates. (Buchreihe) New York ab 1965
SCOTT, J. P.: Animal behavior. Chicago 1958
SCOTT, J. P., J. L. GULLER: Genetics and the social behavior of the dog. Chicago 1965
SEBEOK, T. A. (Edit.): Animal communication. Bloomington 1968
SEBEOK, T. A., A. RAMSAY (Edit.): Approaches to animal communication. Paris 1969
SINZ, R.: Lernen und Gedächtnis. Berlin 1973
SLADEN, B. K., F. B. BANG (Edit.): Biology of populations. New York 1969
SLONIM, A. D.: Grundlagen der allgemeinen ökologischen Physiologie der Säugetiere. (russ.) Moskau 1961
—: Instinkt. (russ.) Leningrad 1967
SLUCKIN, W.: Imprinting and early learning. 2. A. London 1972
SOLLBERGER, A.: Biological rhythm research. Amsterdam 1965
STOKES, A. W.: Praktikum der Verhaltensforschung. Jena 1971
SUDD, J. H.: An introduction to the behaviour of ants. London 1967
TEMBROCK, G.: Verhaltensforschung. Eine Einführung in die Tier-Ethologie. 2. A. Jena 1964
—: Biokommunikation. I, II. Berlin 1971
—: Tierpsychologie. 2. A. Wittenberg 1972
—: Grundriß der Verhaltenswissenschaften. 2. A. Jena 1973
—: Tierstimmenforschung. 2. A. Wittenberg 1977
THIELCKE, G.: Vogelstimmen. Berlin 1970
THINES, G.: Psychologie des animaux. Bruxelles 1966
THODAY, J. M., A. S. PARKES (Edit.): Genetic and environmental influences on behaviour. Edinburgh 1968
THORNDIKE, E. L.: Animal intelligence. New York 1965
THORPE, W. H.: Bird song. Cambridge 1961
—: Learning and instinct in animals. 2. A. London 1963
—: Duetting and antiphonal song in birds. Leiden 1972

THORPE, W. H., O. L. ZANGWILL (Edit.): Current problems in animal behaviour. Cambridge 1961
TINBERGEN, N.: Tiere untereinander. Hamburg 1953
—: Instinktlehre. Hamburg 1956 (und Nachdrucke)
—: Die Welt der Silbermöwe. Göttingen 1958
—: Wo die Bienenwölfe jagen. Hamburg 1961
— (Edit.): Animal behavior. New York 1965
TOBACH, E. (Edit.): Experimental approaches to the study of emotional behavior. New York 1969
TOBACH, E., L. ARONSON, E. SHAW (Edit.): The Biopsychology of Development. New York 1971
TUXEN, S. L.: Insektenstimmen. Berlin 1967
VORONIN, L. G.: Vorlesungsreihe über die Physiologie höherer Nerventätigkeit. Moskau 1965
WALLRAFF, H. G.: Das Navigationssystem der Vögel. München 1974
WEHNER, R. (Edit.): Information processing in the visual systems of arthropoda. Berlin 1972
WELLS, M. J.: Brain and behaviour in cephalopods. London 1962
WHALEN, R. (Edit.): Neuropsychology of aggression. New York 1975
WICKLER, W.: Mimikry. München 1968
—: Stammesgeschichte und Ritualisierung. München 1970
—: Die Biologie der zehn Gebote. München 1971
—: Verhalten und Umwelt. Hamburg 1972
WINN, H. E., B. L. OLLA (Edit.): Behavior of marine animals. 1,2. New York 1972
WYNNE-EDWARDS, V. C.: Animal dispersion in relation to social behaviour. Edinburgh 1962
ZAJONC, R. B. (Edit.): Animal social psychology. New York 1969
ZILLIKEN, F., K. ABDALLAH: Molekularbiologische Grundlagen des Kurz- und Langzeitgedächtnisses. Stuttgart 1973

Es wurden Angaben bzw. Abbildungen der Dissertationen folgender Autoren am Bereich Verhaltenswissenschaften der Sektion Biologie der Humboldt-Universität zu Berlin verwendet:

H. H. DATHE (1972), R. HÄRTEL (1972), H. HILMER (1971), I. HIRSCH (1972), D. KÖHLER (1974), K. LINKE (1972), K. MEISSNER (1973), D. MINNEMANN (1975), W. NEUBAUER (1975), J. OEHLER (1973), R. SIEGMUND (1970), S. SOMMER (1975), A. TÖLKE (1971), D. WOLFF (1968). (Wurden bei den Autoren im Text andere Jahreszahlen angegeben, liegen die Ergebnisse in Fachzeitschriften veröffentlicht vor; genaue Zitate können erfragt werden.)

8. Autorenregister

9. Sachregister

Bei Fragen zur Produktsicherheit wenden Sie sich bitte an:
If you have any questions regarding product safety,
please contact:

Walter de Gruyter GmbH
Genthiner Straße 13
10785 Berlin
productsafety@degruyterbrill.com